消防供水

余青原◎主　编

刘　彬◎副主编

U0205500

化学工业出版社

·北京·

本书内容包括消防水力学基础、供水器材的技战术性能、消防车供水能力、火灾扑救的供水力量、应急救援的供水力量、消防水源、消防供水的组织指挥与供水计划、信息技术在消防供水中的应用。本书反映消防工作的新理论、新技术和新标准，突出消防指挥专业和抢险救援专业教育教学的实践性、应用性和实战性，内容精练，体例新颖，结构合理，立足于提高学生的整体素质，顺应消防工作的时代要求，贴近消防工作实际，是一本重在突出专业应用能力培养的图书。

本书可供全国消防院校消防指挥专业和抢险救援专业的教学，以及各类院校消防相关专业、基层消防干部、企事业单位专职消防人员的教育培训使用，也可作为有关消防工程技术人员的参考资料。

图书在版编目（CIP）数据

消防供水/余青原主编. —北京：化学工业出版社，
2018.8 （2024.2重印）
ISBN 978-7-122-32544-0

Ⅰ.①消… Ⅱ.①余… Ⅲ.①消防给水-高等学校-
教材Ⅳ.①TU821.6

中国版本图书馆 CIP 数据核字（2018）第 145351 号

责任编辑：韩庆利　　　　　　　　　　　文字编辑：张绪瑞
责任校对：王　静　　　　　　　　　　　装帧设计：刘丽华

出版发行：化学工业出版社（北京市东城区青年湖南街 13 号　邮政编码 100011）
印　　装：三河市延风印装有限公司
787mm×1092mm　1/16　印张 15　字数 369 千字　2024 年 2 月北京第 1 版第 7 次印刷

购书咨询：010-64518888　　　售后服务：010-64518899
网　　址：http://www.cip.com.cn
凡购买本书，如有缺损质量问题，本社销售中心负责调换。

定　　价：46.00 元

前　言

近年来，随着我国经济建设和社会发展进入到一个新的历史阶段，消防工作面临着前所未有的机遇和挑战，各种消防装备器材、应急救援技术手段及消防法律法规和技术标准也在不断更新、发展和完善。为适应新形势下教育教学的需要，满足教学发展需要，按照学校消防指挥专业、抢险救援专业人才培养方案，以及"火场供水"教学大纲的要求，结合"火场供水"课程标准和课程建设的实际情况，在认真听取各方面建议和参阅国内同类优秀教材的基础上，我校组织相关教师编写了本教材。

教材作为教学开展的基础，它不仅反映着社会发展的要求，同时在某种程度上还直接决定着受教育者的培养质量。本教材凝聚了多年来从事教学的骨干教师的心血与汗水，在教材中注重体现新内容，力求使这本教材能够及时反映消防工作的新理论、新技术和新标准，突出消防指挥专业和抢险救援专业教育教学的实践性、应用性和实战性。本教材内容精练，体例新颖，结构合理，立足于提高学生的整体素质，顺应消防工作的时代要求，贴近消防工作实际，是一本重在突出专业应用能力培养的教材。本教材可供全国消防院校消防指挥专业和抢险救援专业的教学，以及各类院校消防相关专业、基层消防干部、企事业单位专职消防人员的教育培训使用，也可作为有关消防工程技术人员的参考资料。

本教材由余青原任主编，刘彬任副主编。参加编写人员分工如下：刘彬（绪论，第三章）、何娟娟（第一章）、黄中杰（第二章）、张旸（第四章第一至第三节）、袁凯（第四章第四至第六节）、余青原（第五章）、赵谢元（第六章）、王永西（第七章）、靳庆生（第八章）。

教材在编写过程中，得到兄弟院校及有关部门的大力支持和帮助，谨在此深表谢意。

由于时间仓促，我们学识水平有限，疏漏之处在所难免，恳请读者批评指正。

编　者

目 录

绪 论

第一章 消防水力学基础

第二章 供水器材的技战术性能

第三章 消防车供水能力

第四章　火灾扑救的供水力量

第五章　应急救援的供水力量

第六章　消 防 水 源

第七章　消防供水的组织指挥与供水计划

第八章 信息技术在消防供水中的应用

附录 1 燃烧蔓延速度

附录 2 喷射器具的供水灭火效率

参 考 文 献

绪论

消防灭火救援的灭火剂有水、泡沫、干粉、二氧化碳等，而水由于在自然界中分布广泛，便于取用、储存、输送，且具有很强的冷却作用，使用后对环境无污染，一直是最常用、最实用的灭火剂。实践证明，绝大多数的火灾扑救和应急救援都要使用水，因此，需要研究如何持续不间断地向灾害事故现场供应水这一灭火剂。也就是说，消防供水就是组织必要的人员，采用适当的方法，利用各种消防器材、装备，将水源中的水持续输送到灾害事故现场，并通过水枪、水炮等射水器具喷出灭火剂的救援行动。

一、消防供水在灭火救援中的重要地位

随着社会经济的快速发展，高层建筑、地下建筑、石油化工和电子工业蓬勃兴起，新材料、新工艺不断涌现，火灾事故日趋复杂，扑救难度越来越大；随着职能的拓展，消防部门还承担着大量的应急救援任务。如何保障火灾扑灭和应急救援所需的消防用水，保证灭火救援工作的顺利进行，最大限度地减少人员伤亡和财产损失，这给消防供水提出了新的课题。如2015年4月6日18时54分，福建省漳州市古雷石化腾龙芳烃有限公司发生火灾，造成吸附分离装置和中间罐区4个1万立方米盛装有轻重整液和重石脑油的内浮顶储罐着火。事故发生后，各级迅速启动预案，到场协同处置：福建消防总队一次性调集284车1239名消防员投入战斗，调集泡沫425t；公安部消防局迅速调集广东消防总队2个重型化工编队和1个供水泵组编队，山东、江苏、广东、江西等省1048t泡沫增援现场。经过56个小时奋战，油罐火完全扑灭。这类超长时间、超大型灾害事故现场灭火救援，与跨区域灭火作战力量调集、供水力量调集、各类灭火剂的调集等因素紧密相连，事故发生前制定的灭火作战预案为初期力量调集、作战力量部署奠定基础，而灭火作战预案中火场供水计划的制定，正是通过对消防车辆和供水器材的供水效能、火灾扑救中供水力量计算、战斗力量部署、供水力量调集以及消防水源建设使用等方面知识的学习，使指挥员具备灾害事故现场消防供水组织指挥的能力，从而制定出操作性强、切实可行的火场供水计划，指导现场的供水工作；同时通过现场的灭火救援，发现原有灭火作战预案在灾情设置、应急响应、力量调集、物资准备、组织指挥、技战术研究、战斗编成等方面，研判滞后、估计不足、与实战要求仍有很大差距。此时就需要指挥员通过现场快速估算火灾规模、消防车作战半径、供水距离、灭火剂用量、车辆数等，进行灾害事故临场组织指挥，灵活运用战术方法，正确部署供水力量，最大限度地满足灭火救援现场实际需要。

消防供水是灭火救援行动的一个重要组成部分，能否择优选用灭火设施，科学合理地组织消防供水，保证持续不间断地向灾害事故现场供应充足的消防用水，是决定灭火救援工作成败的关键因素。查阅国内外典型的灭火救援案例，大凡处置成功的，无一不是科学合理地组织了消防供水，保证了安全可靠的不间断供水。如2007年8月14日，上海环球金融中心发生火灾，该中心占地面积3万平方米，建筑占地面积1.4万平方米，总建筑面积38万平方米，地上101层，地下3层，建筑主体高度492m。发生火灾时已建至98层（约473m），起火部位为该建筑26层东北角的观光电梯井，因电焊施工引发脚手架起火。起火造成83层（约357m）、52层（约224m）、50层（约216m）、26层（约112m）、18层（约78m）、2楼夹层等6个楼层发生局部燃烧，呈多火点燃烧态势，最高着火点位于83层。由于上海消防总队于同年4月19日，在上海环球金融中心的84层（约369m），成功地进行了垂直供压缩空气泡沫试验，因此，火灾发生后，采用垂直铺设水带的方式，分别在26层、50层、83层设置水枪阵地，控制火势，最终成功扑灭火灾。

反之，在一些案例中也可以看到，不能向灾害事故现场安全可靠地不间断供水是导致灭火救援失败的一个重要因素。在一些重特大火灾扑救报告中，总结教训时都有相同的原因：指挥员供水意识差，"前重后轻"现象突出，只顾前方灭火救援，忽视后方供水，导致供水中断；部分指挥员对所配备的车辆装备供水效能掌握不够，凭经验、习惯出枪灭火，不能充分发挥车辆装备的效能，导致灭火战斗车投入过多；水带线路混乱，后续车辆扎堆，不易疏导调整；供水员业务不熟、不明方向，甚至无专人负责供水，导致利用水源舍近求远；再加上各地市政消防设施建设不同程度存在与城区建设不相适应，造成了市政消防建设的先天性不足，有的地方消防供水还存在许多的死角和盲区，供水能力不足，难以满足火场用水的需要；建筑内部固定消防设施维护管理不到位，故障频发，完好率不高；消防控制室的操作管理人员综合素质水平不高，对于设备发生的故障、漏洞或者是反应不灵敏不能及时地做出调整，在灭火救援时无法及时开启必要的固定消防设施，影响灭火救援工作。这些充分暴露了当前消防供水中存在的问题和由此对灭火救援带来的严重后果。因此，消防供水必须引起各级指战员的高度重视，掌握消防供水的一般规律和方法，运用科学理论和现代技术指导和解决消防供水中遇到的新情况、新问题，对于指挥员尤为重要。

二、消防供水研究的对象、目的和内容

消防供水作为一门应用学科，因消防供水实践而产生，又在消防供水实践中加以完善，并逐步形成一门内容完整、结构合理的学科。它以消防供水行动的全过程作为研究对象，目的在于通过分析消防供水行动中存在的问题，揭示消防供水矛盾，探寻消防供水规律，阐明消防供水的系统理论，指导消防供水实践。

消防供水研究的内容既包括消防供水行动的客观方面，又包括消防供水行动的主观方面；既包括消防供水行动的基本理论，又包括消防供水行动的实践应用。具体地说，主要研究和阐述以下内容：

（1）影响消防供水的主要因素；

（2）现有常用消防供水器材装备的供水效能；

（3）常见火灾扑救和灾害事故处置中所需要的消防供水力量，包括所需要的灭火剂用量和供水器材装备的数量；

（4）消防水源建设管理与使用；

（5）消防供水力量的组织形式，即消防供水方式与方法；

（6）实施消防供水的人员构成、职责分工及消防供水组织实施程序。

三、消防供水课程的学习方法

消防供水课程具有理论性强、实践性强、专业性强的特点，因此，必须采取综合的学习方法，才能有效地理解掌握。

（一）消防供水课程的特点

1. 理论性强

消防供水不仅涉及水力学的基本知识，要运用水力学的连续性方程、能量方程等解决消防供水中的实际问题，还需要计算灭火救援现场所需的消防用水量，确定消防供水力量，具有较强的理论性。

2. 实践性强

随着社会经济和科学技术的迅速发展，各类灾害事故频发，处置难度越来越大，给消防供水行动提出了更高的要求。为适应灭火救援工作的需要，消防队伍的灭火救援装备在不断充实、更新，如消防车的功率增大、水泵的扬程提高、水带的耐压强度增加、水枪的性能改进等。这些变化、发展，对供水的方式方法提出了新的挑战，也都需要用消防供水的基本理论去研究、解决。

3. 专业性强

消防供水作为消防指挥专业的一门专业课，一方面要揭示消防供水行动的客观规律，另一方面还要探索消防供水行动的指导规律，确立符合消防供水实践需要的消防供水原则，规范消防供水行动的程序，提高消防供水行动的效能。

（二）研究学习方法

任何一门学科都有其自身的研究学习方法，掌握了研究学习方法，就拿到了打开知识大门的钥匙，就可以顺利地研究掌握这门学科的内容，并进一步深化、拓宽学科的研究领域。消防供水也有自身的研究方法。

1. 理论借鉴

理论借鉴，就是要借鉴其他相关学科的理论与科研成果来研究消防供水问题。要准确地阐述各种消防供水器材装备的供水效能，计算出各种类型灾害现场所需要的消防用水量和供水力量，必须借鉴流体力学等有关学科的理论知识。

2. 实验、实测

开展实验、实测，指的是采取接近消防供水实践活动的形式和手段，对消防供水的一些数据、理论、原则、方法进行实验、验证，从而研究消防供水问题的研究方法。

3. 理论联系实际、注重实际应用

消防供水是一门关于消防供水实践活动的学科，这就决定了它的研究方法必须紧密联系实际。具体地说，要注重联系当前和今后可能发生的火灾和灾害事故的种类、特点，消防装备的发展状况，消防人员编制体制，城市公共消防设施等方面的情况开展研究，解决消防供水行动中遇到的实际问题。

4. 战例研究

战例研究是学习消防供水的重要方法。战例，是灭火救援实战的再现，是消防供水理论产生、发展的源泉。学习研究战例，就是以战例的形式再现以往消防供水的场面，吸取以往消防供水的经验，并在此基础上做出合乎实际的推理、判断，形成概念和理论。

5. 学术讨论

学术讨论是研究消防供水的重要途径。开展学术讨论，通过对消防供水中某些问题作比较系统、深入地探讨，可防止粗浅的一般化学习，可了解学术研究发展趋向，积累有关资料，吸取学术研究的最新成果，通过实际论证，理解消防供水的原则、方法和组织指挥程序。

第一章
消防水力学基础

消防水力学是研究消防供水中水的平衡和机械运动规律的一门应用科学，它的任务就是运用水力学的基本理论来解决消防供水中的实际问题，是消防供水的理论基础。

第一节　水的主要物理性质

◯ 【学习目标】

1. 了解水的基本特性。
2. 熟悉水的主要物理特性。
3. 掌握水的容重、比热容与汽化热、导电性。

常温时，物质根据分子间距离不同，呈固、液、气三种状态。液体是介于固体和气体的中间状态，有其固有的特性：①由于液体分子间距离比固体大，分子间力比固体小，所以液体较之容易流动，静止的液体不能承受切应力，也没有固定的形状，但有一定的体积；②由于液体分子间距离比气体小，分子间力比气体大，所以液体较之体积不易压缩；③从微观角度来看，液体是不连续、不均匀的，但在消防水力学中，研究的是液体的宏观机械运动，一般认为液体是均质的，具有均匀等向性，即各部分和各方向的物理性质是一样的。因此，从宏观角度出发，液体可以看成是一种易于流动、不易压缩、均匀等向的连续介质。

水的平衡和运动，除了与作用于水的外界因素有关外，更重要的是取决于水本身的物理性质，液态水之所以作为主要的灭火剂，也是由它的主要物理性质决定的。

一、水的形态与冰点、沸点

常温时，纯净的水是无色、无味的透明液体。在 1 个大气压（$1.01325 \times 10^5 Pa$）下，温度在 0℃以下时，水为固体，0℃为水的冰点；温度在 100℃以上时，水为气体，100℃为水的沸点；温度在 0～100℃之间，水为液体。

二、水的密度和容重

（一）水的密度

水的密度是指单位体积的水所具有的质量，用符号 ρ 表示。均质液态水的密度计算公式为：

$$\rho = \frac{m}{V} \tag{1-1-1}$$

式中　ρ——密度，kg/m^3；

　　　m——质量，kg；

　　　V——体积，m^3。

一般而言，液体的密度都随温度的增加而降低，但液态水的密度与温度的关系却是反常的，见表 1-1-1。在 4℃时，水的密度为 $999.98 kg/m^3$，当温度大于或小于 4℃时，水的密度都将减小，因此，水的密度在 4℃ 时最大，近似取 $1000kg/m^3$。

大多数物质由液态凝固为固态时，其密度会增大，但水却相反。在 0℃ 时，液态水的密度为 $999.84kg/m^3$，而固态水的密度为 $917kg/m^3$，因此，水结冰时，体积会突然增大 9% 以上，在封闭条件下而产生的压强可达 2500 个大气压。所以，消防储水容器或存有水的设备在冬季应进行保暖，防止结冰，以免损坏。

表 1-1-1　水的密度与容重（$1.01325 \times 10^5 Pa$）

温度/℃	密度 ρ/(kg/m³)	容重 γ/(kN/m³)	温度/℃	密度 ρ/(kg/m³)	容重 γ/(kN/m³)
0	999.84	9.805	40	992.2	9.730
4	999.98	9.8098	50	988.0	9.689
5	999.97	9.8097	60	983.2	9.642
10	999.7	9.804	70	977.8	9.589
15	999.1	9.798	80	971.8	9.530
20	998.2	9.789	90	965.3	9.466
25	997.0	9.777	100	958.4	9.399
30	995.7	9.764			

（二）水的容重

水的容重是指单位体积的水所具有的重量，用符号 γ 表示。均质液态水的容重计算公式为：

$$\gamma = \frac{G}{V} \tag{1-1-2}$$

式中　γ——容重，N/m³；

　　　G——重量，N；

　　　V——体积，m³。

根据牛顿第二定律，$G=mg$，所以：

$$\gamma = \frac{G}{V} = \frac{mg}{V} = \rho g \tag{1-1-3}$$

式中　g——重力加速度，m/s²，其数值大小与纬度有关，为便于计算，取 $g=9.81m/s^2$。

不同液体的容重各不相同，见表 1-1-2，而同一种液体的容重随温度和压力的变化而变化。实验表明，液态水的容重随压力和温度的变化较小，可视为常数，通常取淡水的容重为：$9810N/m^3$（$1000kgf/m^3$，工程单位）。

表 1-1-2　几种常见液体的容重（$1.01325 \times 10^5 Pa$）

液体名称	水银	汽油	酒精	海水
容重/(N/m³)	133280	6664～7350	7778.3	9996～10084
测定温度/℃	0	15	15	15

例 1-1-1　试计算 1L 水的质量和重量。

解：由题意可知，水的密度 $\rho=1000kg/m^3$，容重 $\gamma=9810N/m^3$（$1000kgf/m^3$）。

则：$m=\rho V=1000 \times \dfrac{1}{1000}=1$（kg）

$G=\gamma V=9810 \times \dfrac{1}{1000}=9.81$（N）

或：$G=mg=1 \times 9.81=9.81$（N）

或：$G = \gamma V = 1000 \times \dfrac{1}{1000} = 1 \text{ (kgf)}$

答：1L 水的质量为 1kg，重量为 9.81N（1kgf）。

三、水的比热容、汽化热和溶化热

（一）水的比热容

一定质量的物质，在不发生化学反应的情况下，温度升高（或降低）1℃所吸收（或放出）的热量称为该物质的热容量。单位质量物质的热容量称为比热容，简称比热，用符号 C 表示，单位为 kJ/(kg·℃) 或 kcal/(kg·℃)（1kcal≈4.18kJ）。不同的物质增加相同的温度，比热容越大的物质需要吸收的热量越多。常见物质的比热容见表 1-1-3。

液态水的比热容在常见液体和固体中是最大的，约为 1kcal/(kg·℃) [4.18kJ/(kg·℃)]，即：1L 水温度升高 1℃，需要吸收 1kcal（4.18kJ）的热量。固态水和气态水的比热容约为液态水的一半。所以液态水被大量用作工业冷却介质或加热介质，也普遍用于灭火，具有很好的冷却作用，若将 1L 20℃ 的水喷洒到燃烧区，水温升高到 100℃，则会吸收约 80kcal 或 335kJ 的热量。

表 1-1-3　常见物质的比热容

物质	比热容 /[kJ/(kg·℃)]	物质	比热容 /[kJ/(kg·℃)]	物质	比热容 /[kJ/(kg·℃)]
液态水	4.18	丙酮	2.20	二硫化碳	1.00
冰	2.11	苯	2.05	四氯化碳	0.85
水蒸气	2.08	变压器油	1.92	汞	0.14
甲醇	2.50	润滑油	1.87	土和砂	0.84
乙醇	2.43	甲苯	1.70	铁和铜	0.42
甘油	2.40	橄榄油	1.65	铂	0.12
乙醚	2.35	硫酸	1.38	木材	0.6

（二）水的汽化热

水的蒸发是一个吸热过程，单位质量的液态水蒸发为气态水所需要吸收的热量称为汽化热。水的汽化热很大，1L 100℃ 的液态水，变成 100℃ 的水蒸气，需要吸收约 540kcal（2260kJ）的热量。因此，将水喷洒到燃烧区，使水迅速汽化，具有很好的冷却作用。

水变成水蒸气时体积会急剧扩大，1L 水汽化后将产生 1.7m³ 水蒸气；若火场温度按 150℃ 计算，则 1L 水汽化后将产生约 2m³ 水蒸气。水蒸气是惰性气体，占据燃烧区，具有窒息灭火的作用，从实验得知，空气中含水蒸气达 35% 时可以有效灭火。

由此可见，若使用雾状射流，将 1L 20℃ 的水喷洒到燃烧区，使其迅速变成水蒸气，将总共吸收约 620kcal（2600kJ）的热量。若此时水蒸气的温度为 150℃，那么还能窒息 2÷35%≈5.7m³（取 5m³）的空间，使火焰熄灭。

（三）水的溶化热

在 0℃ 时，单位质量的固态水完全溶化为液态水所需要吸收的热量，称为水的溶化热，约为 80kcal/kg（335kJ/kg）。

流动状态下的水不易结冰，因为水的动能将部分转化为热量。冬季在火场上，当需要转移水枪阵地时，不应关闭水枪，而是关小射流，使水处于流动状态，避免水带内的水结冰，保证供水不中断。

四、水的黏滞性

水具有流动性，这说明静止的水没有阻抗剪切变形的能力。但是对于流动的水，当水分子之间存在着相对运动时，则会产生内摩擦力来抵抗其相对运动，即流动的水具有一定的阻抗剪切变形的能力，这种特性称为水的黏滞性。当水处于静止时，黏滞性是不显示作用的；当水处于流动时，黏滞性的阻抗作用将使水的流动缓慢下来。

水沿着管道作直线运动，设水分子是有规则的一层一层向前运动而不相互混掺。由于水具有黏滞性，靠近管道表面的一层水流层分子附着于管道表面而不动，其他水流层由于层与层之间存在着内摩擦力，因此各层流速不同，离管壁越远的水流层分子，受管壁的作用越小，因而流速大。因此，在垂直于管壁边界的 z 方向上，水流的速度分布是不均匀的，如图 1-1-1 所示。

五、水的溶解和湿润

（一）水的溶解

物质能否在水中溶解，与物质的极性有关。同水分子极性相似的物质易溶于水，例如氨气、丙酮、乙醚、乙醇、苯胺等。与水分子极性不同的物质，不易溶于水或不溶于水，例如汽油、柴油、煤焦油、苯等。

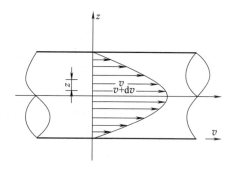

图 1-1-1　水流速度分布

用水可以吸收易溶于水的气体，可以扑救易溶于水的固体物质火灾，可以冲淡易溶于水的可燃液体，使火灾得到控制或扑灭。用水可以扑救比水重的不溶于水的可燃液体火灾，例如用喷雾水可以扑灭二硫化碳火灾；但比水轻的不溶于水的可燃液体，易在水面扩散，给灭火工作带来不少困难。

（二）水的湿润

水分子之间有相互的吸引力，在水面形成表面张力。当水与固体物质接触，水分子与固体分子之间也存在相互的吸引力，称为附着力。若表面张力小于附着力，水与固体物质接触，水将渗透到固体物质，使其湿润难燃，例如水与木材、纸张接触；若表面张力大于附着力，水就不能或不易湿润固体物质，例如水与棉花、油毡接触。

水能湿润的固体物质，用水灭火效果好；水不能湿润的固体物质，用水灭火效果就差。若能减小水的表面张力，水的湿润性就增大。

六、水的导电性

水的导电性能与水质、射流截面积、射流形式和压力等有关，见表 1-1-4。纯净的水电阻率很大，为不良导体。但消防用水一般常用自来水或天然水，都含有一定的杂质，电阻率减小，用水灭火应防止触电。紧急情况下，可以使用开花射流和喷雾射流扑救电气设备火灾，但仍然存在一定的触电风险，原则上禁止带电情况下出水作业。

表 1-1-4　不同水质的电阻率

不同水质	纯净水	自来水	清洁的河水	靠近钢铁厂的河水
电阻率/Ω·cm	10×10^6	3455	1925	1540

（一）带电灭火的最小安全距离

用水带电灭火，带电体与水柱、人体、大地可以形成一个电气回路。在回路中，若通过人体的电流不超过 1mA，就可以保障消防人员的安全。水枪喷嘴与带电体的距离越长，电阻值越大，漏泄电流越小，因此带电灭火时，水枪喷嘴至带电体的距离应尽量远一些。当直流水枪口径不大于 19mm、水压不大于 0.55MPa、水的电阻率不小于 1500Ω·cm 时，不同电压情况下水枪喷嘴至带电体的最小安全距离见表 1-1-5。

表 1-1-5　水枪喷嘴至带电体的最小安全距离

电压/kV	1	5～10	23～35	110	220
最小安全距离/m	2.5	3	4	6	7

（二）带电灭火的水柱截面积

水柱的截面积是由水枪口径决定的。水枪的口径越大，水柱的截面积越大，导电性能亦随之增大。据实验，在其他条件相同的情况下，水枪喷嘴口径由 3mm 增至 10mm，水柱的漏泄电流从 0.16mA 增至 0.6mA。因此，带电灭火应尽可能使用口径小的水枪。

（三）带电灭火的水压

水压越大，水枪射出的水柱越紧密，也越容易导电，因此，使用直流水灭火，水压不应太大。相反，如果使用喷雾水枪，则水压越高，雾化程度越好，则漏泄电流越小。用喷雾水枪进行带电灭火时，要根据电压大小保持与带电体的安全距离（5m 以上），消防泵压力应保持 0.7MPa 以上，并在水枪喷出雾状水正常后，才能向带电体灭火。

---------------------○ **思考与练习** ○---------------------

1. 试计算 6000L 水的质量和重量。

2. 水的黏滞性对水流运动有何影响。

3. 扑救汽车轮胎火灾为什么用泡沫比用水的效果好。

⫸ 第二节　静水压强

◯ 【学习目标】

1. 了解静水压强的特性、等压面。

2. 熟悉帕斯卡定律、静水压强的表示方法。

3. 掌握水静力学基本方程的两种形式、静水压强计量单位的换算。

因为水具有流动性，静止的水既不能抵抗切应力，也不能承受拉力，所以水静止时所考虑的作用力只有压力和重力。一般情况下，重力是已知的，因此，水静力学的核心问题是根据平衡条件来求解静水中的压强分布，并根据静水压强的分布规律，进而确定各种情况下的静水总压力。

一、静水压强及其特性

（一）静水压力

静水存在压力，例如人站在深水中，就会感到胸部受压，呼吸困难；水闸门板没有足够的厚度，挡水后就会被压弯等等，而且静水不仅对与它接触的固体壁有压力，就是在静水内部，一部分液体对相邻的另一部分液体也有压力。在水力学中，把静止的水对相邻接触面所作用的压力称为静水压力，用符号 P 表示，国际单位是 N（工程单位是 kgf）。

（二）静水压强

作用在单位受压面积上的静水压力称为静水压强，用符号 p 表示，国际单位是 Pa（N/m²）。

如图 1-2-1 所示，在静水中取微元面积 ΔA，若作用于 ΔA 上的静水压力为 ΔP，则 ΔA 面上的静水压强为：

$$p = \frac{\Delta P}{\Delta A} \qquad (1-2-1)$$

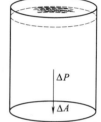

式中　p——受压面 ΔA 上的静水压强，Pa；

　　　ΔP——作用在微元面积 ΔA 上的静水压力，N；

　　　ΔA——受压面的微元面积，m²。

用式（1-2-1）计算出的静水压强，表示了某受压面单位面积上受压的平均值，是平均静水压强。只有在均匀受力的情况下，平均静水压强才能反映受压面各处的受压状况。若受力不均匀，则需用各点的静水压强来反映受压面各处的受压状况。

图 1-2-1　静水压强示意

（三）静水压强的特性

静水压强具有两个重要的特性。

（1）静水压强的方向总是垂直并指向受压面，如图 1-2-2 所示。水在静止时不能承受拉力和切应力，在微小切应力的作用下就会流动，所以静水压强必定垂直于受压面；又因水不能承受拉力，所以静水压强必定指向受压面。

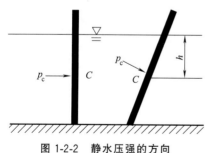

图 1-2-2　静水压强的方向

（2）静水中某一点的压强大小与受压面的方位无关，也就是任一点处的静水压强无论来自何方均相等。

如图 1-2-3 所示，在 U 形测压管内注入有色液体（如煤油），实验前测压管两端都连通大气，这时管中液面在同一高度上。用橡胶管把一个装有橡胶薄膜的小圆盒连到测压管 A 端，B 端仍与大气相通，这时管中液面仍在同一高度上。

实验开始，把小圆盒放入水中某一深处，改变盒子的方向，不论它朝向哪个方向，只要小圆盒的中心在水下的深度不变，U 形测压管中所示的高差 h 均相同。这说明静止液体中的任何一点处各方向的压强大小都是相等的，即静水压强的大小与受压面的方位无关。

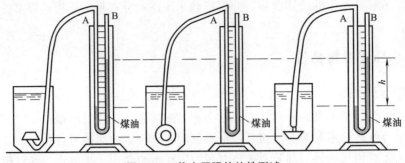

图 1-2-3　静水压强的特性测试

二、水静力学基本方程

（一）水静力学基本方程

$$p = p_0 + \gamma h \tag{1-2-2}$$

式中　　p——静止液体中任一点的静水压强（见图 1-2-4），Pa；

p_0——液体自由表面上的气体压强（见图 1-2-4）（在大气中时为大气压，用符号 p_a 表示）；

γ——液体的容重，N/m³；

h——指定点在液面下的深度（见图 1-2-4），m。

从式（1-2-2）可以看出：

① 静止液体中任一点的压强 p 等于液面压强 p_0 与液体重力所产生的压强 γh 之和；

② 静水压强随水深 h 按线性规律变化，而与容器的形状、大小无关；

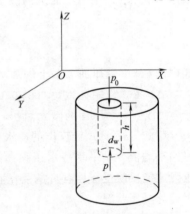

图 1-2-4　水静力学基本方程分析图

③ 液面压强 p_0 发生变化时，液体中各处的静水压强也将等值变化。

（二）帕斯卡定律

如果在静止液面任意施加一个 Δp，那么在液体内部任一点的压强就要产生一个同样的 Δp 值，即对密闭液体任一部分所施加的压强增量可以等值地传递到液体的各个部分，这就是著名的帕斯卡定律。帕斯卡定律在消防工作中应用十分广泛，如扩张器、液压剪、起重气垫等，都是根据这一原理制造的。

如图 1-2-5 所示，在密闭连通器中，当小活塞上作用一个压力 P_1 时，将对底面 A_1 所

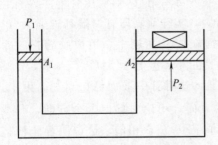

图 1-2-5　帕斯卡定律示意图

接触的水产生压强为：$p_1 = \dfrac{P_1}{A_1}$。根据静水压强等值传递的原理，p_1 将传递到水中任何一点。因此大活塞底面 A_2 得到同样的压强 p_1，则大活塞产生向上的推力为：$p_2 = p_1 A_2 = \dfrac{P_1}{A_1} A_2$。

因此，大小活塞所受的压力比值为：$\dfrac{P_2}{P_1} = \dfrac{A_2}{A_1}$。

若不考虑活塞的重量、活塞与容器壁的摩擦，作用在大小活塞上的压力比值等于活塞面积的比值。即在小活塞上施加一个较小的力，在大活塞上可以获得若干倍较大的力。

（三）等压面

水静力学基本方程也反映了，在静水中水深相同的各点，其静水压强相等。如果把压强相等的各点连成一个面，这个面即为等压面。等压面与重力的方向是垂直的，因此，在重力作用下的静止液体的等压面是水平面，但必须指出，这一结论只适用于连通的同一种静止液体 [见图 1-2-6 （a）]。对于不连通的液体 [如液体被阀门隔开，见图 1-2-6 （b）]，或者一个水平面穿过两种不同的液体 [见图 1-2-6 （c）]，则位于同一水平面上的各点，压强并不一定相等，即水平面不一定是等压面。水平面是等压面必须同时满足液体是静止的、相互连通和同一种介质三个条件。

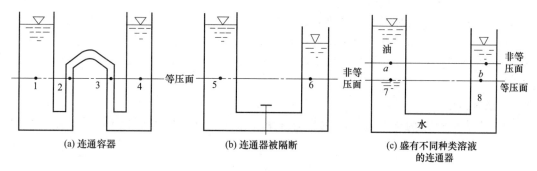

图 1-2-6　等压面示例

（四）位置水头、压强水头、测压管水头

水静力学基本方程还可以用另一种形式表达。

如图 1-2-7 所示，封闭容器内盛有静止的液体，液体的容重为 γ，液面压强为 p_0，且 $p_0 > p_a$。在容器中任取 A、B 两点，点 A 和点 B 的深度分别为 h_A 和 h_B，由式 （1-2-2），得：

$$p_A = p_0 + \gamma h_A$$
$$p_B = p_0 + \gamma h_B$$

两式相减后得：$h_A - h_B = \dfrac{p_A - p_B}{\gamma}$

任选 0-0 面为基准面，则 $h_A - h_B = Z_B - Z_A$，故上式可写为：

$$Z_A + \frac{p_A}{\gamma} = Z_B + \frac{p_B}{\gamma}$$

或
$$Z + \frac{p}{\gamma} = C \qquad (1\text{-}2\text{-}3)$$

式中　Z——被测点相对于基准面 0-0 的高度；

　　　　C——常数。

在图 1-2-7 中，与 A 点同一高度的容器壁上开一小孔，在孔壁上连一弯曲向上顶端开口的细直玻璃管 a，称为测压管。由于 A 点处液体受压力作用，液体将在测压管内上升至某一

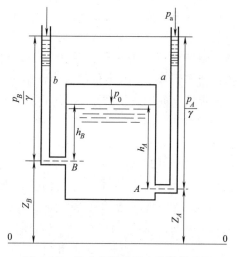

图 1-2-7　静水压强表示方法推导用图

高度，形成液柱，则测压管内的液面到基准面 0-0 的高度由 Z 和 $\frac{p}{\gamma}$ 两部分组成，其中 Z 表示 A 点位置到基准面的高度，$\frac{p}{\gamma}$ 表示 A 点压强的液柱高度。在水力学中常用"水头"表示高度，所以 Z 称为位置水头，$\frac{p}{\gamma}$ 称为压强水头，而 $Z+\frac{p}{\gamma}$ 称为测压管水头。式（1-2-3）说明：在静止液体中，任一点的位置水头与压强水头之和是一常数；或者说，在静止液体中，各点的测压管水头是一常数。

三、静水压强的表示方法和计量单位

（一）静水压强的表示方法

高度的表示总是相对于某一基准面而言的，例如某座山高 2000m，意思是说高出黄海平均海平面 2000m，如果以当地平均海拔作为基准，则其高度就不再是 2000m 了。同样道理，压强的表示也有以哪一个基准算起的问题，因而产生了不同的表示方法：绝对压强和相对压强。

1. 绝对压强

以没有大气存在的绝对真空状态作为基准计量的压强，称为绝对压强，故式（1-2-2）可写为：

$$p_{绝对}=p_0+\gamma h \tag{1-2-4}$$

2. 相对压强

在工程计算中，水流表面多为大气压 p_a，所以也可以当地大气压作为计量压强的基准。以当地大气压 p_a 为基准计量的压强，称为相对压强，则：$p_{相对}=p_{绝对}-p_a=p_0+\gamma h-p_a$。

当液面压强为大气压 p_a 时，即 $p_0=p_a$，则：

$$p_{相对}=\gamma h \tag{1-2-5}$$

在工程中需要计算的压强，一般都是相对压强。消防上，一般用压力表测量的压强也是相对压强。因此，本书中除了特别指明是绝对压强之外，通常所指压强均为相对压强。

3. 真空及真空值

绝对压强的数值总是正的，而相对压强的数值要根据绝对压强值与当地大气压值来决定其正负。如果液体中某处的绝对压强小于大气压，则相对压强为负值，称为负压，也就是说该处产生真空。真空值的大小常用 p_V 表示，是指该点的绝对压强 $p_{绝对}$ 小于当地大气压 p_a 的数值，即：

$$p_V=p_a-p_{绝对}=|p_{相对}| \tag{1-2-6}$$

当 $p_{绝对}=0$ 时，$p_V=p_a$，叫做绝对真空。

真空这个概念很重要，也是消防工程中常遇到的。例如离心泵和虹吸管能把水从低处吸到一定的高度，就涉及了真空原理。

为了区别以上几种压强的相互关系，现将它们表示于图 1-2-8 中，从图中可以看出：

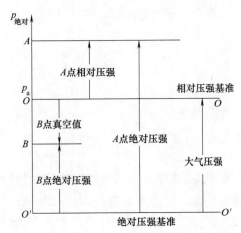

图 1-2-8 绝对压强、相对压强、真空值的关系

① 从绝对真空起算的压强为绝对压强（A、B 点）；

② 从当地大气压起算的压强为相对压强（A 点）；

③ 绝对压强减去大气压称为相对压强（A 点）；

④ 当绝对压强小于大气压时，其相对压强为负值。相对压强的绝对值等于真空值（B 点）。真空值越大，绝对压强越小，真空值最大为一个大气压，是绝对压强为 0 的时候，为绝对真空。

例 1-2-1 如图 1-2-9 所示，在敞开容器中，$p_a = 98.1\text{kPa}$，试计算静水中深度 1m 处的绝对压强及相对压强。

解： 由题意可知，$p_0 = p_a = 98100\text{Pa}$，$\gamma = 9810\text{N/m}^3$，$h = 1\text{m}$。

则：$p_{绝对} = p_0 + \gamma h = 98100 + 9810 \times 1 = 107910$（Pa）

$p_{相对} = p_{绝对} - p_a = 107910 - 98100 = 9810$（Pa）

答： 水深 1m 处的绝对压强为 107.91kPa，相对压强为 9.81kPa。

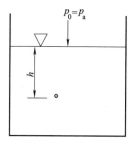

图 1-2-9 例 1-2-1 图

例 1-2-2 如图 1-2-10 所示，在密闭容器中，$p_0 = 50\text{kPa}$，试计算静水中深度 1m 处的绝对压强及相对压强。

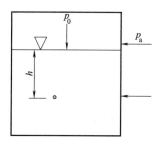

图 1-2-10 例 1-2-2 图

解： 由题意可知，$p_a = 98100\text{Pa}$，$\gamma = 9810\text{N/m}^3$，$h = 1\text{m}$。

则：$p_{绝对} = p_0 + \gamma h = 50000 + 9810 \times 1 = 59810$（Pa）

$p_{相对} = p_{绝对} - p_a = 59810 - 98100 = -38290$（Pa）

答： 水深 1m 处的绝对压强为 59.81kPa，相对压强为 -38.29kPa，相对压强为负值，说明该点存在真空，真空值 p_V 为 38.29kPa。

（二）静水压强的计量单位

静水压强的计量单位通常有三种表示方法。

1. 用单位应力表示

压强用单位面积上受力的大小，即单位应力表示，其国际单位是 Pa、kPa 或 MPa，工程单位是 kgf/cm^2，$1\text{kgf/cm}^2 = 0.981 \times 10^5 \text{Pa} \approx 1 \times 10^5 \text{Pa}$。

2. 用大气压表示

海拔高度不同，大气压也有所差异。国际单位中，把 $1.01325 \times 10^5 \text{Pa}$ 称为一个标准大气压（atm），相当于海拔 200m 的正常大气压。工程单位中，把 $0.981 \times 10^5 \text{Pa}$（$1\text{kgf/cm}^2$）称为一个工程大气压（at）；一些国家也用"巴"（bar）来表示工程大气压，$1\text{bar} = 1 \times 10^5 \text{Pa}$。在水力学上，习惯采用的是工程大气压。

3. 用液柱高度表示

常用水柱高度或水银柱高度来表示压强。由式（1-2-5）可知：$p = \gamma h \Rightarrow h = \dfrac{p}{\gamma}$，由于液体的容重在一定情况下是常量，因此，液柱高度的数值反映了压强的大小。对于任一点上的静水压强 p 可以转化为任何一种容重为 γ 的液柱高度，如 mH_2O、mHg 或 mmHg。

例如一个工程大气压 $p_a = 98100\text{Pa}$，可用水柱高度表示为：$h = \dfrac{p}{\gamma} = \dfrac{98100}{9810} = 10\text{mH}_2\text{O}$，

也可用水银柱高度表示为：$h=\dfrac{p}{\gamma}=\dfrac{98100}{133300}\approx 0.736\text{mHg}\approx 736\text{mmHg}$。

上述几种压强计量单位间的换算关系为：

$0.1\text{MPa}=1\text{bar}=1\times 10^{5}\text{Pa}$

$1\text{atm}=1.01325\times 10^{5}\text{Pa}\approx 1\times 10^{5}\text{Pa}$

$1\text{kgf/cm}^{2}=1\text{at}=10\text{mH}_{2}\text{O}=736\text{mmHg}=98100\text{Pa}\approx 1\times 10^{5}\text{Pa}$（$1\text{bar}$ 或 0.1MPa）

例1-2-3 有一个盛水的开口水箱，已知 M 点在水面以下深度 $h=1\text{m}$，如图 1-2-11 所示。试计算 M 点的静水压强（绝对压强），并分别用单位应力、大气压和水柱高度来表示。

解： 由题意可知，$p_0=p_a=1\text{at}=98100\text{Pa}=10\text{mH}_2\text{O}$，
$\gamma=9810\text{N/m}^3$。则：

（1）用单位应力表示：

$$p_{绝对}=p_0+\gamma h=98100+9810\times 1=107910\ (\text{Pa})$$

（2）用大气压表示：

$$p_{绝对}=p_0+\gamma h=1+\frac{1}{10}=1.1\ (\text{at})$$

$$或\ p_{绝对}=\frac{107910}{9810}=1.1\ (\text{at})$$

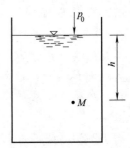

图 1-2-11　例 1-2-3 图

（3）用水柱表示：

$$p_{绝对}=p_0+\gamma h=10+1=11\ (\text{mH}_2\text{O})$$

$$或\ p_{绝对}=\frac{107910}{9810}=11\ (\text{mH}_2\text{O})$$

答： M 点的绝对压强为 107910Pa，或 1.1at，或 11mH$_2$O。

例1-2-4 消防车水泵在运转中，吸水管在水泵进水口上所装真空表读数为 515mmHg，试将真空表读数转化为 kgf/cm^2、mH$_2$O 和 at。

解： 由题意可知，$p_a=1\text{at}=736\text{mmHg}=10\text{mH}_2\text{O}=1\text{kgf/cm}^2$。

则：$p_\text{v}=\dfrac{515}{736}\approx 0.7\ (\text{kgf/cm}^2)$

$p_\text{v}=0.7\times 10=7\ (\text{mH}_2\text{O})$

$p_\text{v}=0.7\times 1=0.7\ (\text{at})$

答： 真空表读数可转化为 0.7kgf/cm^2，或 7mH$_2$O，或 0.7at。

思考与练习

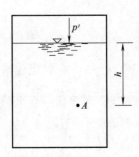

图 1-2-12

1. 某盛水开口木桶，底面积 $\omega=1.2\text{m}^2$，当桶中水深 $h=1.5\text{m}$ 时，试计算桶底所受静水总压力和静水压强。

2. 封闭水箱如图 1-2-12 所示，测得水面上的绝对压强 $p'=2\text{kgf/cm}^2$，试计算在水面下 $h=1\text{m}$ 处 A 点的绝对压强和相对压强。

3. 有几个形状不同的开口容器，如图 1-2-13 所示。容器中装的均是水，深度 h 相等，容器底面积 ω 也相等。试问：（1）容器底面的静水压强是否相同？静水压强与容器的形状有没有关系？（2）容

器底面所受的静水压力是否相等？它与容器所盛水的总重量有没有关系？

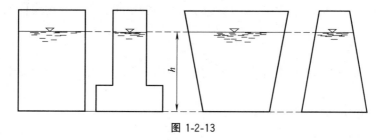

图 1-2-13

第三节　水流运动

【学习目标】

1. 了解描述水流运动的两种方法。
2. 熟悉水流运动的基本概念。
3. 掌握水流运动的分类。

在消防供水中，绝大部分都涉及水流运动的问题，如管道的水流、消防水枪射流、水锤等等。通过建立有关水流运动的基本概念，为进一步研究水流机械运动规律提供基本依据。

一、描述水流运动的两种方法

液体是由为数众多的质点所组成的连续介质，其运动要素随时间和空间变化，描述整个液体的运动规律通常有两种方法。

（一）迹线法

迹线法也称拉格朗日法。它以研究水体质点的运动为基础，追踪观察水体质点运动轨迹，并探讨其运动要素随时间及空间位置变化规律。其物理概念明确，但数学处理较为复杂，在工程中，除了个别问题外，一般不采用拉格朗日法。

（二）流线法

流线法也称欧拉法。它以流场为研究对象，研究流场中质点的运动要素的空间分布及其随时间的变化规律。

二、水流运动的基本概念

（一）迹线、流线

拉格朗日法研究同一个液体质点在不同时刻的运动情况，引出了迹线的概念；欧拉法研究同一时刻液体质点在不同空间位置的运动情况，引出了流线的概念。

1. 迹线

将某一液体质点在运动过程中，不同时刻所流经的空间点所连成的线称为迹线，即液体质点运动时所走过的轨迹线。

2. 流线

流线是某一瞬时在流场中绘出的曲线，在这条曲线上所有质点的流速矢量都和该曲线相切，如图 1-3-1 所示。流线表示液体瞬时的流动方向。一般来说，流速矢量是随时间而变化的，因此通过流场中同一点在不同瞬时画出的流线是不同的；在同一时刻，流场中两条流线是不能相交的，如果流线相交，那么交点处的流速矢量同时与两条流线相切，即一个质点同时有两个流速矢量，这是不可能的；另外，由于液体是连续介质，各运动要素在空间是连续的，因此流线不可能折转，只能是光滑曲线。

在流场中可绘出一系列同一瞬时的流线，称为流线簇，如图 1-3-2 所示。流线簇反映了该瞬时整个流场的流动方向。对于不可压缩流体，流线簇的疏密程度还反映了该瞬时流场中各处速度大小的变化情况，流线密集的地方流速大，而稀疏的地方流速小。

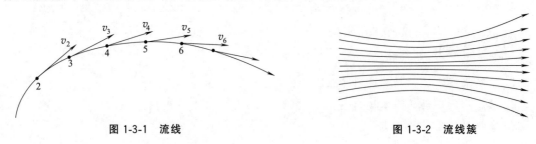

图 1-3-1　流线　　　　　　　　　　　　图 1-3-2　流线簇

（二）流速、过水断面、流量

1. 流速

单位时间内水流通过的距离，称为流速，用符号 v 表示，单位为 m/s 或 cm/s。

2. 过水断面

在垂直水流方向上，水流所通过的横断面称为过水断面，用符号 ω 表示，单位为 m² 或 cm²。过水断面与流线垂直，因此过水断面不一定是平面，当流线相互平行时，过水断面是平面（如图 1-3-3 的 1-1 断面），当流线不平行时，过水断面则为曲面（如图 1-3-3 的 2-2 断面）。水流过水断面有很多种形状，如圆形、方形、梯形等等，一般常用圆形。

3. 流量

单位时间内通过某一过水断面的液体体积称为流量，用符号 Q 表示，单位为 m³/s 或 L/s。

流量与流速、过水断面之间的关系为：

$$Q = \omega v \qquad (1\text{-}3\text{-}1)$$

式中　Q——流量，m³/s；

　　　ω——过水断面积，m²；

　　　v——流速，m/s。

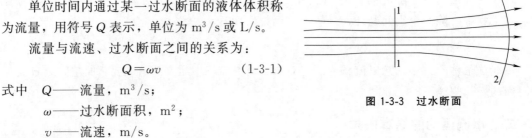

图 1-3-3　过水断面

4. 湿周

水在过水断面中流动时所湿润的长度，称为湿周，用 X 表示，单位为 m。例如，圆管满流时的湿周即为周长（πD），半满流时的湿周即为半个周长等。

5. 水力半径

过水断面面积与湿周的比值，称为水力半径，用 R 表示，$R = \dfrac{\omega}{X}$，单位为 m。水力半径综合反映了过水断面与水流阻力的关系，水力半径越大，对水的流动越有利。

三、水流运动的分类

（一）根据运动要素是否随时间变化进行分类

1. 恒定流

液体运动中所有空间点的一切运动要素（速度、压强、加速度等）都不随时间变化的流动称为恒定流。如图 1-3-4（a）所示，当水箱中的水位恒定时，管道中各点的流速和压强等运动要素均不随时间而变化，这时流动为恒定流。恒定流的特点是：①流线的形状不随时间变化；②流线与迹线重合。

2. 非恒定流

液体运动中所有运动要素不仅随位置变化，而且在任一位置上的运动要素也随时间而变化，这种流动称为非恒定流。如图 1-3-4（b）中，当水箱中的水位逐步下降时，管道中各点的流速就随时间变化，这时流动为非恒定流。

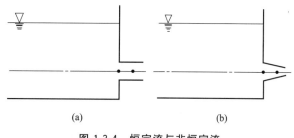

图 1-3-4　恒定流与非恒定流

对于恒定流，一切运动要素仅仅是空间坐标的函数，而与时间无关，故恒定流问题的求解要比非恒定流简单得多。工程实践上，许多液体流动的问题都可以按恒定流进行分析，比如在灭火时，水枪的压力可认为不随时间变化。恒定流与非恒定流的划分，也并不是绝对的，例如把水泵启动一段时间后压力表指针基本稳定后的水流可看成是恒定流，但是在水泵启动的最初一段时间，压力增加变化很大，就属于非恒定流。

（二）根据流速是否沿流程发生变化进行分类

1. 均匀流

如果在流动过程中，流速的大小和方向沿流程不发生变化，这种流动就称为均匀流。也就是说位于同一流线上各质点的流速大小和方向都相同的液流称为均匀流，如图 1-3-5（a）所示。均匀流的特点是：①流线为相互平行的直线；②过水断面是个平面；③压强分布符合静水压强分布规律；④沿流程各个过水断面的形状、大小及其流速分布都一样。一般在等直径直管中的液流可以看作是均匀流。

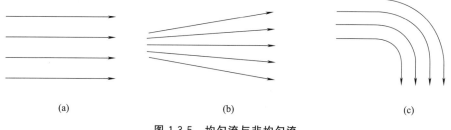

图 1-3-5　均匀流与非均匀流

2. 非均匀流

如果在流动过程中，流速的大小和方向沿流程发生变化，这种流动称为非均匀流。也就是说位于同一流线上各质点的流速大小和方向不同的液流称为非均匀流，如图1-3-5（b）所示液体在扩散管中流动，或如图1-3-5（c）所示液体在弯管中流动。非均匀流的特点是流线彼此不平行，非均匀流的流线可能是曲率半径 R 不同的曲线，或是流线之间具有夹角为 θ 的放射线。所以在一般情况下，非均匀流的过水断面是曲面，各个过水断面的形状、大小及其流速分布也是沿流程变化的。

非均匀流按流速的大小和方向沿流程变化的快慢又可分为渐变流和急变流两种。

（1）流速的大小和方向沿流程逐渐改变的非均匀流，称为渐变流。显然渐变流流线的曲率半径 R 较大，或流线之间的夹角 θ 较小，流线接近于平行直线，因此渐变流的过水断面可以近似地看作平面。

（2）流速的大小和方向沿流程急剧改变的非均匀流，称为急变流。显然急变流流线的曲率半径 R 较小，或流线之间的夹角 θ 较大，过水断面一般地讲是曲面，流线不能视为平行直线。

水流是否可以看作为渐变流或急变流，这与水流的边界有密切的关系，当边界为近乎平行的直线时，水流往往是渐变流。管道转弯、断面扩大或收缩以及明渠中由于障碍物的存在使水面发生急剧变化处的水流都是急变流，如图1-3-6所示。

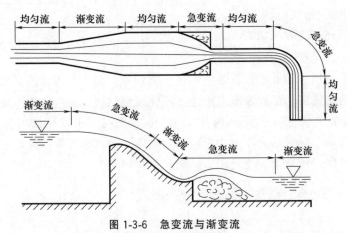

图1-3-6　急变流与渐变流

（三）根据促使水流发生运动的动力进行分类

1. 有压流

有压流是指液体受到压力作用而发生运动的水流。它的特征是水流充满整个管道，不存在自由表面，例如消防给水管道中的水流。

2. 无压流

无压流是指主要受重力作用而发生运动的水流。它的特征是具有自由表面，作用在自由表面上的压强通常为大气压，例如明渠流、天然河道水流、排水管水流等。

○━━━━━━ **思考与练习** ━━━━━━○

1. 流线与迹线的区别是什么？

2. 在供水干线中，流量、流速、过水断面三者之间有何联系？

3. 水流运动可按哪些方式进行分类？

4. 有压流和无压流的显著区别是什么？

▷▷ 第四节　恒定流基本方程

○【学习目标】

1. 了解建立恒定流三个基本方程的条件和适用范围。

2. 熟悉恒定流三个基本方程。

3. 掌握恒定流三个基本方程的实际应用。

在水流运动基本概念的基础上，由质量守恒定律，建立起恒定流的连续性方程；由能量转化与守恒定律，建立起恒定流能量方程；由动量守恒定律，建立起恒定流的动量方程。这三个基本方程是各种恒定流所共同遵循的普遍规律，是分析水流运动的重要依据。

一、恒定流的连续性方程

水是不可压缩和伸张的连续介质，密度为常量。根据质量守恒定律，在单位时间内流入过水断面 ω_1 的流体质量（或体积）等于流出过水断面 ω_2 的流体质量（或体积），见图 1-4-1。

恒定流连续性方程为：

$$Q_1 = Q_2 \qquad (1\text{-}4\text{-}1)$$

或：

$$\frac{v_1}{v_2} = \frac{\omega_2}{\omega_1} = \frac{D_2^2}{D_1^2} \qquad (1\text{-}4\text{-}2)$$

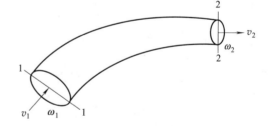

图 1-4-1　连续性方程分析

式中　Q_1，Q_2——过水断面的流量，m^3/s；

ω_1，ω_2——过水断面的面积，m^2；

v_1，v_2——过水断面的平均流速，m/s；

D_1，D_2——过水断面的直径，m。

恒定流连续性方程表示，水在恒定流条件下，流量沿流程不变。或者说，水流通过任意两过水断面时，过水断面面积与断面平均流速成反比，即断面面积大的流速小，断面面积小的流速大。

在有分流汇入及流出的情况下，根据质量守恒定律，连续性方程仍然适用。如图 1-4-2 所示，若有流量 Q_3 汇入，则：$Q_2 = Q_1 + Q_3$；若有流量 Q_3 流出，则：$Q_2 = Q_1 - Q_3$。

恒定流的连续性方程，体现了质量守恒定律，是水力学中的基本方程之一，在水力学计算中应用广泛。在消防工作中，直流水枪喷嘴处过水断面比入口处过水断面小得多，因而水在喷嘴处流速大，能增加射程，喷射到较远的距离。

例 1-4-1　有一辆消防车接出 1 路干线，利用分水器出 1 支水枪，供水干线为 $D80mm$

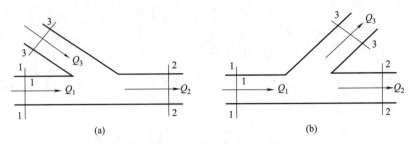

图 1-4-2　连续性方程的特殊情况

PU 水带，工作水带为 $D65mm$ PU 水带，水枪充实水柱为 $15m$，流量为 $6.5L/s$。试计算干线水带和工作水带内的流速。

解：由题意可知，$Q=6.5\times10^{-3}$ m³/s，$D_1=0.08m$，$D_2=0.065m$。

则：干线水带截面积：$\omega_1=\dfrac{\pi D^2}{4}=\dfrac{3.14\times0.08^2}{4}\approx5\times10^{-3}$ （m²）

工作水带截面积：$\omega_2=\dfrac{\pi D^2}{4}=\dfrac{3.14\times0.065^2}{4}\approx3.3\times10^{-3}$ （m²）

根据 $Q=\omega v$ 得：

干线水带流速：$v_1=\dfrac{Q}{\omega_1}=\dfrac{6.5\times10^{-3}}{5\times10^{-3}}\approx1.3$ （m/s）

工作水带流速：$v_2=\dfrac{Q}{\omega_2}=\dfrac{6.5\times10^{-3}}{3.3\times10^{-3}}\approx2.0$ （m/s）

答：干线水带的流速约为 $1.3m/s$，工作水带的流速约为 $2.0m/s$。

例 1-4-2　有一辆消防车接出 1 路 $D65mm$ 的胶里水带干线，接出 1 支 QZ19 直流水枪。试计算水枪喷嘴处的流速是水带内流速的多少倍。

解：由题意可知，$Q_1=Q_2$，$D_1=19mm$，$D_2=65mm$。

则：$\dfrac{v_1}{v_2}=\dfrac{\omega_2}{\omega_1}=\dfrac{D_2^2}{D_1^2}=\dfrac{65^2}{19^2}\approx11.7$

答：水枪喷嘴处的流速是水带内流速的 11.7 倍。

二、恒定流的能量方程

能量的转化与守恒是自然界物质运动的普遍规律，水流运动的过程就是在一定条件下的能量转化过程，因此流速与其他因素之间的关系可以通过分析水流的各种能量转换关系得出。

（一）水流的单位总能量

在水力学中，水流的总能量是用单位重量液体所具有的能量来表示，故又称为水流的单位总能量。对于静止的水，具有位置水头 Z 和压强水头 $\dfrac{p}{\gamma}$，两者之和是常数，即 $Z+\dfrac{p}{\gamma}=C$，这说明静水的势能包括位能和压能两部分，且两者可以相互转换，但总能量保持不变。而运动的水流，不仅具有势能，还具有动能，因此，水流的单位总能量应为单位势能与单位动能之和，即：单位总能量＝单位位能＋单位压能＋单位动能。

如图 1-4-3 所示，假设河渠水流为恒定流，通过河渠的流量为 Q，现在过水断面 1-1 上

任取一点 A 作为分析研究的对象。点 A 所具有的质量为 m，重量为 mg，水流速度为 v，相对于基准面 0-0 位置高度为 Z，该点所受动水压强为 p，则点 A 具有的单位能量有以下三种。

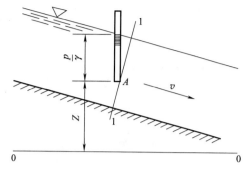

图 1-4-3　水流的单位总能量分析

1．单位位能

点 A 相对于基准面的位置高度为 Z，具有的位能为 mgZ。点 A 具有的单位位能可表示为：

$$I_{位} = \frac{mgZ}{mg} = Z$$

2．单位压能

如在点 A 处安上一根测压管，如图 1-4-3 所示，该点在动水压强的作用下，测压管水面上升，上升的高度为 $\frac{p}{\gamma}$，则点 A 具有的压能为 $mg\frac{p}{\gamma}$。点 A 具有的单位压能可表示为：

$$I_{压} = \frac{mg\dfrac{p}{\gamma}}{mg} = \frac{p}{\gamma}$$

3．单位动能

点 A 的水流速度为 v，具有的动能为 $\frac{1}{2}mv^2$。点 A 具有的单位动能可表示为：

$$I_{动} = \frac{\dfrac{1}{2}mv^2}{mg} = \frac{v^2}{2g}$$

水流中任意一点 A 所具有的单位总能量为：

$$E = I_{位} + I_{压} + I_{动} = Z + \frac{p}{\gamma} + \frac{v^2}{2g} \tag{1-4-3}$$

式中　　　　Z——单位位能，又叫位置水头，m；

$\dfrac{p}{\gamma}$——单位压能，又叫压强水头，m；

$\dfrac{v^2}{2g}$——单位动能，又叫流速水头，m；

$Z + \dfrac{p}{\gamma}$——单位势能，又叫测压管水头，m；

$E = Z + \dfrac{p}{\gamma} + \dfrac{v^2}{2g}$——单位总能量，又叫总水头，m。

（二）恒定流的能量方程

恒定流的能量方程在实际工作中有广泛的应用，如消防喷射泵、泡沫比例混合器、排吸器等都是根据能量方程制作的，还根据能量方程制作毕托管来测量渠道或管道中的水流速度，制作文丘里管测量管道的流量。

在图 1-4-4 所示的恒定水流中，以 0-0 为基准面，任意取两个渐变流断面 1-1 和 2-2 进行

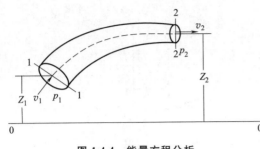

图 1-4-4　能量方程分析

分析。

断面 1-1 的平均流速为 v_1，断面中心处的动水压强和位置高度分别为 p_1 和 Z_1，则断面 1-1 上水流的单位总能量为：$E_1 = Z_1 + \dfrac{p_1}{\gamma} + \dfrac{v_1^2}{2g}$。

断面 2-2 的平均流速为 v_2，断面中心处的动水压强和位置高度分别为 p_2 和 Z_2，则断面 2-2 上水流的单位总能量为：$E_2 = Z_2 + \dfrac{p_2}{\gamma} + \dfrac{v_2^2}{2g}$。

水流从断面 1-1 流到断面 2-2 的过程中，由于水流存在黏滞性，必然要消耗一部分能量，用于克服摩擦阻力而做功，这部分能量将转化为热能消失在水中。单位重量液体所损失的能量称为单位能量损失，也叫水头损失，用符号 h_w 表示。

根据能量转化与守恒定律，水流经断面 1-1 时所具有的单位总能量，应等于流经断面 2-2 时所具有的单位总能量加上水流从断面 1-1 流向断面 2-2 的能量损失，$E_1 = E_2 + h_w$，即：

$$Z_1 + \frac{p_1}{\gamma} + \frac{v_1^2}{2g} = Z_2 + \frac{p_2}{\gamma} + \frac{v_2^2}{2g} + h_w \tag{1-4-4}$$

恒定流的能量方程，又叫伯努利方程。它是能量守恒与转化定律应用于水流运动的特殊表达式，也是水力学中最重要的基本方程之一，它给出了流速 v、动水压强 p 和位置高度 Z 三者之间的变化关系。它和连续性方程联合应用，可以解决许多水力学计算问题。

（三）能量方程的图示——总水头线和测压管水头线

因为能量方程中的各项能量都是长度单位，所以过水断面上水流的各项能量可用几何线段表示，如图 1-4-5 所示。

从能量方程图示即图 1-4-5 中，可以清楚地看出：

（1）任意两断面间总水头线的降落值，即为该两断面间的水头损失 h_w。

（2）由于水流在流动过程中，沿流程处处有损失，水流总是从能量大的地方流向能量小的地方，因此总水头线必定是一条沿流程下降的线。

（3）任意两断面间的测压管水头线可能沿流程下降，也可能沿流程上升。这是因为在一定的水流条件下，势能 $Z + \dfrac{p}{\gamma}$ 与动能 $\dfrac{v^2}{2g}$ 可以互相转化。如图 1-4-5 所

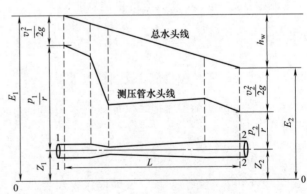

图 1-4-5　水头线示意图

示，管道各断面上水流的位能 Z 不变，当管道断面面积沿流程由大变小时，于是动能由小变大，压能由大变小，测压管水头线便下降；反之，当管道断面面积沿流程由小变大时，则动能由大变小，压能由小变大，测压管水头线便上升。

例 1-4-3　用直径为 100mm 的引水管，从 3m 深水箱中引水，水箱中水位保持不变，设

水头损失为 2m，如图 1-4-6 所示。试计算出口处的流量和流速。

解：由题意可知，通过出口中心为基准线 0-0，对 1-1 及 2-2 断面列能量方程：

$$Z_1+\frac{p_1}{\gamma}+\frac{v_1^2}{2g}=Z_2+\frac{p_2}{\gamma}+\frac{v_2^2}{2g}+h_w$$

取水面 p_1 为大气压力，出口 p_2 亦为大气压力，$p_1=p_2$，又 $Z_2=0m$，$v_1=0m/s$，$Z_1=3m$ 及 $h_w=2m$。

则：$3+0+0=0+0+\dfrac{v_2^2}{2g}+2$

$v_2\approx4.43$（m/s）

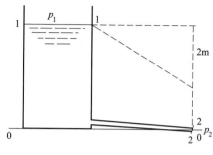

图 1-4-6 例 1-4-3 图

$$Q=\omega v=\frac{3.14}{4}\times0.1^2\times4.43\approx0.0348（m^3/s）\approx34.8（L/s）$$

答：出口处的流速约为 4.43m/s，流量为 34.8L/s。

例 1-4-4 有一直径渐变的锥形水管，如图 1-4-7 所示，已知断面 1-1 的直径 $D_1=$ 15cm，相对压强 $p_1=7mH_2O$，断面 2-2 的直径 $D_2=30cm$，相对压强 $p_2=6mH_2O$，平均流速 $v_2=1.5m/s$，两断面中心点的高差为 1m。试判断锥形管中的水流方向，并计算两断面间的水头损失。

解：由题意可知，$Z_1=0m$，$Z_2=1m$。

则：（1）断面 1-1 的平均流速：$v_1=\dfrac{\omega_2}{\omega_1}v_2=$

$\dfrac{D_2^2}{D_1^2}v_2=\dfrac{30^2}{15^2}\times1.5=6$（m/s）

（2）断面 1-1 的总水头：$E_1=Z_1+\dfrac{p_1}{\gamma}+\dfrac{v_1^2}{2g}=$

$0+7+\dfrac{6^2}{2\times9.81}\approx8.83$（m）

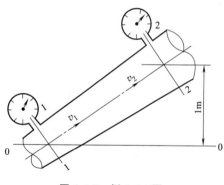

图 1-4-7 例 1-4-4 图

（3）断面 2-2 的总水头：$E_2=Z_2+\dfrac{p_2}{\gamma}+\dfrac{v_2^2}{2g}=$

$1+6+\dfrac{1.5^2}{2\times9.81}\approx7.11$（m）

（4）判断水流方向：因 $E_1>E_2$，则锥形管中的水流应由断面 1-1 流向断面 2-2。

（5）两断面间的水头损失：$h_w=E_1-E_2=8.83-7.11=1.72$（m）

答：锥形管中的水流方向为由断面 1-1 流向断面 2-2，水头损失为 1.72mH₂O。

计算结果表明，水流总是从能量大的地方流向能量小的地方，而不能单纯根据位置高低、压强和流速的大小来确定水流方向。

三、恒定流的动量方程

前面讨论了水流的连续性方程和能量方程，现在来讨论水力学基本理论中第三个基本方程——动量方程，它是动量定律用于水流运动的具体表达形式。

（一）恒定流动量方程

由物理学中知道，物体运动的动量定律可表达为：在单位时间内，物体沿某一方向的动量变化等于此物体在同一方向上所受到的外力的合力，其数学表达式为：

$$\sum F = \frac{mv_2 - mv_1}{\Delta t} \qquad (1\text{-}4\text{-}5)$$

式中　$\sum F$——物体在同一方向上所受外力的合力，N；

$\quad\quad v_2$——物体动量改变后的速度，m/s；

$\quad\quad v_1$——物体动量改变前的速度，m/s；

$\quad\quad m$——物体的质量，kg；

$\quad\quad \Delta t$——动量变化的时间，s。

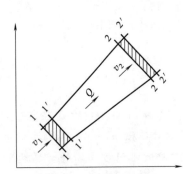

图 1-4-8　动量方程分析

图 1-4-8 为一段恒定水流，通过的流量为 Q，经过 Δt 时段后，断面 1-1 和 2-2 间这段水流，流动到断面 $1'\text{-}1'$ 和 $2'\text{-}2'$ 间的位置。从图中可以看出：$1'\text{-}1' \sim 2\text{-}2$ 这段水体，在 Δt 时段内虽有质点的移动和替换，但因水流是恒定流，水体的质量和各点的流速、压强都不会变，因此动量也不会变。所以，研究水流在单位时间内的动量变化，只要研究 $1\text{-}1 \sim 1'\text{-}1'$ 段和 $2\text{-}2 \sim 2'\text{-}2'$ 段的动量变化就可以。断面 1-1 的平均流速为 v_1，断面 2-2 的平均流速为 v_2，在 Δt 时段内流经断面 1-1 和 2-2 的水体质量 m 等于水的密度 ρ 与水体积 $Q\Delta t$ 的乘积，即：$m = \rho Q \Delta t$。

因此，通过断面 1-1 的水流动量为：$mv_1 = \rho Q \Delta t v_1$，通过断面 2-2 的水流动量为：$mv_2 = \rho Q \Delta t v_2$，代入动量定律的数学表达式，得：

$$\sum F = \rho Q (v_2 - v_1) \qquad (1\text{-}4\text{-}6)$$

当知道了水流动量的改变量，利用式（1-4-6）就可求出作用于水流的外力是多大。

（二）水枪的反作用力

水枪射流时将产生反作用力。水枪射流的反作用力通过枪轴线，与射流方向相反，力的大小与射流喷出的作用力相等，射流的能量越大，产生的反作用力也越大。

水枪直流喷射时的反作用力，可根据质量守恒、能量守恒和动量守恒进行计算。如图 1-4-9 所示，分别取水枪入口处断面为 1-1，面积为 ω_1，压强为 p_1，流量为 Q_1；水枪出口处断面为 2-2，面积为 ω_2，压强为 p_2，流量为 Q_2，因为水流射入大气中，所以 $p_2 = p_a$（大气压）。

根据质量守恒定律可以得到：$Q_1 = Q_2$，或

$\omega_1 v_1 = \omega_2 v_2$，或 $\dfrac{v_1}{v_2} = \dfrac{\omega_2}{\omega_1}$。

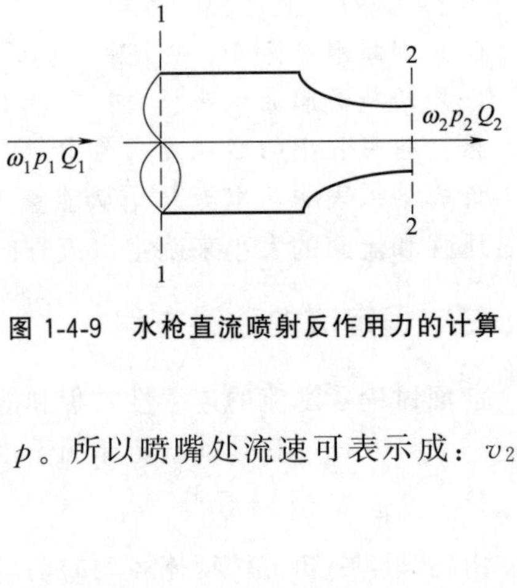

利用能量守恒定律，如果不计管段内损失，且

$Z_1 = Z_2$ 得：$v_2^2 - v_1^2 = \dfrac{2g(p_1 - p_a)}{\gamma} = \dfrac{2(p_1 - p_a)}{\rho}$。

如某水枪进口截面直径为 65mm，喷嘴口径为

图 1-4-9　水枪直流喷射反作用力的计算

19mm，则 $\dfrac{v_2}{v_1} = \dfrac{\omega_1}{\omega_2} \approx 11.7$，因为 v_2 比 v_1 大得多，

所以 $v_2^2 - v_1^2 \approx v_2^2$，另外，$p_1 - p_0$ 即为水枪工作压力 p。所以喷嘴处流速可表示成：$v_2 \approx \sqrt{\dfrac{2p}{\rho}}$。

根据动量定理，水流作用在水枪轴线方向上的力为：$F = \rho Q(v_2 - v_1)$，记 $v_1 \approx 0$，就得到：

$$F = \rho Q v_2 = \rho \omega_2 v_2^2 = 2\omega_2 p \qquad (1\text{-}4\text{-}7)$$

这就是在消防中经常使用的直流水枪反作用力估算公式。

精确一些可用下式计算：

$$F = 1.872 \omega_2 p \qquad (1\text{-}4\text{-}8)$$

式中　F——水枪反作用力，kgf；

　　　p——水枪工作压力，kgf/cm²；

　　　ω_2——水枪喷嘴截面积，cm²。

水枪工作压力大于 0.5MPa，反作用力将超过 200N 或 20kgf，一名消防队员难以掌握进行灭火，如果工作压力大于 0.7MPa，水枪反作用力将大于 350N 或 35kgf，两名消防队员也难以掌握进行灭火。

例 1-4-5　QZ19 水枪，在水枪的工作压力为 $35\text{mH}_2\text{O}$ 时，试估算其反作用力。

解：由题意可知，$p = 35\text{mH}_2\text{O} = 3.5\text{kgf/cm}^2$。

则：$F = 2\omega p$

$$= 2 \times \frac{3.14 \times 1.9^2}{4} \times 3.5$$

$$\approx 19.8 \text{（kgf）}$$

答：水枪反作用力为 19.8kgf。

------------------------------ ○ **思考与练习** ○ ------------------------------

1. 水流是否必须由高处流向低处？由压强高处流向压强低处？由流速大的地方流向流速小的地方？应该怎么正确判断水流方向？

2. 一垂直放置的圆管，如图 1-4-10 所示，管径 $d_2 = 20\text{cm}$，逐渐收缩为 $d_1 = 10\text{cm}$，管中充满水流，若已知断面 2-2 上的平均流速 $v_2 = 1\text{m/s}$，试计算：（1）1-1、2-2 两断面平均流速比；（2）断面 1-1 的平均流速 v_1；（3）流量。并思考：当水流方向改为由下而上时，所得结果有无变化？当管子位置改为水平放置或倾斜放置时，对上边的分析计算有无影响？

3. QJ32 带架水枪，工作压力为 $36\text{mH}_2\text{O}$，试估算水枪的反作用力。

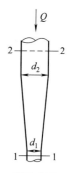

图 1-4-10

》》 第五节　水头损失

○ 【学习目标】

1. 了解管道、水带沿程水头损失的影响因素。

2. 熟悉沿程水头损失、局部水头损失的计算方法。

3. 掌握水头损失的分类。

水头损失的分析和计算是消防水力学中的重要课题。特别是在消防供水中，主要关心的是水在管道或水带中流动时，所造成的水头损失 h_w。液体流动时因黏滞性而产生流动阻力，克服流动阻力需要消耗一部分机械能，因此形成水头损失，流动阻力和水头损失是同时存在的。

液体在直管（或明渠）中流动时，沿流程所受的摩擦阻力称为沿程阻力，为克服沿程阻力而消耗的单位重量液体的机械能称为沿程水头损失，用 h_f 表示。液体在局部发生急剧变化时，迫使流速的大小和方向发生显著改变，主流脱离边壁而形成漩涡，液体质点间产生剧烈碰撞，相互间阻止前进，这样，在短距离内对液体形成的阻力称为局部阻力。为克服局部阻力而消耗的单位重量液体的机械能称为局部水头损失，用 h_j 表示。局部水头损失一般出现在入口、管径突然缩小、阀门、管道弯角处。

整个管道的水头损失等于各管段的沿程水头损失和所有局部水头损失的总和，如图 1-5-1 所示，即：

$$h_w = \sum h_f + \sum h_j \tag{1-5-1}$$

一、沿程水头损失

设有一段恒定均匀流，过水断面 $\omega_1 = \omega_2$，长度为 L，水的容重为 γ，如图 1-5-2 所示。

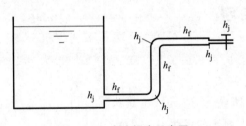

图 1-5-1　水头损失示意图

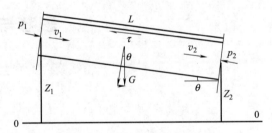

图 1-5-2　沿程水头损失

列过水断面 1-1 及 2-2 的能量方程：$Z_1 + \dfrac{p_1}{\gamma} + \dfrac{v_1^2}{2g} = Z_2 + \dfrac{p_2}{\gamma} + \dfrac{v_2^2}{2g} + h_w$，因为是恒定均匀流，所以 $v_1 = v_2$，$h_w = h_f$，故：

$$Z_1 + \frac{p_1}{\gamma} = Z_2 + \frac{p_2}{\gamma} + h_f \tag{1-5-2}$$

设流段 1-2 长为 L，湿周为 X，接触面上单位面积的摩擦阻力为 τ。分析作用力的平衡条件可以看出，这一流段是在断面两端由于动水压强而产生的总压力 P_1 和 P_2、重力 G 及表面摩擦力（沿程阻力）的共同作用下保持均匀流动的。作用于流段 1-2 上的外力有：

（1）断面 1 及 2 上的动水压力：$P_1 = p_1 \omega_1$，$P_2 = p_2 \omega_2$；

（2）侧面上的动水压力与流速方向垂直，互相抵消不起作用；

（3）侧面上的沿程阻力：$F = \tau X L$；

（4）重力：$G = \gamma \omega L$。

因为是恒定均匀流，流段没有加速度，所以各作用力处于平衡状态，其平衡方程为：

$P_1 - P_2 - F + G\sin\theta = 0$，即：$p_1\omega_1 - p_2\omega_2 - \tau XL + \gamma\omega L\sin\theta = 0$，或 $\dfrac{p_1}{\gamma} - \dfrac{p_2}{\gamma} - \dfrac{\tau XL}{\gamma\omega} + L\sin\theta = 0$。

以 0-0 为基准面，距 1、2 点的标高差为 Z_1 及 Z_2，所以 $\sin\theta = \dfrac{Z_1 - Z_2}{L}$，代入上式并整理得：$Z_1 + \dfrac{p_1}{\gamma} = Z_2 + \dfrac{p_2}{\gamma} + \dfrac{\tau XL}{\gamma\omega}$，与式（1-5-2）比较得：$h_f = \dfrac{\tau XL}{\gamma\omega}$。

因水力半径 $R = \dfrac{\omega}{X}$，则 $h_f = \dfrac{\tau L}{\gamma R}$，$\tau$ 一般与平均流速的平方成正比即：$\tau = kv^2$，又因 $\gamma = \rho g$，则：$h_f = \dfrac{\tau L}{\gamma R} = \dfrac{kv^2 L}{\rho g R} = \dfrac{8kLv^2}{\rho 4R \times 2g}$。在圆管满流时，$R = \dfrac{\omega}{R} = \dfrac{D}{4}$，即 $D = 4R$，设 $\lambda = \dfrac{8k}{\rho}$，则：

$$h_f = \lambda \frac{L}{D} \times \frac{v^2}{2g} \tag{1-5-3}$$

式中　h_f——沿程水头损失，mH_2O；

　　　λ——沿程阻力系数；

　　　L——管道长度，m；

　　　D——管道直径，m；

　　　v——流速，m/s。

例 1-5-1　某铸铁输水管，管长 $L = 500m$，管径 $D = 250mm$，$\lambda = 0.06$，当管道内流速 $v = 1m/s$ 时，试计算沿程水头损失。

解：由题意可知

$$h_f = \lambda \frac{L}{D} \times \frac{v^2}{2g}$$

$$= 0.06 \times \frac{500}{0.25} \times \frac{1^2}{2 \times 9.81}$$

$$\approx 6.1 \ (mH_2O)$$

答：输水管的沿程水头损失为 $6.1mH_2O$。

在很多情况下，知道的是管道内的流量，因此，公式（1-5-3）还有另一种形式：

代入 $v = \dfrac{Q}{\omega}$，得：

$$h_f = \lambda \frac{L}{D} \times \frac{v^2}{2g} = \lambda \frac{L}{D} \times \frac{Q^2}{\omega^2 \times 2g} = \lambda \frac{L}{D} \frac{Q^2}{\left(\dfrac{\pi D^2}{4}\right)^2 \times 2g} = \frac{8\lambda}{\pi^2 D^5 g} LQ^2$$

令 $A = \dfrac{8\lambda}{\pi^2 D^5 g}$，则：

$$h_f = ALQ^2 \tag{1-5-4}$$

式中　h_f——沿程水头损失，mH_2O；

　　　A——比阻抗；

　　　Q——流量，L/s。

可以看出：A 与管道材质及管径大小有关，材质越粗糙，A 值越大；D 越大，则 A 越小。A 值可查阅有关管道阻抗表，表 1-5-1、表 1-5-2 列出了钢管和铸铁管的 A 值。

表 1-5-1　钢管的比阻抗 A 值

水煤气管		中等直径		大管径	
公称直径/mm	$A/10^{-6}$	公称直径/mm	$A/10^{-6}$	公称直径/mm	$A/10^{-6}$
8	225500000	125	106.2	400	0.2062
10	32950000	150	44.95	450	0.1089
15	8809000	175	18.96	500	0.06222
20	1643000	200	9.273	600	0.02384
25	436700	225	4.822	700	0.01150
32	93860	250	2.583	800	0.005665
40	44530	275	1.535	900	0.003034
50	11080	300	0.9392	1000	0.001736
70	2893	325	0.6088	1200	0.0006605
80	1168	350	0.4078	1300	0.0004322
100	267.4			1400	0.0002918
125	86.23				
150	33.95				

表 1-5-2　铸铁管的比阻抗 A 值

内径/mm	$A/10^{-6}$	内径/mm	$A/10^{-6}$	内径/mm	$A/10^{-6}$
50	15190	250	2.752	600	0.02602
75	1709	300	1.025	700	0.01150
100	365.3	350	0.4529	800	0.005665
125	110.8	400	0.2232	900	0.003034
150	41.85	450	0.1195	1000	0.001736
200	9.029	500	0.06839		

二、局部水头损失

如果管道有转弯、分叉、扩大、缩小及闸阀等，设置数量较多，管线复杂时，这些零件的局部水头损失也占有相当比例，也应当进行计算。为计算方便，把局部水头损失的计算公式也写成流速水头倍数的形式，可用式（1-5-5）计算：

$$h_j = \sum \xi \frac{v^2}{2g} \tag{1-5-5}$$

式中　h_j——局部水头损失，mH_2O；

　　　ξ——局部阻力系数；

　　　v——流速，m/s。

局部阻力系数视零件而异，各种局部阻力系数 ξ 值，多是实验测得，如表 1-5-3 所示。

表 1-5-3　局部阻力系数值

名称	ξ 值								
断面突然扩大	$\xi = \left(\frac{\omega_2}{\omega_1} - 1\right)^2$（用 v_2 计算），$\xi' = \left(1 - \frac{\omega_1}{\omega_2}\right)^2$（用 v_1 计算）								
断面突然缩小	$\xi = 0.5\left(1 - \frac{\omega_2}{\omega_1}\right)$								
渐放管	0.25								
减缩管	0.10								
直角进口	0.50								
弯管	角度	20°	30°	40°	50°	65°	70°	80°	90°	180°
	ξ 值	0.40	0.55	0.65	0.75	0.83	0.88	0.95	1.00	1.33

例 1-5-2 有一输水管上有 2 个弯头（$\xi = 0.6$）和一个阀门（$\xi = 0.1$），铸铁管直径为 200mm（$\lambda = 0.034$），长 200m，输水流量为 40L/s。试计算其总水头损失。

解： 由题意可知，$Q = \omega v$。

则：$v = \dfrac{Q}{\omega} = \dfrac{40 \times 10^{-3}}{\dfrac{3.14}{4} \times (200 \times 10^{-3})^2} \approx 1.27$（m/s）

$$h_w = h_f + h_j = \lambda \frac{L}{D} \times \frac{v^2}{2g} + \sum \xi \frac{v^2}{2g}$$

$$= 0.034 \times \frac{200}{200 \times 10^{-3}} \times \frac{1.27^2}{2 \times 9.81} + (0.6 \times 2 + 0.1) \times \frac{1.27^2}{2 \times 9.81}$$

$$\approx 2.9 \ (\text{mH}_2\text{O})$$

答： 总水头损失为 2.9mH$_2$O。

一般在室外管网中，管线很长，主要是沿程水头损失，而局部水头损失所占比例较小，大约不超过沿程水头损失的，因此可以不计。但室内管线较短，且弯曲分枝较多，局部水头损失不可忽视，但计算很繁琐，在不需要精确计算时，可按沿程水头损失的 25% 估算。

- - - - - - - - - - - - - - - - - - - ○ **思考与练习** ○ - - - - - - - - - - - - - - - - - -

1. 影响管道、水带沿程水头损失的因素有哪些？

2. 铸铁输水管长为 $L = 1000\text{mm}$，内径为 $D = 300\text{mm}$，通过的流量为 $Q = 100\text{L/s}$，沿程阻力系数 $\lambda = 0.08$，试计算管道水头损失。

3. 有一输水管道，管道出口流入大气，上游水面距管道出口中心的高度为 $H = 10\text{m}$，管径沿程不变，直径 $D = 10.6\text{cm}$，全长 $L = 100\text{m}$，中间有两个弯头。已知入口局部阻力系数 $\xi = 0.5$，弯头的局部阻力系数 $\xi = 0.36$，沿程阻力系数 $\lambda = 0.62$（设各 ξ 及 λ 值均不随流量改变）。试计算：（1）该管道出口断面的流速和管道流量？（2）如果整个管道直径都由 $D = 10.6\text{cm}$ 变为 $D = 5.3\text{cm}$，其他条件不变，那么出口流速、管道流量及水头损失又有何变化？

第六节　水锤作用

【学习目标】

1. 了解水锤作用产生的原理及危害。

2. 熟悉水锤作用的分类。

3. 掌握防止水锤作用的措施。

有压力的水，在管道（或水带）中流动时，由于外界因素（消防阀门、消防栓和水枪的迅速关闭、过往车辆碾压水带等原因），使管道、水带内水流流速突然减小，甚至瞬时停止流动，就会将原有的动能转化为压能作用在开关或碾压处的管壁或水带上，升高的水压对管道、水带等的作用如同锤击一般，这样的现象就称为水锤作用。

一、水锤作用产生的原理及危害

若将管道（或水带）中流动的水分为多个流水段考虑，由于外界因素，造成第一个流水段的流速瞬时减为零，此时发生水锤作用，第二个流水段受到第一个流水段阻挡后，第二个流水段给已停止的第一个流水段一个力的作用，第一个水流段也以一个同样大小的反作用力作用在第二个流水段上，同时有一部分作用力传到管壁或水带壁上，也使管壁或水带壁受压。以此类推，后方水流段相继不断被迫停止向前流动，形成了一个从开关到出水口整条供水线路普遍增压运动，这就是水锤波的传递。当水锤波传递到出水口时，整条供水线路内由水锤作用产生的压力就达到最高压力状态，这个最高压力状态可达几个或几十个大气压，可以是管壁、水带正常工作压力的几倍、甚至几十倍，极易导致管道、水带破裂、造成供水中断。

二、水锤作用的分类

水锤作用按关闭阀门或水枪的时间长短可分为直接水锤（或称完全水锤）和间接水锤（或称不完全水锤）两种，直接水锤的危害较大，间接水锤的危害较小。

（一）直接水锤

若关闭阀门或水枪的速度相当快，当关闭时间 $t \leqslant \dfrac{2L}{a}$ 时，所产生的水锤称为直接水锤。直接水锤作用所引起的瞬时升高压力，可用式（1-6-1）计算：

$$H = \frac{av}{g} \tag{1-6-1}$$

式中　H——水锤瞬时升高的压力，mH_2O；

　　　a——水击波传递速度，直径在 200mm 以下的钢管、铸铁管 $a = 1200m/s$，直径超过 200mm 的钢管、铸铁管 $a = 1435m/s$，新水带 $a = 80m/s$，旧水带 $a = 120m/s$；

　　　v——水锤前管道、水带内的平均流速，m/s；

　　　g——重力加速度，$9.81m/s^2$。

例 1-6-1　水带长 180m（新水带），直径 $D = 65mm$，$v = 3m/s$，接出 1 支开关水枪，在火场灭火时需转移阵地，关闭水枪的时间 $t = 1s$，试计算因水锤作用产生的瞬时升高压力。

解： 由题意可知，$a = 80m/s$。

（1）判别水锤性质

$$\frac{2L}{a} = \frac{2 \times 180}{80} = 4.5 \text{ （s）}$$

$$t = 1 < \frac{2L}{a}$$

故为直接水锤。

（2）瞬时升高压力

$$H = \frac{av}{g} = \frac{80 \times 3}{9.81} \approx 24.5 \, (\text{mH}_2\text{O})$$

答：因水锤作用产生的瞬时升高压力约为 24.5mH$_2$O。

（二）间接水锤

若关闭阀门或水枪速度不甚快，当关闭时间 $t > \frac{2L}{a}$ 时，所产生的水锤为间接水锤。水锤作用而引起的瞬时升高压力可用式（1-6-2）计算：

$$H = \frac{av}{g} \times \frac{L}{at - L} \tag{1-6-2}$$

式中　H——水锤瞬时升高的压力，mH$_2$O；

　　　a——冲击波传递速度，m/s；

　　　v——水锤前管道、水带内的平均流速，m/s；

　　　L——管道、水带长度，m；

　　　t——阀门或水枪的关闭时间，s。

例 1-6-2　水带长 180m（新水带），直径 $D=65$mm，$v=3$m/s，接出 1 支开关水枪，在火场灭火时需转移阵地，关闭水枪的时间 $t=5$s，试计算因水锤作用产生的瞬时升高的压力。

解：由题意可知，$a=80$m/s。

（1）判别水锤性质

$$\frac{2L}{a} = \frac{2 \times 180}{80} = 4.5 \, (\text{s})$$

$$t = 5 > \frac{2L}{a}$$

故为间接水锤。

（2）瞬时升高压力

$$H = \frac{av}{g} \times \frac{L}{at - L} = \frac{80 \times 3}{9.81} \times \frac{180}{80 \times 5 - 180} \approx 20 \, (\text{mH}_2\text{O})$$

答：因水锤作用产生的瞬时升高压力约为 20mH$_2$O。

三、防止水锤作用的措施

通过水锤瞬时升高压力计算公式可以看出，水锤作用与管道材料、长度、流速有关，特别是关闭阀门、水枪的时间影响很大。在实际工作中，应缓慢关闭管道阀门和水枪，现场行车路线要详细划分，供水路线要做好必要的保护，避免行车碾压水带，引起水带爆裂，造成供水中断，使火势扩大。在日常消防设施建设中，适当增加管壁直径，以降低输水管线的流速，减少管道长度，在有条件的地方增设水锤消除装置，安装缓闭止回阀等。

○ **思考与练习** ○

1. 水锤作用如何分类？

2. 水锤作用的危害有哪些？

3. 如何防止水锤作用的产生？

第二章
供水器材的技战术性能

消防枪、消防炮及消防水带是最常用的供水器材。了解和掌握这些器材的常用技战术性能，是做好供水工作的基础，以便能够正确铺设供水线路，使整个供水工作能够有条不紊、快速有效地进行。

》》第一节　消防枪（炮）的技战术性能

【学习目标】

1. 了解消防枪（炮）的分类及各种射流的优缺点。
2. 熟悉空气泡沫枪（炮）的技战术性能。
3. 掌握水枪（炮）的技战术性能。

消防枪、炮是火场上经常使用的喷射灭火剂的工具，其中消防炮的水流量或泡沫混合液流量大于 16L/s，干粉喷射量大于 7kg/s。

一、消防枪（炮）的分类

消防枪（炮）按喷射介质可分为消防水枪（炮）、消防空气泡沫枪（炮）、消防干粉枪（炮）。

（一）消防水枪

消防水枪按喷射的水的形式可分为直流水枪、喷雾水枪、直流喷雾水枪和多用水枪；按工作压力范围可分为低压水枪（0.2～1.6MPa）、中压水枪（1.6～2.5MPa）、高压水枪（2.5～4.0MPa）。消防水枪的形式见表 2-1-1。

表 2-1-1　消防水枪的形式

类别	组	特征	代号	代号含义	主参数含义
消防水枪（Q）	直流水枪 Z（直）		QZ	消防直流水枪	当量喷嘴直径（mm）
		开关（G）	QZG	消防开关直流水枪	
	喷雾水枪 W（雾）	机械撞击式（J）	QWJ	消防撞击式喷雾水枪	
		离心式（L）	QWL	消防离心式喷雾水枪	
		簧片式（P）	QWP	消防簧片式喷雾水枪	
	直流喷雾水枪 L（两）	导流式（D）	QLD	导流式直流喷雾枪	额定工作压力（0.1MPa）额定直流流量（L/s）
		球阀转换式（H）	QLH	球阀转换式直流喷枪	
	多用水枪 D（多）	球阀转换式（H）	QDH	球阀转换式多用水枪	

（二）泡沫枪

泡沫枪是以泡沫（混合液）作为灭火剂的喷射管枪。按发泡倍数和结构形式不同可分为低倍数泡沫枪、中倍数泡沫枪、低-中倍数联用泡沫枪。泡沫枪的形式见表 2-1-2。

表 2-1-2　泡沫枪的形式

类别	特征	代号	代号含义	主参数含义
泡沫枪（QP）	低倍数	QP	低倍数泡沫枪	混合液额定流量（L/s）
	中倍数（Z）	QPZ	中倍数泡沫枪	
	低-中倍数联用（L）	QPL	低-中倍数联用泡沫枪	

（三）消防炮

消防炮按控制方式可分为手动型、电控型和液控型消防炮；按使用功能可分为单用、两用和多用消防炮；按泡沫液吸入方式可分为自吸式和非自吸式泡沫炮。消防炮的形式见表2-1-3。

表 2-1-3　消防炮的形式

类别	组	特征	主参数含义
消防炮（P）	水炮（PS）	液控（KY） 电控（KD） 移动式（Y）	额定流量（L/s、kg/s）
	泡沫炮（PP）		
	泡沫/水两用炮（PL）		
	干粉炮（PF）		
	组合炮（PZ）		

1. **PSY40、PL40 多功能水炮**

该水炮流量范围广、射程远、功能多，具有直流、喷雾和水幕功能，可根据火场实际要求，转动炮头上的双手柄，即可调节射程和雾化角，实现直流至 90°水雾射流的无级调节，操作灵活方便。

2. **PS32 型水炮**

该水炮可利用操纵杆控制仰俯和水平旋转，常装载于消防车上，也可用于固定灭火系统。

3. **PS60 型水炮**

该水炮可装载于消防车、消防艇、油罐区等场所，用于远距离扑救一般固体物质火灾或油罐冷却。

二、射流的类型

消防射流是灭火时由消防水枪（炮）喷射出来的高速水流，一般可分为密集射流和分散射流两种形式，其中分散射流又可分为喷雾射流和开花射流。

（一）密集射流

高压水流经过直流水枪（炮）喷出的密集而不分散的射流称为密集射流。其优点是射程远，流量大，冲击力强；缺点是机械破坏力强、水渍损失大。

密集射流一般适用于远距离扑救一般物质火灾，包括固体物质火灾，阴燃物质火灾，闪点在 120℃ 以上常温呈半凝固状态的重油火灾，石油、天燃气井喷火灾及压力容器气体或液体喷射火灾（主要应用其冲击力切断或赶走火焰）。

（二）分散射流

高压水流经过离心作用、机械撞击或机械强化作用使水流分散成点滴状态，形成扩散状或幕状射流称为分散射流。分散射流根据水滴大小不同，分成喷雾射流和开花射流两种。

1. **喷雾射流**

当分散射流的水滴平均直径小于 0.1mm 时，称为喷雾射流。其优点是：①汽化速度快，吸热冷却作用强，窒息效果好；②有良好的冲击乳化作用和电器绝缘性能；③用水量少，水渍损失小；④除烟效果好，隔绝热辐射效果好。缺点是射程较近，冲击力小。

喷雾射流可应用于扑救一般物质火灾、石油化工装置火灾、中小型可燃液体和气体火灾、带电电气设备火灾、室内粉尘火灾；可以运用喷雾射流进行火场排烟以及对有毒、易燃易爆水溶性液体、气体进行稀释驱散、吸收溶解。

2. 开花射流

当分散射流的水滴平均直径在 0.1～1mm 之间时，称为开花射流。其优缺点与喷雾射流相似。

开花射流一般可应用于要求水渍损失小和缺水的火场。

三、直流水枪（炮）的技战术性能

直流水枪（炮）喷射的水流为柱状，射程远、流量大、冲击力强，可用于扑救一般固体物质火灾以及灭火时的辅助冷却等。

（一）直流水枪（炮）的技术性能

直流水枪（炮）的技术性能参数主要包括进水口径、出水口径、额定工作压力、工作压力范围、额定流量、射程等。

1. 直流水枪的技术性能

直流水枪的主要技术性能参数，见表 2-1-4。

表 2-1-4　直流水枪的主要技术性能参数

接口公称通径 /mm	当量喷嘴直径 /mm	额定工作压力 /MPa	额定流量 /（L/s）	流量允差 /%	射程 /m
50	13	0.35	3.5	±8	≥22
	16		5		≥25
65	16		5		≥25
	19		7.5		≥28
	22	0.2	7.5		≥20

2. 消防水炮的技术性能

常用消防水炮的主要技术性能参数，见表 2-1-5。

表 2-1-5　消防水炮的主要技术性能参数

流量/（L/s）	工作压力上限/MPa	射程/m	流量允差/%
20	1.0	≥48	±8
25		≥50	±8
30		≥55	±8
40		≥60	±8
50		≥65	±8
60	1.2	≥70	±6
70		≥75	±6
80		≥80	±6
100		≥85	±6
120		≥90	±5
150	1.4	≥95	±5
180		≥100	±4
200		≥105	±4

（二）直流水枪（炮）的充实水柱

靠近直流水枪（炮）口的一段密集射流，水流密集不分散，能有效地射及火源，称为有效射程，也叫充实水柱，用 S_k 表示。

1. 直流水枪的充实水柱

直流水枪的充实水柱是指由喷嘴起至射流 90% 的水量穿过直径 38cm 圆圈止的一段射流长度。

直流水枪的充实水柱在工作压力范围内，随压力的增大而增长，可按公式（2-1-1）计算。

$$S_k = K \sqrt{h_q} \tag{2-1-1}$$

式中　S_k——直流水枪的充实水柱长度，m；

　　　h_q——直流水枪的工作压力，mH_2O；

　　　K——充实水柱系数。充实水柱系数与直流水枪的构造和喷嘴口径有关，水枪喷嘴口径为 13mm、16mm、19mm 时的 K 值分别为 2.6、2.7 和 2.8。

例 2-1-1　QZ19 直流水枪，工作压力为 $27mH_2O$，试计算其充实水柱。

解：由题意可知，QZ19 直流水枪的 $K = 2.8$。

则：$S_k = K \sqrt{h_q}$

　　　$= 2.8 \times \sqrt{27}$

　　　≈ 15（m）

答：QZ19 直流水枪在工作压力为 $27mH_2O$ 时的充实水柱约为 15m。

2. 消防水炮的充实水柱

消防水炮的充实水柱在工作压力范围内，随射程的增大而增长，随水炮仰角的增大而减小，可按公式（2-1-2）计算。

$$S_k = k S_N \tag{2-1-2}$$

式中　S_k——消防水炮的充实水柱长度，m；

　　　S_N——消防水炮的射程，m；

　　　k——充实水柱比例系数，见表 2-1-6。

表 2-1-6　消防水炮充实水柱比例系数

仰角	15°	20°	25°	30°	35°	40°	45°	50°	55°	60°
k	0.94	0.90	0.86	0.82	0.78	0.75	0.74	0.72	0.71	0.70

3. 充实水柱的灭火要求

在实际灭火战斗中，扑救不同类型的火灾对直流水枪充实水柱的要求不一样：

（1）扑救火灾危险性较低、辐射热较小的一般工业和民用建筑火灾要求充实水柱不小于 10m；

（2）扑救一般的高层建筑火灾要求充实水柱不小于 10m，扑救重要的高层建筑火灾要求充实水柱不小于 13m；

（3）扑救室外火灾时要求充实水柱不小于 15m；

（4）扑救石油化工火灾时要求充实水柱不小于 17m。

若充实水柱过小，如小于 10m，由于火场烟雾和辐射热的影响，很难射及火源，往往造成灭火人员的伤亡和扑救火灾的失败；若充实水柱过大，如超过 17m，由于反作用力较大，不易操控。因此，火场上常用的充实水柱为 10～17m。

（三）直流水枪（炮）的工作压力和流量

直流水枪（炮）要产生一定的充实水柱，水流必须具有较大的速度，就需要达到足够的工作压力和流量。

直流水枪（炮）的工作压力与流量可用式（2-1-3）计算：

$$h_q = S_q Q^2 \qquad\qquad (2\text{-}1\text{-}3)$$

式中　h_q——直流水枪（炮）的工作压力，mH_2O；

　　Q——直流水枪（炮）的流量，L/s；

　　S_q——直流水枪（炮）的阻抗系数。

不同喷嘴口径直流水枪的阻抗系数见表 2-1-7。

表 2-1-7　不同喷嘴口径直流水枪的阻抗系数

口径/mm	16	19	22	25	28	30	32	38
S_q	1.260	0.634	0.353	0.212	0.134	0.102	0.079	0.040

例 2-1-2　QZ19 直流水枪，当水枪流量 $Q = 6.5L/s$ 时，试计算水枪的工作压力。

解：由题意可知，QZ19 直流水枪的 $S_q = 0.634$。则：

$h_q = S_q Q^2$

　　$= 0.634 \times 6.5^2$

　　$\approx 27 \ (mH_2O)$

答：该水枪的工作压力为 $27mH_2O$。

直流水枪（炮）的工作压力与流量的计算公式也可变形为：

$$Q = \sqrt{\frac{h_q}{S_q}} = \rho \sqrt{h_q} \qquad\qquad (2\text{-}1\text{-}4)$$

式中　Q——直流水枪（炮）的流量，L/s；

　　h_q——直流水枪（炮）的工作压力，mH_2O；

　　ρ——直流水枪（炮）的流量系数。

不同喷嘴口径直流水枪的流量系数见表 2-1-8。

表 2-1-8　不同喷嘴口径直流水枪的流量系数

口径/mm	16	19	22	25	28	30	32	38
ρ	0.891	1.256	1.683	2.172	2.732	3.131	3.558	5.000

例 2-1-3　QZ19 直流水枪，工作压力为 $13.5mH_2O$，试计算水枪的流量。

解：由题意可知，QZ19 直流水枪的 $\rho = 1.256$。则：

$Q = \rho \sqrt{h_q}$

　　$= 1.256 \times \sqrt{13.5}$

　　$\approx 4.6 \ (L/s)$

答：该水枪的流量为 $4.6L/s$。

例 2-1-4　QJ32 带架水枪，工作压力为 $60mH_2O$，试计算水枪的流量。

解：由题意可知，QJ32 带架水枪的 $\rho = 3.558$。则：

$Q = \rho \sqrt{h_q}$

　　$= 3.558 \times \sqrt{60}$

$$\approx 27.6 \ (L/s)$$

答：该水枪的流量为 27.6L/s。

经计算，直流水枪的工作压力、流量与充实水柱的关系，见表 2-1-9。

表 2-1-9　直流水枪的工作压力、流量与充实水柱的关系

充实水柱 /m	喷嘴口径 16mm		喷嘴口径 19mm		喷嘴口径 22mm		喷嘴口径 25mm	
	压力 /mH$_2$O	流量 /(L/s)	压力 /mH$_2$O	流量 /(L/s)	压力 /mH$_2$O	流量 /(L/s)	压力 /mH$_2$O	流量 /(L/s)
10	14.0	3.3	13.5	4.6	13.0	6.1	13.0	7.8
11	16.0	3.5	15.0	4.9	14.5	6.5	14.5	8.3
12	17.5	3.8	17.0	5.2	16.5	6.8	16.0	8.7
13	22.0	4.2	20.5	5.7	20.0	7.5	19.0	9.6
14	26.5	4.6	24.5	6.2	23.5	8.2	22.5	10.4
15	29.0	4.8	27.0	6.5	25.5	8.5	24.5	10.8
16	35.5	5.3	32.5	7.1	30.5	9.3	29.0	11.7
17	39.5	5.6	35.5	7.5	33.5	9.7	31.5	12.2
18	48.5	6.2	43.0	8.2	39.5	10.6	37.5	13.3
19	54.5	6.6	47.5	8.7	43.5	11.1	40.5	13.9
20	70.0	7.5	59.0	9.6	52.5	12.2	48.5	15.2

（四）直流水枪（炮）的控制面积与控制周长

直流水枪（炮）战斗力的大小可以通过其流量大小来表示，但在实际工作中，习惯用出水枪（炮）的数量多少来反映火灾的规模大小及现场扑救的实际情况。灭火所需直流水枪（炮）的数量，主要取决于直流水枪（炮）的控制面积和控制周长。

1. 控制面积

直流水枪（炮）的控制面积与其流量成正比，与灭火用水供给强度成反比。

$$a = \frac{Q}{q} \tag{2-1-5}$$

式中　a——直流水枪（炮）的控制面积，m^2；

　　　Q——直流水枪（炮）的流量，L/s；

　　　q——灭火用水供给强度，L/(s·m^2)。

例 2-1-5　QZ19 直流水枪，流量为 6.5L/s，火场所需灭火用水供给强度为 0.12L/(s·m^2)，试计算这时 QZ19 直流水枪的控制面积。

解：$a = \dfrac{Q}{q}$

$$= \frac{6.5}{0.12}$$

$$\approx 54 \ (m^2)$$

答：QZ19 直流水枪的控制面积约为 54m^2。

例 2-1-6　QZ19 直流水枪，流量为 6.5L/s，火场所需灭火用水供给强度为 0.2L/(s·m^2)，试计算这时 QZ19 直流水枪的控制面积。

解：$a = \dfrac{Q}{q}$

$$= \frac{6.5}{0.2}$$

$$\approx 33 \ (m^2)$$

答： QZ19 直流水枪的控制面积约为 33m²。

灭火试验资料说明，扑救一、二、三级耐火等级的丙类火灾危险性的厂房、库房和三级耐火等级的民用建筑物的火灾，灭火用水供给强度一般为 0.12～0.2L/(s·m²)。依上述方法计算，不同的直流水枪的控制面积见表 2-1-10。

表 2-1-10　直流水枪的控制面积

充实水柱/m	控制面积/m²			
	QZ16	QZ19	QZ22	QZ25
10	17～28	23～38	31～51	39～65
13	21～35	29～48	38～63	48～80
15	24～40	33～54	43～71	54～90

火场上常用 QZ19 直流水枪，充实水柱为 15m 时，流量为 6.5L/s，根据计算数据，每支 QZ19 直流水枪的控制面积为 33～54m²。为便于应用和记忆，当建筑物内可燃物数量较少（火灾荷载密度≤50kg/m²）时，每支水枪的控制面积可按 50m² 估算；当建筑物内可燃物数量较多（火灾荷载密度>50kg/m²）时，每支水枪的控制面积可按 30m² 估算。

2. 控制周长

直流水枪（炮）的控制周长与水枪（炮）的充实水柱、流量、灭火用水供给强度以及水平摆角等有关。QZ19 直流水枪的充实水柱一般不小于 15m，流量为 6.5L/s，灭火用水供给强度一般为 0.4～0.8L/(s·m)，消防人员使用水枪的水平摆角 θ 通常为 30°～60°。

（1）根据水平摆角 θ 计算直流水枪（炮）的控制周长

$$l = \frac{\pi S_k \theta}{180} \tag{2-1-6}$$

式中　l——直流水枪（炮）的控制周长，m；

　　　S_k——直流水枪（炮）的充实水柱，m；

　　　θ——直流水枪（炮）的水平摆角。

例 2-1-7　QZ19 直流水枪的充实水柱 $S_k=15$m，水枪的水平摆角 θ 为 30°～60°，试计算 QZ19 直流水枪的控制周长。

解： $l = \dfrac{\pi S_k \theta}{180}$

当 θ=30°时，$l = \dfrac{3.14 \times 15 \times 30}{180} \approx 7.9 \ (m)$

当 θ=60°时，$l = \dfrac{3.14 \times 15 \times 60}{180} \approx 15.7 \ (m)$

答： 根据水平摆角 θ 为 30°～60°，QZ19 直流水枪的控制周长约为 7.9～15.7m。

（2）根据灭火用水供给强度计算直流水枪（炮）的控制周长

$$l = \frac{Q}{q} \tag{2-1-7}$$

式中　l——直流水枪（炮）的控制周长，m；

　　　Q——直流水枪（炮）的流量，L/s；

q——灭火用水供给强度，L/(s·m)。

例 2-1-8 QZ19 直流水枪的充实水柱 $S_k = 15m$ 时，流量为 6.5L/s，灭火用水供给强度为 $0.4 \sim 0.8$L/(s·m)，试计算 QZ19 直流水枪的控制周长。

解： $l = \dfrac{Q}{q}$

当 $q = 0.8$L/(s·m) 时，$l = \dfrac{6.5}{0.8} \approx 8.1$（m）

当 $q = 0.4$L/(s·m) 时，$l = \dfrac{6.5}{0.4} \approx 16.3$（m）

答： 根据灭火用水供给强度为 $0.4 \sim 0.8$L/(s·m)，QZ19 直流水枪的控制周长约为 $8.1 \sim 16.3m$。

可以看出，采用两种方法计算出的 QZ19 直流水枪的控制周长基本一致，约为 $8 \sim 15m$，为便于应用和记忆，每支 QZ19 直流水枪，当充实水柱为 15m 时，其控制周长可按 15m 估算。

四、喷雾水枪的技战术性能

喷雾水枪包括低压、中压和高压喷雾水枪，可喷射雾状射流，虽然射程近，但它可将水流变成开花雾状射流，具有冷却效果好、导电性能差等优点，在扑救初起火灾和带电设备火灾中应用广泛。

（一）喷雾水枪的技术性能

低压喷雾水枪的主要技术性能参数，见表 2-1-11。

表 2-1-11 低压喷雾水枪的主要技术性能参数

接口公称通径/mm	额定工作压力/MPa	额定流量/(L/s)	流量允差/%	射程/m
50	0.60	2.5	±8	≥10.5
		4		≥12.5
		5		≥13.5
65		5		≥13.5
		6.5		≥15.0
		8		≥16.0
		10		≥17.0
		13		≥18.5

（二）喷雾水枪的控制面积与控制周长

喷雾水枪控制面积的计算与直流水枪（炮）的计算相似，可按式（2-1-5）进行计算。但其控制周长的计算，因射流形式的不同，导致与直流水枪（炮）的计算也有所不同，可用式（2-1-8）计算：

$$l = \frac{\pi S_N \theta}{180} + D_{枪} \tag{2-1-8}$$

式中 l——喷雾水枪的控制周长，m；

S_N——喷雾水枪的射程，m；

θ——喷雾水枪的水平摆角；

$D_{枪}$——喷雾水枪的射流宽度，m。

例 2-1-9　QW48 喷雾水枪，工作压力为 $58.8mH_2O$ 时，射程为 $11m$，射流宽度为 $5.5m$，水平摆角 $25°$，试计算其控制周长。

解：$l = \dfrac{\pi S_N \theta}{180} + D_枪$

$= \dfrac{3.14 \times 11 \times 25}{180} + 5.5$

$\approx 10.3\ (m)$

答：QW48 喷雾水枪的控制周长约为 10.3m。

五、直流喷雾水枪的技战术性能

直流喷雾水枪又称为多功能水枪，它既能喷射直流射流，又能喷射雾状射流，以适应火场不同的需要，是目前消防灭火救援中最常用的水枪。

（一）直流喷雾水枪的技术性能

直流喷雾水枪的主要技术性能参数，见表 2-1-12。

表 2-1-12　直流喷雾水枪的主要技术性能参数

接口公称通径/mm	额定工作压力/MPa	额定流量/(L/s)	流量允差/%	射程/m
50	0.60	2.5	±8	≥21
		4		≥25
		5		≥27
65		5		≥27
		6.5		≥30
		8		≥32
		10		≥34
		13		≥37

（二）直流喷雾水枪的阻抗系数

根据 $h_q = S_q Q^2$，由额定工作压力和额定流量可计算出直流喷雾水枪流量调节开关置于不同挡位时的阻抗系数 S_q 值，见表 2-1-13。

表 2-1-13　直流喷雾水枪的阻抗系数

流量挡位	5	6.5	8	10	13
S_q	2.4	1.42	0.938	0.6	0.355

（三）直流喷雾水枪的充实水柱系数

根据 $S_k = K\sqrt{h_q}$，由额定工作压力和有效射程可计算出直流喷雾水枪流量调节开关置于不同挡位时的充实水柱系数 K 值，见表 2-1-14。

表 2-1-14　直流喷雾水枪的充实水柱系数

流量挡位	5	6.5	8	10	13
K	2.1	2.3	2.4	2.6	2.8

（四）QLD6/8 直流喷雾水枪的工作压力和流量

目前最常用的 QLD6/8 直流喷雾水枪，当流量调节开关挡位于 8 时，其工作压力、流量与充实水柱之间的关系见表 2-1-15。

表 2-1-15　QLD6/8 直流喷雾水枪与 QZ19 水枪的工作压力、流量与充实水柱之间的关系

充实水柱/m	流量/(L/s)	工作压力/mH₂O	
		QZ19 直流水枪	QLD6/8 直流喷雾水枪
10	4.6	13.5	20.0
13	5.7	20.5	30.0
15	6.5	27.0	40.0
17	7.5	35.0	50.0
为便于使用,表中水枪工作压力均为估算值			

例 2-1-10　QLD6/8 直流喷雾水枪,当流量调节开关挡位置于 8,充实水柱达 15m 时,试计算水枪的工作压力和流量。

解：由题意可知,QLD6/8 直流喷雾水枪,当流量调节开关挡位置于 8 时,$K=2.4$,$S_q=0.938$。则：

$$S_k = K\sqrt{h_q} \Rightarrow h_q = \left(\frac{S_k}{K}\right)^2 = \left(\frac{15}{2.4}\right)^2 \approx 39.1 \ (\text{mH}_2\text{O})$$

$$h_q = S_q Q^2 \Rightarrow Q = \sqrt{\frac{h_q}{S_q}} = \sqrt{\frac{39.1}{0.938}} \approx 6.46 \ (\text{L/s})$$

答：水枪的工作压力为 39.1mH₂O,流量为 6.46L/s。

六、空气泡沫枪（炮）的技战术性能

常用泡沫灭火设备有空气泡沫枪、泡沫炮、泡沫钩管、泡沫管架、泡沫产生器等,泡沫液的混合比例通常为 6% 或 3%,均应在额定工作压力下工作,其中空气泡沫枪的工作压力应不小于 50mH₂O,否则产生的泡沫量少、质量差。

（一）空气泡沫枪（炮）的技术性能

空气泡沫枪、泡沫炮、泡沫钩管和泡沫产生器的主要技术性能参数,见表 2-1-16 和表 2-1-17。

表 2-1-16　空气泡沫枪、泡沫钩管和泡沫产生器的主要技术性能参数

型号	额定压力/mH₂O	泡沫液流量/(L/s)	混合液流量/(L/s)	空气泡沫量/(L/s)	射程/m
QP4	70	0.24	4	25	24
QP8	70	0.48	8	50	28
QP16	70	0.96	16	100	32
PG16	50	0.96	16	100	—
PC4	50	0.24	4	25	—
PC8	50	0.48	8	50	—
PC16	50	0.96	16	100	—
PC24	50	1.44	24	150	—

表 2-1-17　常见泡沫炮的主要技术性能参数

型号	额定压力/mH₂O	混合液/(L/s)	泡沫量/(L/s)	射程/m	
				泡沫	水
PP32	100	32	≥200	≥45	≥50
PPY32	100	32	≥200	≥45	≥50
PP32A	80	32	≥200	≥45	≥50
PP48A	120	48	≥300	≥55	≥60
PP32C	70	32	200	40	—
PP40C	70	40	250	45	—

1. 混合液流量

在工作压力范围内，空气泡沫枪（炮）的混合液流量随压力的增大而增大，可用式（2-1-9）计算：

$$Q_混 = \rho_混 \sqrt{h_q} \tag{2-1-9}$$

式中　$Q_混$——空气泡沫枪（炮）的混合液流量，L/s；

　　　h_q——空气泡沫枪（炮）的工作压力，mH_2O；

　　　$\rho_混$——空气泡沫枪（炮）的混合液流量系数，见表2-1-18。

表 2-1-18　空气泡沫枪（炮）的混合液流量系数

型号	QP4	QP8	QP16	PP32	PPY32
$\rho_混$	0.478	0.956	1.912	3.2	

例 2-1-11　QP8空气泡沫枪，工作压力为$50mH_2O$，试计算其混合液流量。

解： 由题意可知，QP8空气泡沫枪的混合液流量系数$\rho_混 = 0.956$。则：

$$Q_混 = \rho_混 \sqrt{h_q}$$
$$= 0.956 \times \sqrt{50}$$
$$\approx 6.8 \text{ (L/s)}$$

答： 混合液流量约为6.8L/s。

2. 泡沫流量

在工作压力范围内，空气泡沫枪（炮）负压吸入空气产生的泡沫流量随压力的增大而增大，可用式（2-1-10）计算：

$$Q_泡 = \rho_泡 \sqrt{h_q} = \beta Q_混 \tag{2-1-10}$$

式中　$Q_泡$——空气泡沫枪（炮）的泡沫流量，L/s；

　　　$\rho_泡$——空气泡沫枪（炮）的泡沫流量系数，见表2-1-19；

　　　β——低倍数泡沫的发泡倍数，通常取6.25，即$Q_泡 = 6.25 Q_混$。

表 2-1-19　空气泡沫枪（炮）的泡沫流量系数

型号	QP4	QP8	QP16	PP32	PPY32
$\rho_泡$	2.988	5.976	11.95	20	

例 2-1-12　QP8空气泡沫枪，工作压力为$50mH_2O$，试计算其泡沫流量。

解： 由题意可知，QP8空气泡沫枪的泡沫流量系数$\rho_泡 = 5.976$，混合液流量系数$\rho_混 = 0.956$，发泡倍数$\beta = 6.25$。则：

$$Q_泡 = \rho_泡 \sqrt{h_q}$$
$$= 5.976 \times \sqrt{50}$$
$$\approx 40 \text{(L/s)}$$

或：$$Q_泡 = \beta Q_混$$
$$= 6.25 \times 0.956 \times \sqrt{50}$$
$$\approx 40 \text{ (L/s)}$$

答： 泡沫流量约为40L/s。

（二）空气泡沫枪（炮）的战术性能

空气泡沫枪（炮）的战术性能主要包括充实泡沫柱、控制面积、控制周长、控制高度、控制纵深等，以额定工作压力情况下，泡沫供给强度为 1.0L/(s·m²)，仰角为 45°的 QP8 和 PPY32 为例，其战术性能参数见表 2-1-20。

表 2-1-20　空气泡沫枪（炮）的主要战术性能参数

型号 / 战术性能	充实泡沫柱/m	控制面积/m²	控制周长/m	控制高度/m	控制纵深/m
QP8	16.8	50	10	11.9	5
PPY32	33.3	200	20	23.5	10

1. 空气泡沫枪（炮）的充实泡沫柱

充实泡沫柱是指靠近空气泡沫枪（炮）喷嘴密集不分散的一段泡沫射流。充实泡沫柱的长度可用式（2-1-11）计算：

$$S_k = k S_N \tag{2-1-11}$$

式中　S_k——空气泡沫枪（炮）的充实泡沫柱，m；

　　　S_N——空气泡沫枪（炮）的射程，m；

　　　k——充实泡沫柱比例系数，泡沫枪取值为 0.6，泡沫炮与水炮相同。

例 2-1-13　QP8 泡沫枪，工作压力为 70mH₂O 时，射程为 28m，试计算其充实泡沫柱。

解：由题意可知，充实泡沫柱比例系数 $k = 0.6$。则：

$$
\begin{aligned}
S_k &= k S_N \\
&= 0.6 \times 28 \\
&= 16.8 \text{(m)}
\end{aligned}
$$

答：充实泡沫柱为 16.8m。

2. 空气泡沫枪（炮）的控制面积

空气泡沫枪（炮）的控制面积可按式（2-1-12）计算：

$$a_{泡} = \frac{Q_{泡}}{q_{泡}} \tag{2-1-12}$$

式中　$a_{泡}$——空气泡沫枪（炮）的控制面积，m²；

　　　$Q_{泡}$——空气泡沫枪（炮）的泡沫流量，L/s；

　　　$q_{泡}$——泡沫灭火供给强度，L/(s·m²)，见表 2-1-21。

表 2-1-21　泡沫灭火供给强度

燃烧对象			泡沫供给强度 /[L/(s·m²)]	混合液供给强度 /[L/(min·m²)]	连续供给时间 /min
油罐火	固定顶罐和易熔盘内浮顶罐	非水溶性液体	1.0	10	60
		水溶性液体	1.5	15	
	外浮顶罐		1.5	15	
	钢制盘内浮顶罐	非水溶性液体	1.5	15	
		水溶性液体	2.0	20	
流淌火	地面流淌油品		1.2	12	
	库房桶装油品		1.5	15	
	水上流淌油品和水溶性流淌液体		2.0	20	

例 2-1-14 某可燃液体发生火灾，现使用 QP8 泡沫枪灭火，若泡沫供给强度为 $1.2\text{L}/(\text{s} \cdot \text{m}^2)$，当泡沫枪进口压力为 $50\text{mH}_2\text{O}$ 时，试计算该泡沫枪混合液流量及其控制面积。

解： 由题意可知，QP8 泡沫枪的混合液流量系数为 $\rho_{混} = 0.956$，发泡倍数 $\beta = 6.25$。则：

$$Q_{混} = \rho_{混} \sqrt{h_q}$$
$$= 0.956 \times \sqrt{50}$$
$$\approx 6.8(\text{L/s})$$
$$Q_{泡} = \beta Q_{混}$$
$$= 6.25 \times 6.8$$
$$\approx 40(\text{L/s})$$
$$a_{泡} = \frac{Q_{泡}}{q_{泡}}$$
$$= \frac{40}{1.2}$$
$$\approx 33(\text{m}^2)$$

答： 该泡沫枪混合液流量约为 6.8L/s，控制面积约为 33m^2。

（三）其他种类泡沫枪（炮）的战术性能

1. 泡沫钩管

空气泡沫钩管的进口压力应不小于 0.5MPa，有关计算与空气泡沫枪（炮）相同。

2. 空气泡沫产生器

空气泡沫产生器常用于立式液体储罐，空气泡沫产生器的进口压力应不小于 0.5MPa。

3. 高背压泡沫产生器

高背压泡沫产生器用于氟蛋白泡沫液下喷射灭火，发泡倍数应不小于 2，且不应大于 4。高背压泡沫产生器的进口压力范围为 0.6～1.0MPa，背压范围为 0.035～0.25MPa，主要技术性能参数见表 2-1-22。

表 2-1-22　常见高背压泡沫产生器的主要技术性能参数

型号	额定进口压力/MPa	背压/MPa	混合液流量/(L/min)	泡沫倍数
PCY 450			450	
PCY 450G				
PCY 900	0.7	0.175	900	2.5～4
PCY 900G				
PCY 1350G			1350	
PCY 1800G			1800	

---○ **思考与练习** ○---------

1. QZ19 直流水枪，工作压力为 $30\text{mH}_2\text{O}$，试计算其流量。

2. QZ19 直流水枪，工作压力为 $27\text{mH}_2\text{O}$，灭火用水供给强度为 $0.12\text{L}/(\text{s} \cdot \text{m}^2)$，试计算其控制面积。

3. QZ19 直流水枪，工作压力为 $20mH_2O$，试计算其充实水柱。

第二节 消防水带的技战术性能

【学习目标】

1. 了解水带的构造、径向拉应力和纵向拉应力。
2. 熟悉水带的分类、主要技术要求。
3. 掌握水带的耐压强度、常用的胶里水带、PU 水带水头损失的计算及估算。

消防水带是一种用于输送水或其他液态灭火剂的软管，应执行国家标准 GB 6246—2011《消防水带》。

一、消防水带的分类

消防水带的种类很多，见表 2-2-1。目前在灭火救援工作中广泛使用聚氨酯（PU）衬里消防水带，室内消火栓多用聚氯乙烯（PVC）衬里消防水带。

表 2-2-1 消防水带的种类

分类 名称		消防水带									湿水带				抗静电水带、水幕水带				
		通用水带									橡胶、乳胶				PU				
衬里		橡胶、乳胶、PU、PVC																	
直径	mm	25	40	50	65	80	100	125	150	300	40	50	65	80	40	50	65	80	100
工作压力	MPa	0.8	0.8 1.0	1.0 1.3 2.0	1.3 1.6 2.5	1.6 2.0	2.0 2.5	2.0 2.5	2.5	2.5	0.8	0.8 1.0	1.0 1.3	1.3	1.3	1.3 1.6	1.6 2.0	2.0 2.5	2.0 2.5
编织方式		平纹/斜纹																	

（一）按衬里材料分类

消防水带按衬里材料的不同，可分为：

(1) 橡胶衬里水带，具有耐压高、流阻低、耐气候性优良、应用广泛等特点；

(2) 乳胶衬里水带，具有柔软性好、耐气候性优良等特点；

(3) 聚氨酯（PU）衬里水带，具有耐压高、重量轻、耐寒性优异、使用方便等特点；

(4) 聚氯乙烯（PVC）衬里水带，具有重量轻、使用方便等特点。

（二）按工作压力分类

消防水带按工作压力的不同，可分为：

(1) 低压水带，如 8 型、10 型、13 型水带；

(2) 中压水带，如 16 型、20 型、25 型水带；

(3) 高压水带，如 30 型、40 型水带。

（三）按内径分类

消防水带按内径的不同，可分为：$D25 \sim D300mm$ 的水带，其中工作水带常用 $D65mm$

水带，干线水带常用 $D80$mm 或 $D90$mm 水带，拖车炮常用 $D100$mm 或 $D150$mm 水带，远程供水系统常用 $D300$mm 或 $D200$mm 水带。

（四）按用途和功能分类

消防水带按用途和功能的不同，可分为通用水带和特殊性能水带，其中特殊性能水带有表面包覆水带、双编织层水带、湿水带、水幕水带、浮式水带、A 类泡沫专用水带、抗静电水带等。

（五）按结构分类

消防水带按结构的不同，可分为单层编织层水带、双层编织层水带、内外涂层水带。

（六）按编织方式分类

消防水带按编织层编织方式的不同，可分为平纹水带和斜纹水带。

二、消防水带的技术性能

消防水带应严格按照国家标准制造、检验。

（1）消防水带的内径及质量见表 2-2-2。

表 2-2-2　消防水带的内径及质量

规格	内径/mm	公差/mm	质量/(kg/m)
25	25.0		≤0.18
40	38.0		≤0.28
50	51.0		≤0.38
65	63.5		≤0.48
80	76.0	+2.00	≤0.60
100	102.0		≤1.10
125	127.0		≤1.60
150	152.0		≤2.20
200	203.5		≤3.40
250	254.0	+3.00	≤4.60
300	304.8		≤5.80

（2）消防水带的长度见表 2-2-3。

表 2-2-3　消防水带的长度

长度/m	公差/m
15	+0.20
20	
25	+0.30
30	
40	+0.40
60	
200	

（3）消防水带的设计工作压力见表 2-2-4。

表 2-2-4　消防水带的设计工作压力

设计工作压力/MPa	试验压力/MPa	最小爆破压力/MPa	延伸率和膨胀率
0.8	1.2	2.4	
1.0	1.5	3.0	
1.3	2.0	3.9	≤5%
1.6	2.4	4.8	
2.0	3.0	6.0	≤8%
2.5	3.5	7.5	

三、消防水带的耐压强度

在消防供水中，需要掌握水带的耐压强度，以保证供水安全。水带充水后承受径向压力和纵向压力，因此，水带产生径向拉应力和纵向拉应力。

（一）径向拉应力

一水带中充满水，水带受到均匀水压力的作用，任取一段水带，沿径向 AB 将水带分成两半，取其中一半来研究，如图 2-2-1 所示。

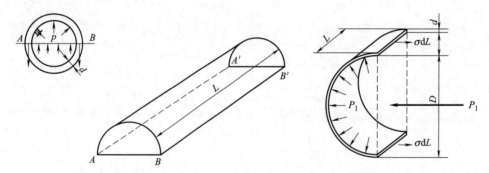

图 2-2-1　水带径向受力分析

长度为 L、直径为 D、压强为 p 的半边水带（即 $ABB'A'$ 面上）承受的径向压力为：$P_1 = LDp$。

长度为 L、厚度为 d 的水带产生的径向拉力为：$F_1 = 2d\sigma L$，σ 为水带产生的径向拉应力（kgf/cm^2）。

水带不破裂，$P_1 = F_1$，则水带产生的径向拉应力为：

$$\sigma = \frac{LDp}{2dL} = \frac{Dp}{2d}$$

（二）纵向拉应力

一水带中充满水，水带受到均匀水压力的作用，沿纵向将水带分成两截，取其中一截面来研究，如图 2-2-2 所示。

直径为 D、压强为 p 的水带截面承受的纵向压力为：$P_2 = \dfrac{\pi D^2 p}{4}$。

图 2-2-2　水带纵向受力分析

直径为 D、厚度为 d 的水带产生的纵向拉力为：$F_2 = \pi D d\sigma$，σ 为水带产生的纵向拉应力（kgf/cm^2）。

水带不被拉断，$P_2 = F_2$，则水带产生的纵向拉应力为：

$$\sigma = \frac{\pi D^2 p}{4\pi D d} = \frac{Dp}{4d}$$

由此可见，在相同水压作用下，水带产生的径向拉应力比纵向拉应力大一倍，水带充满水后，径向是薄弱环节，也就是说，水带易爆破，而不易被拉断。因此，水带的耐压强度，应按径向考虑，故水带的耐压强度为：$p = \dfrac{2d\sigma}{D}$，设 $d\sigma = k$，则：

$$p = \frac{2k}{D} \tag{2-2-1}$$

式中　p——水带的耐压强度，kgf/cm^2；

　　　D——水带直径，cm；

　　　k——试验值，kgf/cm，即 $1cm$ 长的水带壁所能承受的最大拉应力。

国产消防水带的出厂耐压强度，一般不小于 $10kgf/cm^2$，经计算，常见消防水带的 k 值见表 2-2-5。

表 2-2-5　消防水带的 k 值

型号	10 型	13 型	16 型	20 型	25 型	30 型
$D65$	33	43	52	65	81	98
$D80$	40	52	64	80	100	120

例 2-2-1　13 型 $D65mm$ 消防水带，试计算其 k 值。

解：由题意可知，13 型 $D65mm$ 水带，$p = 13kgf/cm^2$，$D = 6.5cm$。则：

$$p = \frac{2k}{D} \Rightarrow k = \frac{Dp}{2} = \frac{6.5 \times 13}{2} = 42.3 (kgf/cm)$$

答：k 值为 $42.3kgf/cm$。

例 2-2-2　$D80mm$ 消防水带，其 k 值为 $64kgf/cm$，试计算水带的耐压强度。

解：由题意可知，$D = 8cm$。则：

$$p = \frac{2k}{D} = \frac{2 \times 64}{8} = 16 (kgf/cm^2)$$

答：水带的耐压强度为 $16kgf/cm^2$，为 16 型消防水带。

四、消防水带的水头损失

水带的水头损失主要与水带内壁的粗糙度、水带长度、水带直径、水带铺设以及水在水带内的流速有关。水带的水头损失直接影响消防水泵的供水高度和距离，因此在选择水带时应尽量采用大口径水带，铺设时应尽量避免骤然打弯，供水量大时应采用双干线供水，以减少水头损失。

我国消防车上配备的水带标准长度为 20m。根据式（1-5-4）：$h_f = ALQ^2$，令 $AL = S_d$，则 1 条水带的水头损失可用式（2-2-2）计算：

$$h_d = S_d Q^2 \qquad\qquad (2\text{-}2\text{-}2)$$

式中　h_d——1 条水带的水头损失，mH_2O；

　　　Q——水带的流量，L/s；

　　　S_d——水带的阻抗系数。

不同类型的水带，阻抗系数不同，见表 2-2-6。

表 2-2-6　水带的阻抗系数

型号	$D90mm$		$D80mm$				$D65mm$			
材质	PU	橡胶	PU	PVC	橡胶	麻质	PU	PVC	橡胶	麻质
阻抗系数	0.012	0.008	0.019	0.025	0.015	0.03	0.046	0.048	0.035	0.086

目前在灭火救援工作中广泛使用的 PU 水带和室内消火栓用的 PVC 水带，衬里较薄，表面比较粗糙，阻抗系数较大。

例 2-2-3　1 条 $D65mm$ 胶里水带，流量为 6.5L/s，试计算其水头损失。

解：由题意可知，$D65mm$ 胶里水带的阻抗系数 $S_d = 0.035$。则：

$h_d = S_d Q^2$

　　$= 0.035 \times 6.5^2$

　　≈ 1.48（mH_2O）

答：水头损失约为 $1.48mH_2O$。

例 2-2-4　1 条 $D65mm$ PU 水带，流量为 6.5L/s，试计算其水头损失。

解：由题意可知，$D65mm$ PU 水带的阻抗系数 $S_d = 0.046$。则：

$h_d = S_d Q^2$

　　$= 0.046 \times 6.5^2$

　　≈ 1.94（mH_2O）

答：水头损失约为 $1.94mH_2O$。

例 2-2-5　1 条 $D65mm$ PU 水带，流量为 8L/s，试计算其水头损失。

解：由题意可知，$D65mm$ PU 水带的阻抗系数 $S_d = 0.046$。则：

$h_d = S_d Q^2$

　　$= 0.046 \times 8^2$

　　≈ 2.94（mH_2O）

答：水头损失约为 $2.94mH_2O$。

为应用方便，经计算，将常用的长度为 20m 的胶里水带和 PU 水带的水头损失和流量关系，列成表 2-2-7 和表 2-2-8，以供参考使用。

表 2-2-7　单条胶里水带水头损失　　　　　　　　　　mH$_2$O

直径/mm 流量/(L/s)	65	80	90
4.0	0.56	0.24	0.13
4.6	0.74	0.32	0.17
5.0	0.88	0.38	0.20
6.5	1.48	0.63	0.34
7.5	1.97	0.84	0.45
8.0	2.24	0.96	0.51
10.0	3.50	1.50	0.80
13.0	5.92	2.54	1.35

表 2-2-8　单条 PU 水带水头损失　　　　　　　　　　mH$_2$O

直径/mm 流量/(L/s)	65	80	90
4.0	0.74	0.30	0.19
4.6	0.97	0.40	0.25
5.0	1.15	0.48	0.30
6.5	1.94	0.80	0.51
7.5	2.59	1.07	0.68
8.0	2.94	1.22	0.77
10.0	4.60	1.90	1.20
13.0	7.77	3.21	2.03

表 2-2-7 和表 2-2-8 中列出的单条水带的水头损失为新水带的水头损失。水带与管道不同，水带必须在一定压力下才能形成圆形，水带内压力增大，水带的直径和长度亦随之增大，则水带的阻力也随之发生变化。

经试验证明，水带内压力增大时，水带直径的增大情况是：中等新度的 $D65mm$ 水带，水带的压力为 $3kgf/cm^2$ 时，测出水带直径为 68mm；当压力增到 $7kgf/cm^2$ 时，水带直径增到 70mm；在不同压力下，水带直径增大幅度在 2%～5% 之间。水带内压力增大时，水带长度的增长情况是：中等新度的 $D65mm$ 水带，水带的压力为 $4kgf/cm^2$ 时，测出长 20m 的水带伸长 5cm；在不同压力下，水带长度增长幅度在 1.5%～2.0% 之间。水带在压力作用下，长度增长，增加了水带的水头损失，但由于直径增大减少了水头损失，两者相互抵消，因此，在消防供水中，可不考虑因水带长度和直径变化引起的水头损失变化。

五、消防水带的水头损失估算

为便于在灭火救援工作中快速估算，可根据水带水头损失的计算方法，得到相应的水带水头损失估算值。

（一）胶里水带的水头损失估算

胶里水带可用于工作水带和干线水带，其水头损失估算值与水带规格、充实水柱、出枪数量有关。

1. 胶里工作水带的水头损失估算

（1）当水枪充实水柱为 15m 时，水带内的流量为 6.5L/s，根据 $h_d = S_d Q^2$，可得到不同规格的胶里工作水带的水头损失估算值。

D65mm 胶里工作水带水头损失：$h_d = S_d Q^2 = 0.035 \times 6.5^2 \approx 1.48 \mathrm{mH_2O}$，可按 $1.5 \mathrm{mH_2O}$ 估算。

D80mm 胶里工作水带水头损失：$h_d = S_d Q^2 = 0.015 \times 6.5^2 \approx 0.63 \mathrm{mH_2O}$，可按 $0.8 \mathrm{mH_2O}$ 估算。

D90mm 胶里工作水带水头损失：$h_d = S_d Q^2 = 0.008 \times 6.5^2 \approx 0.34 \mathrm{mH_2O}$，可按 $0.4 \mathrm{mH_2O}$ 估算。

（2）当水枪充实水柱为 10m 时，水带内的流量为 4.6L/s，根据 $h_d = S_d Q^2$，可得到不同规格的胶里工作水带的水头损失估算值。

D65mm 胶里工作水带水头损失：$h_d = S_d Q^2 = 0.035 \times 4.6^2 \approx 0.74 \mathrm{mH_2O}$，可按 $0.8 \mathrm{mH_2O}$ 估算。

D80mm 胶里工作水带水头损失：$h_d = S_d Q^2 = 0.015 \times 4.6^2 \approx 0.32 \mathrm{mH_2O}$，可按 $0.4 \mathrm{mH_2O}$ 估算。

D90mm 胶里工作水带水头损失：$h_d = S_d Q^2 = 0.008 \times 4.6^2 \approx 0.17 \mathrm{mH_2O}$，可按 $0.2 \mathrm{mH_2O}$ 估算。

2. 胶里干线水带的水头损失估算

干线水带采用 D65mm 胶里水带，前方可出 2 支水枪；若采用 D80mm 胶里水带，可出 3 支水枪；若采用 D90mm 胶里水带，则可出 4 支水枪。

（1）D65mm 胶里干线水带的水头损失估算值

出 2 支水枪，充实水柱为 15m 时，$h_d = S_d Q^2 = 0.035 \times (6.5 \times 2)^2 \approx 5.92 \mathrm{mH_2O}$，可按 $6 \mathrm{mH_2O}$ 估算。

（2）D80mm 胶里干线水带的水头损失估算值

出 3 支水枪，充实水柱为 15m 时，$h_d = S_d Q^2 = 0.015 \times (6.5 \times 3)^2 \approx 5.70 \mathrm{mH_2O}$，可按 $6 \mathrm{mH_2O}$ 估算。

出 2 支水枪，充实水柱为 15m 时，$h_d = S_d Q^2 = 0.015 \times (6.5 \times 2)^2 \approx 2.54 \mathrm{mH_2O}$，可按 $3 \mathrm{mH_2O}$ 估算。

（3）D90mm 胶里干线水带的水头损失估算值

出 4 支水枪，充实水柱为 15m 时，$h_d = S_d Q^2 = 0.008 \times (6.5 \times 4)^2 \approx 5.41 \mathrm{mH_2O}$，可按 $6 \mathrm{mH_2O}$ 估算。

出 3 支水枪，充实水柱为 15m 时，$h_d = S_d Q^2 = 0.008 \times (6.5 \times 3)^2 \approx 3.04 \mathrm{mH_2O}$，可按 $3 \mathrm{mH_2O}$ 估算。

出 2 支水枪，充实水柱为 15m 时，$h_d = S_d Q^2 = 0.008 \times (6.5 \times 2)^2 \approx 1.35 \mathrm{mH_2O}$，可按 $1.5 \mathrm{mH_2O}$ 估算。

（二）PU 水带的水头损失估算

PU 水带可用于工作水带和干线水带，其水头损失估算值与水带规格、充实水柱、出枪数量有关。

1. PU 工作水带的水头损失估算

（1）当水枪充实水柱为 15m 时，水带内的流量为 6.5L/s，根据 $h_d = S_d Q^2$，可得到不同规格的 PU 工作水带的水头损失估算值。

$D65mm$ PU 工作水带水头损失：$h_d = S_d Q^2 = 0.046 \times 6.5^2 \approx 1.94 mH_2O$，可按 $2 mH_2O$ 估算。

$D80mm$ PU 工作水带水头损失：$h_d = S_d Q^2 = 0.019 \times 6.5^2 \approx 0.80 mH_2O$，可按 $1 mH_2O$ 估算。

$D90mm$ PU 工作水带水头损失：$h_d = S_d Q^2 = 0.012 \times 6.5^2 \approx 0.51 mH_2O$，可按 $0.5 mH_2O$ 估算。

（2）当水枪充实水柱为 10m 时，水带内的流量为 4.6L/s，根据 $h_d = S_d Q^2$，可得到不同规格的 PU 工作水带的水头损失估算值。

$D65mm$ PU 工作水带水头损失：$h_d = S_d Q^2 = 0.046 \times 4.6^2 \approx 0.97 mH_2O$，可按 $1 mH_2O$ 估算。

$D80mm$ PU 工作水带水头损失：$h_d = S_d Q^2 = 0.019 \times 4.6^2 \approx 0.40 mH_2O$，可按 $0.5 mH_2O$ 估算。

$D90mm$ PU 工作水带水头损失：$h_d = S_d Q^2 = 0.012 \times 4.6^2 \approx 0.25 mH_2O$，可按 $0.3 mH_2O$ 估算。

2. PU 干线水带的水头损失估算

干线水带采用 $D65mm$ PU 水带，前方可出 2 支水枪；若采用 $D80mm$ PU 水带，可出 3 支水枪；若采用 $D90mm$ PU 水带，则可出 4 支水枪。

（1）$D65mm$ PU 干线水带的水头损失估算值

出 2 支水枪，充实水柱为 15m 时，$h_d = S_d Q^2 = 0.046 \times (6.5 \times 2)^2 \approx 7.77 mH_2O$，可按 $8 mH_2O$ 估算。

（2）$D80mm$ PU 干线水带的水头损失估算值

出 3 支水枪，充实水柱为 15m 时，$h_d = S_d Q^2 = 0.019 \times (6.5 \times 3)^2 \approx 7.22 mH_2O$，可按 $8 mH_2O$ 估算。

出 2 支水枪，充实水柱为 15m 时，$h_d = S_d Q^2 = 0.019 \times (6.5 \times 2)^2 \approx 3.21 mH_2O$，可按 $4 mH_2O$ 估算。

（3）$D90mm$ PU 干线水带的水头损失估算值

出 4 支水枪，充实水柱为 15m 时，$h_d = S_d Q^2 = 0.012 \times (6.5 \times 4)^2 \approx 8.11 mH_2O$，可按 $8 mH_2O$ 估算。

出 3 支水枪，充实水柱为 15m 时，$h_d = S_d Q^2 = 0.012 \times (6.5 \times 3)^2 \approx 4.56 mH_2O$，可按 $4 mH_2O$ 估算。

出 2 支水枪，充实水柱为 15m 时，$h_d = S_d Q^2 = 0.012 \times (6.5 \times 2)^2 \approx 2.03 mH_2O$，可按 $2 mH_2O$ 估算。

根据计算结果，工作水带的水头损失估算值见表 2-2-9；干线水带的水头损失估算值见表 2-2-10。

表 2-2-9　工作水带的水头损失估算值　　　　　　　　　　　mH₂O

S_k/m	胶里水带			PU 水带		
	D65mm	D80mm	D90mm	D65mm	D80mm	D90mm
10	0.8	0.4	0.2	1	0.5	0.3
15	1.5	0.8	0.4	2	1	0.5
17	2	1	0.5	3	1.5	0.8

表 2-2-10　干线水带的水头损失估算值　　　　　　　　　　　mH₂O

S_k/m	水枪数量/支	胶里水带			PU 水带		
		D65mm	D80mm	D90mm	D65mm	D80mm	D90mm
10	2	3	1.5	0.8	4	2	1
	3	—	3	1.5	—	4	2
	4	—	—	3	—	—	4
15	2	6	3	1.5	8	4	2
	3	—	6	3	—	8	4
	4	—	—	6	—	—	8
17	2	8	4	2	12	6	3
	3	—	8	4	—	12	6
	4	—	—	8	—	—	12

─────────────○ **思考与练习** ○─────────────

1. 试计算 D65mm、D80mm 水带耐压强度为 $20\mathrm{kgf/cm^2}$ 时的 k 值。

2. 1 条 D80mm 的水带，其 k 值为 $100\mathrm{kgf/cm}$，试计算水带的耐压强度。

3. 试归纳工作水带和干线水带水头损失估算值的规律。

第三节　水带系统的水头损失

○ 【学习目标】

1. 了解异型异径水带并联系统的水头损失计算。

2. 熟悉水带系统的不同连接形式。

3. 掌握串联、并联和串并联混合系统的水头损失计算。

水带系统是消防供水的基础部分，根据连接形式的不同可分为串联系统、并联系统以及串并联混合系统三种，在具体应用时应当根据火灾现场的实际需要和外界条件选择合适的水带连接形式。

一、串联系统的水头损失

串联系统的水头损失可按水头损失叠加法或阻力系数法进行计算。

（一）水头损失叠加法

串联系统的水头损失为串联系统内各条水带水头损失之和。

$$H_d = h_{d1} + h_{d2} + \cdots + h_{dn} \qquad (2\text{-}3\text{-}1)$$

式中 H_d——串联系统的水头损失，mH_2O；

h_{d1}，h_{d2}，$\cdots$，h_{dn}——串联系统内各条水带的水头损失，mH_2O。

当水带为同型同径水带时，$h_{d1} = h_{d2} = \cdots = h_{dn}$，则：

$$H_d = nh_d \qquad (2\text{-}3\text{-}2)$$

式中 H_d——串联系统的水头损失，mH_2O；

     n——串联水带条数，条；

     h_d——每条水带的水头损失，mH_2O。

（二）阻力系数法

串联系统水头损失为串联系统内各条水带阻抗系数之和与干线流量平方值的乘积。

$$H_d = S_{总} Q^2 \qquad (2\text{-}3\text{-}3)$$

式中 H_d——串联系统的水头损失，mH_2O；

     Q——干线水带的流量，L/s；

     $S_{总}$——系统内各条水带阻抗之和。

若水带为同型同径水带时，$S_{d1} = S_{d2} = \cdots = S_{dn}$，则：

$$S_{总} = nS_d \qquad (2\text{-}3\text{-}4)$$

例 2-3-1   有一路水带干线，长度为 5 条 $D65mm$ PU 水带，流量为 $10L/s$。试计算串联系统的水头损失。

解： 由题意可知，$S_d = 0.046$，$Q = 10L/s$。

则：（1）水头损失叠加法

$$h_d = S_d Q^2 = 0.046 \times 10^2 = 4.6 (mH_2O)$$
$$H_d = nh_d = 5 \times 4.6 = 23 (mH_2O)$$

（2）阻力系数法

$$S_{总} = nS_d = 5 \times 0.046 = 0.23$$
$$H_d = S_{总} Q^2 = 0.23 \times 10^2 = 23 (mH_2O)$$

两种方法的计算结果相同。

答： 该串联系统的水头损失为 $23mH_2O$。

例 2-3-2   有一路水带干线，长度为 5 条 PU 水带，其中 3 条为 $D80mm$ 水带，2 条为 $D65mm$ 水带，流量为 $6.5L/s$。试计算串联系统的水头损失。

解： 由题意可知，$S_{d1} = 0.019$，$S_{d2} = 0.046$，$Q = 6.5L/s$。

则：（1）水头损失叠加法

$$h_{d1} = S_{d1} Q^2 = 0.019 \times 6.5^2 \approx 0.80 (mH_2O)$$
$$h_{d2} = S_{d2} Q^2 = 0.046 \times 6.5^2 \approx 1.94 (mH_2O)$$
$$H_d = 3h_{d1} + 2h_{d2} = 3 \times 0.80 + 2 \times 1.94 = 6.28 (mH_2O)$$

（2）阻力系数法

$$S_总=3S_{d1}+2S_{d2}=3\times0.019+2\times0.046=0.149$$

$$H_d=S_总 Q^2=0.149\times6.5^2\approx6.3(mH_2O)$$

两种方法的计算结果相近，其小数点后的差值是由于取值的误差所造成的。

答：该串联系统的水头损失约为 $6.3mH_2O$。

二、并联系统的水头损失

（一）同型、同径水带并联系统的水头损失

同型、同径水带并联系统的水头损失，可按流量平分法或阻力系统法进行计算。

1. 流量平分法

同型、同径水带并联，当每一路水带干线长度相同时，消防水枪（炮）的流量是由各路干线平分输送的，数条干线会合点处的压力也是相同的，因此，各路干线的水头损失也应相同。任一路干线的水头损失，即代表该并联系统的水头损失。并联系统中任一路水带干线的水头损失计算，可采用串联系统水头损失叠加法或串联系统阻力系数法进行计算。

流量平分法计算公式如下：

$$H_d=H_{d1}=H_{d2}=\cdots=H_{dn}=nS_dQ_i^2 \tag{2-3-5}$$

式中　　　　　　　H_d——并联系统的水头损失，mH_2O；

H_{d1}，H_{d2}，$\cdots$，H_{dn}——任一路干线的水头损失，mH_2O；

n——干线水带条数，条；

S_d——并联干线的阻抗系数；

Q_i——每路干线的流量，L/s。

2. 阻力系数法

同型、同径、等长度水带并联，系统的水头损失计算公式如下：

$$H_d=S_总 Q_总^2 \tag{2-3-6}$$

式中　H_d——并联系统的水头损失，mH_2O；

$Q_总$——并联系统的总流量，L/s；

$S_总$——并联系统的总阻抗系数。

$$S_总=\frac{S_i}{n^2} \tag{2-3-7}$$

式中　$S_总$——并联系统的总阻抗；

S_i——任一路干线的阻抗系数；

n——并联干线的路数。

　　例 2-3-3　某消防车利用双干线并联为带架水枪供水，每路干线的长度为 5 条 $D65mm$ PU 水带，带架水枪流量为 $10L/s$。试计算水带并联系统的水头损失。

　　解：由题意可知，$Q_总=10L/s$，$Q_1=Q_2=5L/s$，$S_d=0.046$。

　　则：（1）流量平分法

$$H_d=H_{d1}=nS_dQ_i^2=5\times0.046\times5^2\approx5.75(mH_2O)$$

（2）阻力系数法

$$S_总=\frac{S_i}{n^2}=\frac{5\times0.046}{2^2}=0.0575$$

$$H_d = S_总 Q_总^2 = 0.0575 \times 10^2 = 5.75 (\text{mH}_2\text{O})$$

两种方法的计算结果相同。

答：该并联系统的水头损失为 $5.75\text{mH}_2\text{O}$。

（二）异类、异径水带并联系统的水头损失

采用不同类型或不同直径的水带并联供水时，由于各路干线的阻抗系数不同，在每路干线内的流量也不同，因此不能采用流量平分法计算，只能采用阻力系数法进行计算，计算公式如下：

$$H_d = S_总 Q_总^2 \tag{2-3-8}$$

式中　H_d——并联系统的水头损失，mH_2O；

　　　$Q_总$——并联系统的总流量，L/s；

　　　$S_总$——并联系统的总阻抗系数。

$$\frac{1}{\sqrt{S_总}} = \frac{1}{\sqrt{S_1}} + \frac{1}{\sqrt{S_2}} + \cdots + \frac{1}{\sqrt{S_n}} \tag{2-3-9}$$

式中　　　　$S_总$——并联系统的总阻抗系数；

S_1，S_2，$\cdots$，S_n——并联系统各路干线的阻抗系数。

例 2-3-4　某一高压消火栓利用两路水带干线供一支带架水枪，其中一路干线为 5 条 $D80\text{mm}$ PU 水带，另一路干线为 5 条 $D65\text{mm}$ PU 水带，水枪流量为 20L/s。试计算并联系统的水头损失。

解：由题意可知，$S_1 = 0.019$，$S_2 = 0.046$，$Q_总 = 20\text{L/s}$。

则：$\dfrac{1}{\sqrt{S_总}} = \dfrac{1}{\sqrt{S_1}} + \dfrac{1}{\sqrt{S_2}}$

$\qquad = \dfrac{1}{\sqrt{5 \times 0.019}} + \dfrac{1}{\sqrt{5 \times 0.046}}$

$\qquad \approx 5.33$

得：$S_总 \approx 0.035$

$H_d = S_总 Q_总^2 = 0.035 \times 20^2 \approx 14 \ (\text{mH}_2\text{O})$

答：该并联系统的水头损失为 $14\text{mH}_2\text{O}$。

三、串并联混合系统的水头损失

利用分水器供水时，水带线路分成供水干线和工作支线两部分。供水干线是串联系统，工作支线是并联系统，而供水干线与工作支线又是串联连接，因此，利用分水器供水的水带线路是串并联混合系统，其水头损失为供水干线串联系统的水头损失与工作支线并联系统的水头损失之和，即：

$$H_d = H_串 + H_并 \tag{2-3-10}$$

式中　H_d——串并联混合系统的水头损失，mH_2O；

　　　$H_串$——供水干线串联系统的水头损失，mH_2O；

　　　$H_并$——工作支线并联系统的水头损失，mH_2O。

例 2-3-5　消防车铺设单干线利用分水器供水，干线串联铺设 4 条 $D80\text{mm}$ 胶里水带，利用分水器出 2 路工作支线，每路工作支线串联铺设 2 条 $D65\text{mm}$ PU 水带，分别接 1 支

QLD6/8 直流喷雾水枪，水枪的流量为 6.5L/s。试计算混合系统的水头损失。

解： 由题意可知，$S_{d1}=0.015$，$S_{d2}=0.046$，$Q_1=Q_2=6.5$L/s，$Q_总=13$L/s。

则：$H_d=H_串+H_并$

$$=4×0.015×13^2+2×0.046×6.5^2$$

$$≈14 （mH_2O）$$

答： 该混合系统的水头损失约为 14mH$_2$O。

例 2-3-6 某消防车铺设单干线利用分水器供水，出 2 支 QLD6/8 直流喷雾水枪，供水干线长度为 5 条 D80mm PU 水带，每路工作支线为 2 条 D65mm PU 水带，2 支水枪的总流量为 16L/s。试计算混合系统的水头损失。

解： 由题意可知，$S_{d1}=0.019$，$S_{d2}=0.046$，$Q_总=16$L/s。

则：$S_总=S_干+S_工=5×0.019+\dfrac{2×0.046}{2^2}=0.118$

$$H_d=S_总 Q_总^2=0.118×16^2≈30.2(mH_2O)$$

答： 该混合系统的水头损失约为 30.2mH$_2$O。

◦ 思考与练习 ◦

1. 有一路水带干线为 6 条 D65mm PU 水带，流量为 6.5L/s，试计算串联系统的水头损失。

2. 消防车两侧水泵出口各铺设一路 6×D65mm PU 水带，接 QJ32 带架水枪，水枪工作压力为 60mH$_2$O，流量为 26L/s，试计算并联系统的水头损失。

3. 消防车水泵出口接 8×D80mm PU 水带干线，利用分水器，出 2 路 2×D65mm PU 工作支线，各出 1 支 QLD6/8 直流喷雾水枪，流量为 6.5L/s，试计算混合系统的水头损失。

第三章
消防车供水能力

消防车种类繁多，按照功能和作用可分为灭火消防车、举高消防车、专勤消防车、战勤保障消防车、消防摩托车等类别，其中水罐消防车、泡沫消防车是城市消防站配备的最基本的灭火类消防车，也是在火灾扑救和应急救援工作中最常用、最主要的战斗消防车。掌握水罐消防车、泡沫消防车的供水能力，能进一步科学合理地组织供水，有效提高在灭火救援工作中的战斗力。

》》第一节　消防车水泵的技术性能

○【学习目标】

1. 了解消防车水泵的主要技术性能。
2. 熟悉额定压力与额定流量的关系。
3. 掌握水泵转速对压力和流量的影响。

水泵是水罐消防车、泡沫消防车搭载的不可缺少的核心配套设备，起到加压并输送灭火剂的重要作用。消防车水泵通常采用离心泵，具有高转速、大扬程、大流量和结构紧凑、性能平稳、便于操作等特性。消防车的供水能力主要取决于水泵的性能，水泵性能的技术参数主要有流量、扬程、功率、效率、转速等。

一、功率、效率与转速

功率表示水泵在单位时间内做功的能力，用符号 N 表示，单位为 kW 或 PS（马力），1PS＝0.735kW，1kW＝1kJ/s。水泵功率可分为轴功率（N）、有效功率（N_e）和配用功率（N_g）。轴功率指的是原动机施加在水泵轴上的功率，也叫输入功率；有效功率指的是水泵对液体做功、传递给液体的功率，也叫输出功率；配用功率指的是水泵所需配用原动机的功率。

由于水泵运动的摩擦损失和局部阻力损失，水泵的有效功率总是小于轴功率，有效功率与轴功率的比值称为水泵的效率，用符号 η 表示。效率是评定水泵设计、制造优劣的一项重要指标，小型离心泵的效率通常为 70%～80%，而大型离心泵的效率已高达 90% 以上。水泵的效率与水泵的工况密切相关，当效率达到最高时，对应的水泵有效功率称为额定功率。

消防车水泵是由消防车内燃机带动的，控制内燃机油门的大小，可以改变内燃机的输出功率和转速，从而控制和调节水泵的功率和转速（用符号 n 表示）。改变水泵转速，水泵的有效功率也随之改变，并符合 $N_e \propto n^3$ 的变化规律。当水泵达到额定功率时，对应的转速称为额定转速。消防车低压水泵的额定转速通常在 2800r/min 以上，而中低压水泵的额定转速一般为 3000～6000r/min。

二、流量与扬程

流量表示水泵在单位时间内输送液体数量的能力，用符号 Q 表示，单位为 L/s 或 m³/h。改变水泵转速，水泵的流量也随之改变，并符合 $Q \propto n$ 的变化规律。当水泵达到额定功率，转速为额定转速时，对应的流量称为额定流量。消防车水泵的额定流量通常为30～400L/s，最常见的为 60L/s 或 80L/s。

扬程表示单位重量的水通过水泵所获得的总能量，也可以理解为水泵能够扬水的高度，

用符号 H_b 表示，单位为 m。对于消防车水泵，通过水泵所获得的能量主要体现在压能的增加，所以通常又以水泵出口压力代替扬程来表示。改变水泵转速，水泵的出口压力也随之改变，并符合 $H_b \propto n^2$ 的变化规律。当水泵达到额定功率，转速为额定转速时，对应的水泵出口压力称为额定压力。消防车低压水泵的额定压力通常为 $1.0 \sim 1.3$MPa，而消防车中低压水泵的额定压力通常为 $1.0 \sim 2.0$MPa。

水泵额定功率、额定流量、额定压力之间的关系为：

$$N_e = \frac{\gamma Q H_b}{1 \times 10^6} \tag{3-1-1}$$

式中　N_e——水泵额定功率，kW；

　　　Q——水泵额定流量，L/s；

　　　H_b——水泵额定压力，mH_2O；

　　　γ——水的容重，9810N/m³。

因此，消防车水泵不同工况时，在额定功率不变的情况下，额定压力与额定流量成反比。

例 3-1-1　某消防车低压水泵，在工况 1 时，额定压力为 1.0MPa，额定流量为 60L/s；在工况 2 时，额定压力为 1.3MPa，试计算其额定流量。

解：由题意可知，$N_e = \dfrac{\gamma Q H_b}{1 \times 10^6}$，在不同工况时，水泵额定功率不变。

则：$Q_1 H_{b1} = Q_2 H_{b2} \Rightarrow Q_2 = \dfrac{Q_1 H_{b1}}{H_{b2}} = \dfrac{60 \times 100}{130} \approx 46$（L/s）

答：该消防车低压水泵在工况 2 时，其额定流量为 46L/s。

三、转速与流量、扬程、功率

消防车水泵在未达到额定功率的情况下，转速与流量、扬程、功率三者之间的关系为：$Q \propto n$，$H_b \propto n^2$，$N_e \propto n^3$。因此，若某消防车水泵转速为 n_1 时，其流量为 Q_1，扬程为 H_1，功率为 N_1；转速为 n_2 时，其流量为 Q_2，扬程为 H_2，功率为 N_2，则有：

$$\frac{Q_1}{Q_2} = \frac{n_1}{n_2} \tag{3-1-2}$$

$$\frac{H_1}{H_2} = \left(\frac{n_1}{n_2}\right)^2 \tag{3-1-3}$$

$$\frac{N_1}{N_2} = \left(\frac{n_1}{n_2}\right)^3 \tag{3-1-4}$$

例 3-1-2　有一辆消防车，额定转速为 3000r/min。当水泵转数为 2500r/min 时，流量为 50L/s，扬程为 80mH₂O，功率为 70kW。当转数改变为 2750r/min，试计算此时水泵的流量、扬程和功率。

解：由题意可知，$Q \propto n$，$H_b \propto n^2$，$N_e \propto n^3$。

则：(1) $\dfrac{Q_1}{Q_2} = \dfrac{n_1}{n_2} \Rightarrow Q_1 = \dfrac{n_1}{n_2} Q_2 = \dfrac{2750}{2500} \times 50 = 55$（L/s）

(2) $\dfrac{H_{b1}}{H_{b2}} = \left(\dfrac{n_1}{n_2}\right)^2 \Rightarrow H_{b1} = \left(\dfrac{n_1}{n_2}\right)^2 H_{b2} = \left(\dfrac{2750}{2500}\right)^2 \times 80 = 96.8$（mH₂O）

(3) $\dfrac{N_{e1}}{N_{e2}} = \left(\dfrac{n_1}{n_2}\right)^3 \Rightarrow N_{e1} = \left(\dfrac{n_1}{n_2}\right)^3 N_{e2} = \left(\dfrac{2750}{2500}\right)^3 \times 70 = 93.17$（kW）

答：此时水泵的流量为 55L/s，扬程为 96.8mH₂O，功率为 93.17kW。

从上例的计算结果可以看出，当水泵转数 n 增加 $(2750-2500)/2500 \times 100\% = 10\%$

时，则：

流量 Q 增加：$(55-50)/50\times100\%=10\%$；

扬程 H_b 增加：$(96.8-80)/80\times100\%=21\%$；

功率 N_e 增加：$(93.17-70)/70\times100\%=33.1\%$。

由此可见，消防离心泵的转速稍有变化，水泵扬程和功率将有明显变化。因此，在火场供水中，应缓慢控制油门，防止水泵压力的剧增或急减。

四、常见消防车水泵的性能参数

消防车水泵目前主要以中低压泵和低压泵为主，其技术性能参数如表 3-1-1 所示。

表 3-1-1　常见消防车水泵的性能参数

型号	工况	流量/(L/s)	压力/MPa	转速/(r/min)	功率/kW
CB20.10/30.60 型 中低压消防泵	中低压 联用工况	低压：40 中压：20	低压：1.0 中压：2.0	—	—
	低压工况	60	1.0	2880	100
	中压工况	30	2.0	2980	110
CB20.10/25.50 型 中低压消防泵	中低压 联用工况	低压：25 中压：12	低压：1.0 中压：2.0	—	—
	低压工况	50	1.0	2880	102.0
	中压工况	25	2.0	3155	135.7
CB20.10/20.40 型 中低压消防泵	中低压 联用工况	低压：20 中压：10	低压：1.0 中压：2.0	—	—
	低压工况	40	1.0	2960	74.0
	中压工况	20	2.0	3170	93.6
CB10/80 型 低压消防泵	低压工况 1	80	1.0	2880	130.0
	低压工况 2	56	1.3	3010	120.0
CB10/60 型 低压消防泵	低压工况 1	60	1.0	2880	98.5
	低压工况 2	42	1.3	2990	93.5
CB10/40 型 低压消防泵	低压工况 1	40	1.0	2880	52.5
	低压工况 2	28	1.3	3160	61.5
PSP1500 型 美国大力低压消防泵	低压工况 1	90	1.0	3531	133
	低压工况 2	63	1.3	3698	129
PSP1250 型 美国大力低压消防泵	低压工况 1	80	1.0	3372	109
	低压工况 2	56	1.3	3645	114
PSP1000 型 美国大力低压消防泵	低压工况 1	60	1.0	4553	101
	低压工况 2	42	1.3	4729	129

○ **思考与练习** ○

1．为什么水泵功率分为轴功率、有效功率和配用功率？三者之间有什么关系？

2．水泵的额定功率、额定转速、额定流量、额定压力之间是什么关系？

3．水泵的扬程和出口压力是什么关系？

》 第二节　消防车供水压力

○ 【学习目标】

1．了解消防车供水压力对消防水枪、水炮技战术性能的影响。

2. 熟悉消防车供水压力的计算。

3. 掌握消防车供水压力的估算。

在灭火救援工作中，利用消防车供水必须根据需要将水泵出口压力控制在适当的范围内。若消防车供水压力过低，则导致消防水枪、水炮的压力不足、流量不够、射程不远，不能充分发挥消防水枪、水炮的技战术性能，不能有效控制火势和灾情，使得事故扩大、损失加剧，甚至水枪手受到火势和灾情威胁，造成人员伤亡。反之，若消防车供水压力过大，则会造成不必要的水力破坏和水渍损失，或造成水带爆裂、接口脱落、供水中断，特别是在高空作业中还会造成人员跌落等意外伤亡事故。为有效扑灭火灾和处置灾情，保障一线官兵的人身安全，避免不必要的损失和事故发生，需要各级指挥员和消防车驾驶员能够对消防车供水压力进行计算和快速估算，从而在事故现场迅速作出决策。

一、消防车供水压力计算

在灭火救援工作中，应根据不同的事故类型对消防水枪、水炮充实水柱和工作压力的要求，按式（3-2-1）计算消防车供水压力。

$$H_b = h_q + H_d + H_{1-2} \qquad (3-2-1)$$

式中　H_b——消防车供水压力，mH_2O；

　　　h_q——消防水枪、水炮的工作压力，mH_2O；

　　　H_d——水带系统的水头损失，mH_2O；

　　H_{1-2}——标高差，m，即消防水枪、水炮进口与水泵出口之间的高度差（相当于水枪手站立位置与消防车停靠地面的高度差），当水枪手站立位置高于消防车停靠位置时，H_{1-2}为正值，反之，H_{1-2}为负值。

（一）采用干线直接供水时，消防车供水压力的计算

当采用单干线或双干线直接供水时，消防车供水压力应按其中需要压力较大的一条干线进行计算，以满足最不利点水枪的充实水柱要求。而且，不论采用多少条干线供水，只要不超过消防车的供水能力，消防车供水压力的计算方法均相同。即：

$$H_b = h_q + H_d + H_{1-2}$$

例 3-2-1　一辆消防车占据市政消火栓，单干线连接 5 条 $D65mm$ PU 水带出 1 支 QZ19 直流水枪，如图 3-2-1 所示，扑救室外火灾，水源至火场地势平坦，试计算消防车供水压力。

解：由题意可知，使用 QZ19 直流水枪扑救室外火灾，$S_q = 0.634$，$S_k = 15m$，$h_q = 27mH_2O$，$Q = 6.5L/s$；使用

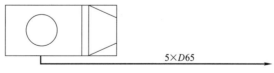

图 3-2-1　例 3-2-1 图

$D65mm$ PU 水带，$S_d = 0.046$；水源至火场地势平坦，$H_{1-2} = 0m$。则：

$$H_b = h_q + H_d + H_{1-2}$$

$$= 27 + 5 \times 0.046 \times 6.5^2 + 0$$

$$\approx 36.7 (mH_2O)$$

答： 消防车供水压力应为 $36.7\text{mH}_2\text{O}$。

例 3-2-2 某办公楼第 3 层起火，消防车占据位于 0.5m 低洼处的室外消火栓，出双干线分别连接 5 条和 6 条 $D65\text{mm}$ PU 水带及 QLD6/8 直流喷雾水枪，如图 3-2-2 所示，进入第 3 层和第 4 层灭火控火，建筑层高为 4m，试计算消防车供水压力。

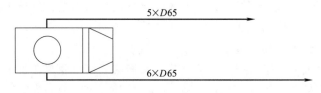

图 3-2-2 例 3-2-2 图

解： 由题意可知，使用 QLD6/8 直流喷雾水枪扑救室内火灾，$S_q = 0.938$，$S_k = 10\text{m}$，$h_q = 20\text{mH}_2\text{O}$，$Q = 4.6\text{L/s}$；使用 $D65\text{mm}$ PU 水带，$S_d = 0.046$；双干线供水，应满足最不利点水枪的工作需要，即按水枪位于 4 层的干线进行计算，$H_{1-2} = (4-1) \times 4 + 0.5 = 12.5\text{m}$。则：

$$H_b = h_q + H_d + H_{1-2}$$
$$= 20 + 6 \times 0.046 \times 4.6^2 + 12.5$$
$$\approx 38.3 (\text{mH}_2\text{O})$$

答： 消防车供水压力应为 $38.3\text{mH}_2\text{O}$。

（二）采用分水器供水时，消防车供水压力的计算

铺设供水干线，利用分水器连接多支水枪，是最常用的供水方式。消防车的供水压力，应满足最不利点水枪的充实水柱要求。

因：$H_b = h_q + H_d + H_{1-2} = h_q + H_工 + H_干 + H_{1-2}$

而：$H_器 = h_q + H_工$，则：

$$H_b = H_器 + H_干 + H_{1-2} \tag{3-2-2}$$

式中　　H_b——消防车水泵供水压力，mH_2O；

$H_器$——分水器处压力，mH_2O，应满足最不利点水枪的充实水柱要求；

$H_干$——干线水带系统的水头损失，mH_2O；

H_{1-2}——标高差，m。

例 3-2-3 一辆消防车从消火栓处取水，铺设 1 路供水干线利用分水器出 2 支 QZ19 直流水枪，扑救室外火灾。干线为 10 条 $D80\text{mm}$ PU 水带，每路工作支线为 2 条 $D65\text{mm}$ PU 水带，如图 3-2-3 所示，水源至火场地势平坦，试计算消防车供水压力。

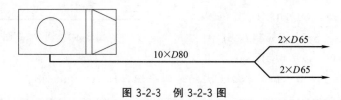

图 3-2-3 例 3-2-3 图

解： 由题意可知，使用 QZ19 直流水枪扑救室外火灾，$S_q = 0.634$，$S_k = 15\text{m}$，$h_q = 27\text{mH}_2\text{O}$，$Q_1 = Q_2 = 6.5\text{L/s}$；供水干线使用 $D80\text{mm}$ PU 水带，$S_{d干} = 0.019$，工作支线使用 $D65\text{mm}$ PU 水带，$S_{d工} = 0.046$；水源至火场地势平坦，$H_{1-2} = 0\text{m}$。则：

$$H_器 = h_q + H_工$$
$$= 27 + 2 \times 0.046 \times 6.5^2$$
$$\approx 30.9 (mH_2O)$$
$$H_b = H_器 + H_干 + H_{1-2}$$
$$= 30.9 + 10 \times 0.019 \times (6.5 + 6.5)^2 + 0$$
$$\approx 63.0 (mH_2O)$$

答：消防车供水压力应为 $63.0 mH_2O$。

例 3-2-4 一辆消防车从天然水源取水，铺设 1 路供水干线利用分水器出 2 支 QLD6/8 直流喷雾水枪，扑救室外火灾。干线为 10 条 $D80mm$ PU 水带，一路工作支线为 2 条 $D65mm$ PU 水带，另一路工作支线为 3 条 $D65mm$ PU 水带，如图 3-2-4 所示，水源比火场地势高 2m，试计算消防车供水压力。

图 3-2-4 例 3-2-4 图

解：由题意可知，使用 QLD6/8 直流喷雾水枪扑救室外火灾，$S_q = 0.938$，$S_k = 15m$，$h_q = 40 mH_2O$，$Q = 6.5 L/s$；供水干线使用 $D80mm$ PU 水带，$S_{d干} = 0.019$，工作支线使用 $D65mm$ PU 水带，$S_{d工} = 0.046$；水源比火场地势高 2m，$H_{1-2} = -2m$；分水器处的压力应满足最不利点水枪的充实水柱。则：

$$H_器 = h_{q1} + H_{工1}$$
$$= 40 + 3 \times 0.046 \times 6.5^2$$
$$\approx 45.8 (mH_2O)$$

而：
$$H_器 = h_{q2} + H_{工2}$$
$$= 0.938 \times Q_2^2 + 2 \times 0.046 \times Q_2^2$$

所以：$Q_2 = \sqrt{\dfrac{45.8}{0.938 + 2 \times 0.046}} \approx 6.7 \ (L/s)$

因此，供水干线的流量 $Q_总 = Q_1 + Q_2 = 6.5 + 6.7 = 13.2 \ (L/s)$，则：

$$H_b = H_器 + H_干 + H_{1-2}$$
$$= 45.8 + 10 \times 0.019 \times 13.2^2 - 2$$
$$\approx 76.9 (mH_2O)$$

答：消防车供水压力应为 $76.9 mH_2O$。

（三）采用多干线并联供水时，消防车供水压力的计算

火场使用带架水枪、移动水炮时，需采用多路干线并联供水。多干线并联供水时，按式 (3-2-3) 计算消防车供水压力。

$$H_b = h_q + H_并 + H_{1-2} \tag{3-2-3}$$

式中 H_b——消防车供水压力，mH_2O；

h_q——带架水枪、移动水炮的工作压力，mH_2O；

$H_{并}$——并联水带系统的水头损失，mH_2O；

H_{1-2}——标高差，m。

例 3-2-5　一辆消防车从天然水源吸水，采用双干线并联供水，每路干线为 4 条 $D80mm$ PU 水带，出 1 门 PSY 40 移动水炮（工作压力为 1.0MPa），如图 3-2-5 所示，扑救仓库火灾，水源比火场地势低 3m，试计算消防车供水压力。

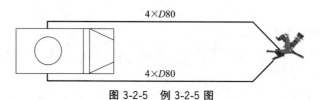

$4 \times D80$

$4 \times D80$

图 3-2-5　例 3-2-5 图

解：由题意可知，使用 PSY 40 移动水炮扑救仓库火灾，$h_q = 100mH_2O$，$Q = 40L/s$；供水干线使用 $D80mm$ PU 水带，$S_{d干} = 0.019$；水源比火场地势低 3m，$H_{1-2} = 3m$。则：

$$H_b = h_q + H_{并} + H_{1-2}$$

$$= 100 + 4 \times 0.019 \times \left(\frac{40}{2}\right)^2 + 3$$

$$\approx 133.4 (mH_2O)$$

答：消防车供水压力应为 $133.4 mH_2O$。

二、消防车供水压力估算

消防车的供水压力，可根据 $H_b = h_q + H_d + H_{1-2}$、$H_b = H_{器} + H_{干} + H_{1-2}$ 或 $H_b = h_q + H_{并} + H_{1-2}$ 进行估算。

（一）标高差的估算

水源至火场地势平坦时，可根据建筑物的层数 N 和层高 h 来估算标高差：$H_{1-2} = (N-1) \times h$。对于层高，居住建筑一般取 3m，公共建筑一般取 4m，商场等大型公共建筑可取 5m。

水源至火场地势不平坦时，可根据附近的电杆、树木、建构筑物等参照物估算标高差。

（二）水枪工作压力的估算

水枪的工作压力，与充实水柱和水枪种类有关。在不同的充实水柱下，对于 QZ19 直流水枪和 QLD6/8 直流喷雾水枪的工作压力，可按表 3-2-1 进行估算。

表 3-2-1　水枪工作压力估算值

充实水柱/m	流量/(L/s)	水枪工作压力估算值/mH₂O	
		QZ19 直流水枪	QLD6/8 直流喷雾水枪
10	4.6	15	20
15	6.5	30	40
17	7.5	35	50

（三）分水器处压力的估算

分水器处的压力，为水枪工作压力与工作水带水头损失之和，与充实水柱、连接水枪种类和工作水带种类、数量有关，分水器前的工作水带通常使用 $D65mm$ PU 水带，且数量一般为 1~2 条。在不同的充实水柱下，分水器处的压力，可按表 3-2-2 进行估算。

表 3-2-2　分水器处压力估算值

充实水柱 /m	流量 /(L/s)	2 条 D65mm PU 水带 水头损失/mH₂O	分水器处压力估算值/mH₂O	
			连接 QZ19 直流水枪	连接 QLD6/8 直流喷雾水枪
10	4.6	2×1=2	20	25
15	6.5	2×2=4	35	45
17	7.5	2×3=6	40	55

（四）水带系统水头损失的估算

水带系统的水头损失，与水带的种类、数量和充实水柱、水枪数量有关。工作水带水头损失估算值参照表 2-2-9，干线水带水头损失估算值参照表 2-2-10。在不同的充实水柱和连接方式下，水带系统的水头损失，可按表 3-2-3 进行估算。

表 3-2-3　水带系统水头损失估算值

连接方式	PU 水带直径/mm	水枪数量/支	水带系统水头损失估算值/mH₂O					
			水带数量 n			每 100m 供水距离（6 条水带）		
			充实水柱 10m	充实水柱 15m	充实水柱 17m	充实水柱 10m	充实水柱 15m	充实水柱 17m
直接供水	D65	1	$1n$	$2n$	$3n$	6	12	18
	D80		$0.5n$	$1n$	$1.5n$	3	6	9
分水器供水	D65	2	$4n$	$8n$	$12n$	25	50	72
	D80	2	$2n$	$4n$	$6n$	12	25	36
		3	$4n$	$8n$	$12n$	25	50	72

例 3-2-6　一辆消防车从消火栓处吸水，铺设 1 路供水干线利用分水器出 2 支 QZ19 直流水枪，扑救室外火灾。干线为 5 条 D65mm PU 水带，每路工作支线为 2 条 D65mm PU 水带，如图 3-2-6 所示，水源至火场地势平坦，试估算消防车供水压力。

图 3-2-6　例 3-2-6 图

解：由题意可知，采用分水器供水，使用 QZ19 直流水枪扑救室外火灾，$S_k=15\text{m}$，$H_{\text{器}}\approx35\text{mH}_2\text{O}$；供水干线使用 D65mm PU 水带，出枪数量 2 支，$H_{\text{干}}\approx8n\approx40\text{mH}_2\text{O}$；水源至火场地势平坦，$H_{1\text{-}2}=0\text{m}$。则

$$H_{\text{b}}=H_{\text{器}}+H_{\text{干}}+H_{1\text{-}2}$$
$$\approx35+40+0$$
$$\approx75\ (\text{mH}_2\text{O})$$

答：消防车供水压力应为 75mH₂O。

例 3-2-7　一辆消防车从消火栓处吸水，铺设 1 路供水干线利用分水器出 3 支 QZ19 直流水枪，扑救室外火灾。干线为 5 条 D80mm PU 水带，每路工作支线为 2 条 D65mm PU 水带，如图 3-2-7 所示，水源至火场地势平坦，试估算消防车供水压力。

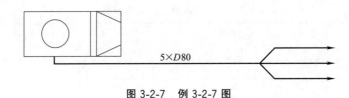

图 3-2-7　例 3-2-7 图

解： 由题意可知，采用分水器供水，使用 QZ19 直流水枪扑救室外火灾，$S_k = 15\text{m}$，$H_{器} \approx 35\text{mH}_2\text{O}$；供水干线使用 $D80\text{mm}$ PU 水带，出枪数量 3 支，$H_干 \approx 8n \approx 40\text{mH}_2\text{O}$；水源至火场地势平坦，$H_{1\text{-}2} = 0\text{m}$。则：

$$H_b = H_器 + H_干 + H_{1\text{-}2}$$
$$\approx 35 + 40 + 0$$
$$\approx 75(\text{mH}_2\text{O})$$

答： 消防车供水压力应为 $75\text{mH}_2\text{O}$。

由以上两个例题可以看出，使用不同直径水带干线时，消防车的供水能力不同。消防车供水压力在 $75\text{mH}_2\text{O}$，供水干线为 5 条水带时，采用 $D80\text{mm}$ PU 水带干线，可出 3 支 QZ19 直流水枪；而采用 $D65\text{mm}$ PU 水带干线，就只能出 2 支 QZ19 直流水枪。因此，在条件允许时，供水干线应尽可能采用大口径水带，以增强消防车的供水能力。

三、根据消防车供水压力，确定水枪流量和压力

在火场供水中，如果已知消防车供水压力，则根据计算消防车供水压力基本公式 (3-2-1)，可推导出确定水枪流量的计算公式：

$$H_b = h_q + H_d + H_{1\text{-}2} = S_q Q^2 + S_总 Q^2 + H_{1\text{-}2}$$

则：

$$Q = \sqrt{\frac{H_b - H_{1\text{-}2}}{S_q + S_总}} = \sqrt{\frac{H_b - H_{1\text{-}2}}{S_c}} \tag{3-2-4}$$

式中　Q——消防水枪、水炮的流量，L/s；

　　　H_b——消防车供水压力，mH_2O；

　　　$H_{1\text{-}2}$——标高差，m；

　　　S_q——消防水枪、水炮阻抗；

　　　$S_总$——水带系统的总阻抗；

　　　S_c——供水系统的总阻抗，为水带系统总阻抗和水枪阻抗之和。

例 3-2-8 一辆消防车从室外消火栓取水，采用单干线直接供水，接出 5 条 $D65\text{mm}$ PU 水带和 1 支 QZ19 直流水枪扑救室外火灾，消防车供水压力为 $60\text{mH}_2\text{O}$，水源至火场地势平坦，试计算水枪的流量和压力、充实水柱 S_k 为多少，能否满足灭火的需要。

解： 由题意可知，使用 QZ19 直流水枪扑救室外火灾，$S_q = 0.634$，$K = 2.8$，S_k 应达到 15m；供水干线使用 $D65\text{mm}$ PU 水带，$S_d = 0.046$；水源至火场地势平坦，$H_{1\text{-}2} = 0\text{m}$。

则：$H_b = h_q + H_d + H_{1\text{-}2} = S_q Q^2 + S_总 Q^2 + H_{1\text{-}2}$

$$Q = \sqrt{\frac{H_b - H_{1\text{-}2}}{S_q + S_总}}$$

$$= \sqrt{\frac{60 - 0}{0.634 + 5 \times 0.046}}$$

$$\approx 8.3(\text{L/s})$$

$$h_q = S_q Q^2$$
$$= 0.634 \times 8.3^2$$
$$\approx 43.7 (\mathrm{mH_2O})$$

$$S_k = K\sqrt{h_q}$$
$$= 2.8\sqrt{43.7}$$
$$\approx 18.5 (\mathrm{m})$$

答： 水枪的流量为 8.3L/s，压力为 43.7mH$_2$O，充实水柱 S_k 为 18.5m，能满足灭火的需要，但水枪反作用力较大，存在一定的安全隐患。

例 3-2-9 一辆消防车从消防水池取水，铺设单干线利用分水器供水扑救室外火灾，供水干线为 5 条 D80mm PU 水带。工作支线一路为 2 条 D65mm PU 水带，连接 QLD6/8 直流喷雾水枪；另一路为 2 条 D65mm 胶里水带，连接 QZ19 直流水枪。水源至火场地势平坦，消防车供水压力为 60mH$_2$O，试计算水枪的流量和压力、充实水柱 S_k 为多少，能否满足灭火的需要。

解： 由题意可知，使用 QLD6/8 直流喷雾水枪扑救室外火灾，$S_{q1}=0.938$，$K_1=2.5$，S_{k1} 应达到 15m；使用 QZ19 直流水枪扑救室外火灾，$S_{q2}=0.634$，$K_2=2.8$，S_{k2} 应达到 15m；供水干线使用 D80mm PU 水带，$S_{d干}=0.019$，工作支线使用 D65mm PU 水带和胶里水带，$S_{d1}=0.046$，$S_{d2}=0.035$；水源至火场地势平坦，$H_{1-2}=0$m。

则：$H_b = h_q + H_d + H_{1-2} = S_q Q^2 + S_总 Q^2 + H_{1-2}$

$$Q = \sqrt{\frac{H_b - H_{1-2}}{S_c}}$$

（1）求供水系统的总阻抗

$$S_c = S_干 + S_工$$
$$S_干 = 5 \times 0.019 = 0.095$$

$$\frac{1}{\sqrt{S_工}} = \frac{1}{\sqrt{S_{d1}}} + \frac{1}{\sqrt{S_{d2}}} = \frac{1}{\sqrt{2 \times 0.046 + 0.938}} + \frac{1}{\sqrt{2 \times 0.035 + 0.634}} \approx 2.177$$

$$S_工 \approx 0.211$$
$$S_c = 0.095 + 0.211 = 0.306$$

（2）求供水系统的总流量

$$Q = \sqrt{\frac{H_b - H_{1-2}}{S_c}} = \sqrt{\frac{60 - 0}{0.306}} \approx 14.0 (\mathrm{L/s})$$

（3）求分水器处压力

$$H_b = H_器 + H_干 + H_{1-2}$$
$$H_器 = H_b - H_干 - H_{1-2}$$
$$= 60 - 5 \times 0.019 \times 14.0^2 - 0$$
$$\approx 41.4 (\mathrm{mH_2O})$$

（4）求水枪的流量、压力和充实水柱

$$H_器 = h_{q1} + H_{工1} = 0.938 Q_1^2 + 2 \times 0.046 Q_1^2$$
$$H_器 = h_{q2} + H_{工2} = 0.634 Q_2^2 + 2 \times 0.035 Q_2^2$$

$$Q_1 = \sqrt{\frac{41.4}{0.938 + 2 \times 0.046}} \approx 6.3 (\text{L/s})$$

$$Q_2 = \sqrt{\frac{41.4}{0.634 + 2 \times 0.035}} \approx 7.7 (\text{L/s})$$

$$h_{q1} = S_{q1} Q_1^2 = 0.938 \times 6.3^2 \approx 37.2 (\text{mH}_2\text{O})$$

$$h_{q2} = S_{q2} Q_2^2 = 0.634 \times 7.7^2 \approx 37.6 (\text{mH}_2\text{O})$$

$$S_{k1} = K_1 \sqrt{h_{q1}} = 2.5 \sqrt{37.2} \approx 15.2 (\text{m})$$

$$S_{k2} = K_2 \sqrt{h_{q2}} = 2.8 \sqrt{37.6} \approx 17.2 (\text{m})$$

答：QLD6/8 直流喷雾水枪的流量为 6.3L/s，压力为 37.2mH$_2$O，充实水柱为 15.2m；QZ19 直流水枪的流量为 7.7L/s，压力为 37.6mH$_2$O，充实水柱为 17.2m，均能满足扑救室外火灾的需要。

-----○ **思考与练习** ○-----

1. 一辆消防车出双干线扑救室内火灾，干线分别由 5 条 D65mm PU 水带和 6 条 D65mm 胶里水带组成，各出 1 支 QLD6/8 直流喷雾水枪，水源比火场地势低 8m，试计算消防车供水压力。

2. 一辆消防车出单干线扑救室外火灾，干线由 5 条 D80mm PU 水带和 2 条 D65mm PU 水带组成，出 1 支 QZ19 直流水枪，水源比火场地势高 3m，试估算消防车供水压力。

3. 一辆消防车铺设单干线利用分水器出 2 支 QLD6/8 直流喷雾水枪扑救室内火灾，供水干线为 6 条 D80mm PU 水带，工作支线均为 2 条 D65mm PU 水带。水源至火场地势平坦，消防车供水压力为 30mH$_2$O，试计算水枪的流量和压力、充实水柱为多少，能否满足灭火的需要。

第三节 消防车供水距离

○ 【学习目标】

1. 了解消防车供水距离的影响因素。
2. 熟悉消防车供泡沫混合液距离的计算。
3. 掌握消防车供水距离的计算。

在火场供水中，各级指挥员应熟知消防车的供水距离，以便灵活组织供水。消防车的供水距离与消防车性能、水带种类、连接水枪数量等有关。在确定消防车的供水距离时，应保证消防车能长时间正常运转，水带不致因水压过高而爆裂。全国各地消防队伍装备的消防车性能相差较大，水带也不尽相同，因此消防车的供水距离也很难做到统一标准。现以最常用的中低压泵消防车、低压泵消防车和 $D65mm$、$D80mm$ PU 水带为依据，确定消防车的供水距离。

一、消防车供水距离计算

消防车供水距离可按式（3-3-1）进行计算。

$$L=(20n-10)\times 0.9 \tag{3-3-1}$$

式中　L——消防车供水距离，m；

　　　n——消防车最多能连接水带的条数，条；

　　　20——每条水带的长度，20m；

　　　10——10m 机动水带；

　　　0.9——水带弯曲系数。

而消防车最多能连接水带的条数 n 可由公式 $H_b=h_q+H_d+H_{1-2}$ 推导可得：

$$n=\frac{rH_b-h_q-H_{1-2}}{h_d} \tag{3-3-2}$$

式中　n——消防车最多能连接水带的条数，计算值取整数，条；

　　　r——消防车水泵扬程使用系数，具体根据车况确定，一般取值 0.6～0.8，新车或特
　　　　　种车可取值 1；

　　　H_b——消防车水泵扬程，m；

　　　h_q——消防水枪、水炮的工作压力，mH_2O；

　　H_{1-2}——标高差，m；

　　　h_d——单条水带的水头损失，mH_2O。

（一）采用干线直接供水或并联供水时，消防车供水距离的计算

当消防车采用单干线直接供水或多干线并联供水时，消防车供水距离可按式（3-3-1）和式（3-3-2）进行计算。

例 3-3-1　一辆 CB20.10/30.60 型水罐消防车，水泵中压扬程为 200m，使用 $D65mm$ PU 水带单干线供水，出 1 支 QZ19 直流水枪扑救室外火灾，水源至火场地势平坦，试计算消防车供水距离。

解：由题意可知，使用 QZ19 直流水枪扑救室外火灾，$S_k=15m$，$h_q=27mH_2O$，$Q=6.5L/s$；供水干线使用 $D65mm$ PU 水带，$S_d=0.046$；水源至火场地势平坦，$H_{1-2}=0m$；为了使消防车能长期正常运转，取 $r=0.8$。

则：$n=\dfrac{rH_b-h_q-H_{1-2}}{h_d}$

$\qquad =\dfrac{0.8\times 200-27-0}{0.046\times 6.5^2}$

$\qquad =68$（条）

$L=(20n-10)\times 0.9=(20\times 68-10)\times 0.9=1215(m)$

答：消防车最多可连接 68 条 $D65mm$ PU 水带，供水距离为 1215m。

例 3-3-2　一辆 CB20.10/30.60 型水罐消防车，水泵中压扬程为 200m，使用 $D80mm$ PU 水带双干线并联供水，出 1 门 PSY40 移动水炮（工作压力为 1.0MPa）扑救化工火灾，水源比火场地势高 3m，试计算消防车供水距离。

解：由题意可知，使用 PSY40 移动水炮扑救化工火灾，$h_q=100mH_2O$，$Q_总=40L/s$，

$Q_1 = Q_2 = 20\text{L/s}$；供水干线使用 $D80\text{mm}$ PU 水带，$S_d = 0.019$；水源比火场地势高 3m，$H_{1-2} = -3\text{m}$；为了使消防车能长期正常运转，取 $r = 0.8$。

则：$n = \dfrac{rH_b - h_q - H_{1-2}}{h_d}$

$\qquad = \dfrac{0.8 \times 200 - 100 + 3}{0.019 \times 20^2}$

$\qquad = 8$（条）

$L = (20n - 10) \times 0.9 = (20 \times 8 - 10) \times 0.9 = 135\text{(m)}$

答：消防车供水距离为 135m，最多可连接 8 条 $D80\text{mm}$ PU 水带。

（二）采用分水器供水时，消防车供水距离的计算

当消防车铺设供水干线，利用分水器为多支水枪供水时，消防车供水距离可按式（3-3-3）进行计算。

$$L = [(n_{\text{干}} + 2) \times 20 - 10] \times 0.9 \tag{3-3-3}$$

式中　L——消防车供水距离，m；

$\qquad n_{\text{干}}$——消防车最多能连接干线水带的条数，条；

$\qquad 2$——工作支线连接的工作水带条数，一般为 2 条；

$\qquad 20$——每条水带的长度，20m；

$\qquad 10$——10m 机动水带；

$\qquad 0.9$——水带弯曲系数。

$$n_{\text{干}} = \dfrac{rH_b - H_{\text{器}} - H_{1-2}}{h_{d\text{干}}} \tag{3-3-4}$$

式中　$n_{\text{干}}$——消防车最多能连接干线水带的条数，计算值取整数，条；

$\qquad r$——消防车水泵扬程使用系数，具体根据车况确定，一般取值 $0.6 \sim 0.8$，新车或特种车可取值 1；

$\qquad H_b$——消防车水泵扬程，m；

$\qquad H_{\text{器}}$——分水器处的压力，mH_2O；

$\qquad H_{1-2}$——标高差，m；

$\qquad h_{d\text{干}}$——每条干线水带的水头损失，mH_2O。

例 3-3-3　一辆 CB20.10/30.60 型水罐消防车，水泵中压扬程为 200m，使用 $D80\text{mm}$ PU 水带铺设供水干线，利用分水器出 2 支 QLD6/8 直流喷雾水枪扑救室外火灾，工作支线均为 2 条 $D65\text{mm}$ PU 水带，水源至火场地势平坦，试计算消防车供水距离。

解：由题意可知，使用 2 支 QLD6/8 直流喷雾水枪扑救室外火灾，$S_k = 15\text{m}$，$h_q = 40\text{mH}_2\text{O}$，$Q_1 = Q_2 = 6.5\text{L/s}$，$Q_{\text{总}} = 13\text{L/s}$；供水干线使用 $D80\text{mm}$ PU 水带，$S_{d\text{干}} = 0.019$，工作支线使用 $D65\text{mm}$ PU 水带，$S_{d\text{工}} = 0.046$；水源至火场地势平坦，$H_{1-2} = 0\text{m}$；为了使消防车能长期正常运转，取 $r = 0.8$。

则：$H_{\text{器}} = h_q + 2h_{d\text{工}}$

$\qquad = 40 + 2 \times 0.046 \times 6.5^2$

$\qquad \approx 43.9 \ (\text{mH}_2\text{O})$

$$n_{\text{干}} = \frac{rH_b - H_{\text{器}} - H_{1-2}}{h_{d\text{干}}}$$

$$= \frac{0.8 \times 200 - 43.9 - 0}{0.019 \times 13^2}$$

$$= 36(\text{条})$$

$$L = [(n_{\text{干}} + 2) \times 20 - 10] \times 0.9 = [(36 + 2) \times 20 - 10] \times 0.9 = 675(\text{m})$$

答：消防车最多可连接 36 条 $D80\text{mm}$ PU 干线水带，供水距离为 675m。

二、消防车供泡沫距离计算

在扑救油罐、地面油池等油品火灾时，需要用泡沫枪、泡沫钩管、移动泡沫炮等泡沫灭火设备来扑救。扑救油品火灾时，消防车应停靠在防火堤外，并保持不小于 40m 的安全距离，防止油品沸溢形成流淌火或辐射热威胁消防车的安全。但消防车与火源的距离太远，又很难保证泡沫灭火设备正常工作。因此，需要确定泡沫消防车供泡沫的距离，以便火场指挥员科学地组织火场供水。

（一）使用泡沫枪、泡沫钩管的供泡沫距离

泡沫枪常用的是 QP8 型，其设计工作压力为 $70\text{mH}_2\text{O}$，混合液流量为 8L/s；为了发挥泡沫枪的效能，泡沫枪的工作压力应不小于 $50\text{mH}_2\text{O}$，此时，混合液流量为 6.8L/s。而泡沫钩管常用的是 PG16 型，其设计工作压力为 $50\text{mH}_2\text{O}$，混合液流量为 16L/s。

消防车使用泡沫枪、泡沫钩管的供泡沫距离可按式（3-3-5）进行计算。

$$n = \frac{rH_b - 50 - H_{1-2}}{h_d} \tag{3-3-5}$$

式中　n——消防车最多能连接水带的条数，计算值取整数，条；

　　　r——消防车水泵扬程使用系数，具体根据车况确定，一般取值 0.6～0.8，新车或特种车可取值 1；

　　H_b——消防车水泵扬程，m；

　　　50——泡沫枪、泡沫钩管的最低工作压力，mH_2O；

　　H_{1-2}——标高差，m；

　　　h_d——供泡沫混合液时，每条水带的水头损失，mH_2O。

例 3-3-4　一辆 PSP1250 型泡沫消防车，水泵扬程为 130m，使用 $D65\text{mm}$ PU 水带双干线出 2 支 QP8 泡沫枪扑救油池火灾，水源至火场地势平坦，试计算消防车供泡沫距离。

解：由题意可知，使用 QP8 泡沫枪扑救油池火灾，工作压力不小于 $50\text{mH}_2\text{O}$，$Q = 6.8\text{L/s}$；供水干线使用 $D65\text{mm}$ PU 水带，$S_d = 0.046$；水源至火场地势平坦，$H_{1-2} = 0\text{m}$；消防车水泵为美国大力 PSP1250，取 $r = 1.0$。

则：
$$n = \frac{rH_b - 50 - H_{1-2}}{h_d}$$

$$= \frac{1.0 \times 130 - 50 - 0}{0.046 \times 6.8^2}$$

$$\approx 37 \text{（条）}$$

$$L = (20n - 10) \times 0.9 = (20 \times 37 - 10) \times 0.9 = 657(\text{m})$$

答：消防车最多可连接 37 条 $D65\text{mm}$ PU 水带，供泡沫距离为 657m。

例 3-3-5 一辆 PSP1250 型泡沫消防车，水泵扬程为 130m，使用 $D65mm$ PU 水带单干线出 1 支 PG16 泡沫钩管扑救油罐火灾，水源至火场地势平坦，油罐高 10m，钩管高 2m，试计算消防车供泡沫距离。

解：由题意可知，使用 PG16 泡沫钩管扑救油罐火灾，工作压力为 $50mH_2O$，$Q=16L/s$；供水干线使用 $D65mm$ PU 水带，$S_d=0.046$；水源至火场地势平坦，油罐高 10m，钩管高 2m，$H_{1-2}=8m$；消防车水泵为美国大力 PSP1250，取 $r=1.0$。

则：
$$n=\frac{rH_b-50-H_{1-2}}{h_d}$$

$$=\frac{1.0\times130-50-8}{0.046\times16^2}$$

$$\approx6 \text{（条）}$$

$$L=(20n-10)\times0.9=(20\times6-10)\times0.9=99(\text{m})$$

答：消防车最多可连接 6 条 $D65mm$ PU 水带，供泡沫距离为 99m。

（二）使用移动泡沫炮的供泡沫距离

移动泡沫炮常用的有 PPY32、PPY40、PL40、PL48 等型号，其设计工作压力为 $100mH_2O$，通常采用双干线供水。因此，消防车使用移动泡沫炮的供泡沫距离可按式(3-3-6)进行计算。

$$n=\frac{rH_b-100-H_{1-2}}{h_d} \tag{3-3-6}$$

式中 n——消防车最多能连接水带的条数，计算值取整数条；

  r——消防车水泵扬程使用系数，具体根据车况确定，一般取值 0.6～0.8，新车或特种车可取值 1；

  H_b——消防车水泵扬程，m；

  100——移动泡沫炮的工作压力，mH_2O；

  H_{1-2}——标高差，m；

  h_d——供泡沫混合液时，每条水带的水头损失，mH_2O。

例 3-3-6 一辆 PSP1250 型泡沫消防车，水泵扬程为 130m，使用 $D80mm$ PU 水带双干线并联出 1 门 PL40 泡沫炮扑救油罐火灾，水源至火场地势平坦，试计算消防车供泡沫距离。

解：由题意可知，使用 PL40 泡沫炮扑救油罐火灾，工作压力为 $100mH_2O$，$Q_总=40L/s$，$Q_1=Q_2=20L/s$；供水干线使用 $D80mm$ PU 水带，$S_d=0.019$；水源至火场地势平坦，$H_{1-2}=0m$；消防车水泵为美国大力 PSP1250，取 $r=1.0$。

则：
$$n=\frac{rH_b-100-H_{1-2}}{h_d}$$

$$=\frac{1.0\times130-100-0}{0.019\times20^2}$$

$$\approx3 \text{（条）}$$

$$L=(20n-10)\times0.9=(20\times3-10)\times0.9=45(\text{m})$$

答：消防车每条干线最多可连接 3 条 $D80mm$ PU 水带，供泡沫距离为 45m。

---○ **思考与练习** ○---

1. 一城中村居民住宅发生起火，水源至火场 200m，消防中队现有一辆 CB20.10/30.60 型水罐消防车，配有 D80mm、D65mm PU 水带各 10 条，三分水器 1 个，QLD6/8 直流喷雾水枪 3 支。试分析最多可出几只枪灭火。

2. 城区郊外一小作坊发生火灾，500m 以外的地方有水源。消防中队现有一辆 CB20.10/30.60 型水罐消防车，配有 D80mm PU 水带 21 条，D65mm PU 水带 10 条，三分水器 1 个，QLD6/8 直流喷雾水枪 3 支。试分析最多可出几只枪灭火。

3. 一辆 CB10/80 型泡沫消防车，水泵扬程为 130m，使用 D65mm PU 水带单干线出 1 支 PG16 泡沫钩管扑救油罐火灾，水源至火场地势平坦，油罐高 10m，钩管高 2m，试计算消防车供泡沫距离。

》》 第四节 消防车供水高度

○【学习目标】

1. 了解消防车供水高度的影响因素。
2. 熟悉高层供水时水带干线的铺设方式与方法。
3. 掌握消防车供水高度的计算和估算。

随着我国经济建设的发展，城市中高层建筑日益增多。高层建筑起火后，主要立足于室内消防给水系统（室内消火栓系统和自动喷水灭火系统）自救，及时扑灭初起火灾。消防队到场后，应迅速进入着火楼层，使用室内消火栓扑救火灾，同时启动消防水泵或利用水泵接合器向室内消火栓系统和自动喷水灭火系统供水。但是，在某些情况下，如室内消防给水系统发生故障、火势较大、固定灭火系统供水量不足时，需要利用消防车铺设供水干线出水枪直接扑救高层建筑火灾，以增强或补充室内的消防供水量。因此，各级指战员应了解掌握消防车的供水高度，以便科学地组织指挥高层建筑火灾扑救的供水工作。

一、供水方法与供水线路

高层建筑发生火灾时，利用消防车供水的方法通常要根据着火层的高度来决定，一般有单车单干线供水、单车双干线供水、多车耦合供水、消防车与手抬机动泵串联供水等。由于现代消防车功率大、扬程高，且水带阻抗小、耐压强，因此，采用单车单干线供水就能达到较高的高度。而采用多车耦合供水高度就更高，在灭火救援准备专项测试中，北京总队朝阳支队双车耦合供水高度达到了 220m。如果着火层的高度超过了消防车的供水高度，可采用消防车与手抬机动泵串联供水，据测试，一台手抬机动泵的供水高度在 40m 左右。

采用单车单干线供水时，为避免玻璃等高空坠落物的危害，消防车应与着火建筑保持不小于 30～50m 的安全距离（取 40mm），铺设 2 条室外干线水带，在距建筑物入口 3～5m 处连接二道分水器，再铺设登高干线水带至灭火进攻起点层（着火层的下二层），连接分水器后延伸 2 条工作水带至着火层、着火层的上一层或着火层的下一层出枪灭火控火。

登高干线水带的铺设方式，可分为垂直铺设和沿楼梯蜿蜒铺设两种。垂直铺设水带可沿建筑外墙或在楼梯间进行，一般采取地面吊升法、一次性登高施放法或分层登高施放法。

二、消防车供水高度的计算

当采用单车单干线供水时，消防车供水高度可按式（3-4-1）进行计算：

$$H_{1\text{-}2} = 20 \times \frac{rH_b - H_器 - 2h_{d干}}{20 + \alpha h_{d干}} \tag{3-4-1}$$

式中　$H_{1\text{-}2}$——消防车供水高度，m；

　　　20——每条干线水带的长度，20m；

　　　r——消防车水泵扬程使用系数，具体根据车况确定，一般取值 0.6～0.8，新车或特种车可取值 1；

　　　H_b——消防车水泵扬程，m；

　　　$H_器$——分水器处工作压力，mH_2O；

　　　$h_{d干}$——每条干线水带的水头损失，mH_2O；

　　　α——登高干线水带的铺设系数，垂直铺设时取 1.2，沿楼梯蜿蜒铺设时取 2.0。

例 3-4-1　一辆 CB20.10/30.60 型水罐消防车，水泵中压扬程为 200m，使用 $D80mm$ PU 水带沿建筑外墙垂直铺设供水干线，利用分水器出 1 支 QLD6/8 直流喷雾水枪扑救高层建筑火灾，工作支线为 2 条 $D65mm$ PU 水带，试计算消防车供水高度。

解：由题意可知，使用 1 支 QLD6/8 直流喷雾水枪扑救高层建筑火灾，$S_k = 10m$，$h_q = 20mH_2O$，$Q = 4.6L/s$；供水干线使用 $D80mm$ PU 水带，$S_{d干} = 0.019$，工作支线使用 $D65mm$ PU 水带，$S_{d工} = 0.046$；供水干线沿建筑外墙垂直铺设，取 $\alpha = 1.2$；为了使消防车能长期正常运转，取 $r = 0.8$。

则：$H_器 = h_q + 2h_{d工}$

　　　$= 20 + 2 \times 0.046 \times 4.6^2$

　　　$\approx 21.9 \ (mH_2O)$

$H_{1\text{-}2} = 20 \times \dfrac{rH_b - H_器 - 2h_{d干}}{20 + \alpha h_{d干}}$

　　　$= 20 \times \dfrac{0.8 \times 200 - 21.9 - 2 \times 0.019 \times 4.6^2}{20 + 1.2 \times 0.019 \times 4.6^2}$

　　　$\approx 134.1 \ (m)$

答：消防车的供水高度为 134.1m。

例 3-4-2　一辆 CB20.10/30.60 型水罐消防车，水泵中压扬程为 200m，使用 $D80mm$ PU 水带沿楼梯蜿蜒铺设供水干线，利用分水器出 2 支 QLD6/8 直流喷雾水枪扑救高层建筑火灾，工作支线均为 2 条 $D65mm$ PU 水带，试计算消防车供水高度。

解：由题意可知，使用 2 支 QLD6/8 直流喷雾水枪扑救高层建筑火灾，$S_k = 10m$，$h_q = 20mH_2O$，$Q_1 = Q_2 = 4.6L/s$，$Q_总 = 9.2L/s$；供水干线使用 $D80mm$ PU 水带，$S_{d干} =$

0.019，工作支线使用 $D65mm$ PU 水带，$S_{d工}=0.046$；供水干线沿楼梯蜿蜒铺设，取 $\alpha=2.0$；为了使消防车能长期正常运转，取 $r=0.8$。

则：$H_{器}=h_q+2h_{d工}$

$\qquad\quad =20+2\times0.046\times4.6^2$

$\qquad\quad \approx21.9\,(mH_2O)$

$$H_{1\text{-}2}=20\times\dfrac{rH_b-H_{器}-2h_{d干}}{20+\alpha h_{d干}}$$

$$\qquad\quad =20\times\dfrac{0.8\times200-21.9-2\times0.019\times9.2^2}{20+2.0\times0.019\times9.2^2}$$

$$\qquad\quad \approx116.2\,(m)$$

答：消防车的供水高度为 116.2m。

三、消防车供水高度的估算

作用于登高干线水带的供水压力，一部分用于将水供往高处，一部分用于克服水带的水头损失。如若知道了用于将水供往高处的供水压力所占比例，则可按下式对消防车供水高度进行快速估算。

$$H_{1\text{-}2}=(rH_b-H_{器}-2h_{d干})\times k \qquad\qquad (3\text{-}4\text{-}2)$$

式中　$H_{1\text{-}2}$——消防车供水高度，m；

$\qquad r$——消防车水泵扬程使用系数，具体根据车况确定，一般取值 $0.6\sim0.8$，新车或特种车可取值 1；

$\qquad H_b$——消防车水泵扬程，m；

$\qquad H_{器}$——分水器处工作压力，mH_2O；

$\qquad h_{d干}$——每条干线水带的水头损失，mH_2O；

$\qquad k$——登高比例。

（一）登高压力估算

消防车的供水压力，除了保证分水器处的工作压力和克服 2 条室外供水干线水头损失外，将全部作用于登高干线水带，登高压力可根据 $rH_b-H_{器}-2h_{d干}$ 进行估算。扑救高层建筑室内火灾，充实水柱为 10m，供水干线使用 $D80mm$ PU 水带时，根据出枪数量的不同，登高压力估算值见表 3-4-1。

表 3-4-1　登高压力估算值

QLD6/8 直流喷雾水枪数量/支	$rH_b(r=0.8)$ /mH_2O	$H_{器}$ /mH_2O	$2h_{d干}$ /mH_2O	登高压力 /mH_2O
1			$2\times0.5=1$	134
2	160	25	$2\times2=4$	131
3			$2\times4=8$	127

（二）登高比例 k 值估算

作用于登高干线水带的供水压力中，用于将水供往高处部分的比例，可根据一条水带的铺设高度及其水头损失大小进行计算。登高比例 k 值与登高干线水带铺设方式和出枪数量有关，见表 3-4-2。

表 3-4-2　登高比例 k 值

水枪数量/支	垂直铺设			蜿蜒铺设		
	水带铺设高度/m	水带水头损失/mH₂O	登高比例/%	水带铺设高度/m	水带水头损失/mH₂O	登高比例/%
1		0.5	97		0.5	95
2	16.7	2	90	10	2	80
3		4	80		4	70
干线水带使用 $D80mm$ PU						

例 3-4-3　一辆 CB20.10/30.60 型水罐消防车，水泵中压扬程为 200m，使用 $D80mm$ PU 水带沿建筑外墙垂直铺设供水干线，利用分水器出 1 支 QLD6/8 直流喷雾水枪扑救高层建筑火灾，工作支线为 2 条 $D65mm$ PU 水带，试估算消防车供水高度。

解： 由题意可知，使用 1 支 QLD6/8 直流喷雾水枪扑救高层建筑火灾，$S_k = 10m$，$Q = 4.6L/s$，$H_器 = 25mH_2O$；供水干线使用 $D80mm$ PU 水带，$h_{d干} = 0.5mH_2O$；供水干线沿建筑外墙垂直铺设，取 $k = 97\%$；为了使消防车能长期正常运转，取 $r = 0.8$。

则：$H_{1-2} = (rH_b - H_器 - 2h_{d干}) \times k$
$= (0.8 \times 200 - 25 - 2 \times 0.5) \times 97\%$
$\approx 130(m)$

答： 消防车的供水高度约为 130m。

例 3-4-4　一辆 CB20.10/30.60 型水罐消防车，水泵中压扬程为 200m，使用 $D80mm$ PU 水带沿楼梯蜿蜒铺设供水干线，利用分水器出 2 支 QLD6/8 直流喷雾水枪扑救高层建筑火灾，工作支线均为 2 条 $D65mm$ PU 水带，试估算消防车供水高度。

解： 由题意可知，使用 2 支 QLD6/8 直流喷雾水枪扑救高层建筑火灾，$S_k = 10m$，$Q_1 = Q_2 = 4.6L/s$，$Q_总 = 9.2L/s$，$H_器 = 25mH_2O$；供水干线使用 $D80mm$ PU 水带，$h_{d干} = 2mH_2O$；供水干线沿楼梯蜿蜒铺设，取 $k = 80\%$；为了使消防车能长期正常运转，取 $r = 0.8$。

则：$H_{1-2} = (rH_b - H_器 - 2h_{d干}) \times k$
$= (0.8 \times 200 - 25 - 2 \times 2) \times 80\%$
$\approx 105(m)$

答： 消防车的供水高度约为 105m。

需要注意的是，上述计算和估算并没有考虑到因水带少量漏水而造成的压力损失，是理论上的供水高度。在实际火场上，要求水带不漏水是很难做到的。所以消防车的实际供水高度宜按理论供水高度的 80% 计，以确保火场供水安全。

◇ 思考与练习 ◇

1. 一辆 CB20.10/30.60 型水罐消防车，水泵中压扬程为 200m，使用 $D80mm$ PU 水带沿楼梯蜿蜒铺设供水干线，利用分水器出 1 支 QLD6/8 直流喷雾水枪扑救高层建筑火灾，工作支线为 2 条 $D65mm$ PU 水带，试计算消防车供水高度。

2. 一辆 CB20.10/30.60 型水罐消防车，水泵中压扬程为 200m，使用 $D80mm$ PU 水带沿建筑外墙垂直铺设供水干线，利用分水器出 2 支 QLD6/8 直流喷雾水枪扑救高层建筑火灾，工作支线均为 2 条 $D65mm$ PU 水带，试计算消防车供水高度。

3. 一辆 CB20.10/30.60 型水罐消防车，水泵中压扬程为 200m，使用 $D80mm$ PU 水带沿楼梯蜿蜒铺设供水干线，利用分水器出 3 支 QZ19 直流水枪扑救高层建筑火灾，工作支线均为 2 条 $D65mm$ PU 水带，试估算消防车供水高度。

》》》 第五节　接力供水与运水供水

○ 【学习目标】

1. 了解接力供水与运水供水的条件。
2. 熟悉接力供水和运水供水所需消防车数量的估算。
3. 掌握接力供水和运水供水的选择。

当水源地至火场距离超过消防车直接供水距离时，应采用接力供水或运水供水的方法向火场供水。在特定条件下，接力供水有接力供水的优势，运水供水有运水供水的优势，不能一概而论。在灭火战斗中，火场指挥员应根据火灾特点及发展态势、周边水源及道路交通状况、消防车数量及性能等具体情况选择最佳的供水方法，科学合理地向火场供水。

一、接力供水

接力供水可以最大限度地减少消防车的行驶路程，形成稳定的供水线路，可保证长时间不间断供水。但接力供水需要铺设大量的水带，耗费时间和人力、物力，同时接力供水车也难以调整直接投入灭火战斗。

（一）接力供水的条件

当存在以下情况时，通常可选择接力供水：

（1）火场附近有消火栓或其他消防水源，消防车不需要到较远的地方去取水，如水源距火场距离在 1.5km 以内；

（2）火场燃烧面积较大、灭火用水量较大，需要长时间不间断供水，如灭火时间大于 4h；

（3）消防车水泵性能好，配备有充足的大口径干线水带；

（4）其他有利于供水线路铺设的情况。

（二）接力供水距离

采用接力供水时，供水车的供水量应满足前方战斗车的用水量。当前方战斗车出水枪灭火时，用水量通常在 15～20L/s，可采取单干线接力供水；当前方战斗车出水炮灭火时，用水量通常超过 40L/s，应采取双干线接力供水。

消防车最大接力供水距离可按式（3-5-1）计算：

$$n = \frac{rH_b - 10 - H_{1-2}}{h_{d干}}$$

（3-5-1）

式中 n——消防车最多能连接水带的条数，计算值取整数，条；

r——消防车水泵扬程使用系数，具体根据车况确定，一般取值 $0.6\sim0.8$，新车或特种车可取值 1；

H_b——消防车水泵扬程，m；

10——为保证供水的正常进行，接力供水干线水带出口应留有 $10mH_2O$ 的余压；

H_{1-2}——标高差，m；

$h_{d干}$——每条供水干线水带的水头损失，mH_2O。

例 3-5-1 一辆 CB20.10/30.60 型水罐消防车，配有 $D80mm$ PU 水带若干，占据消防水池采取单干线接力供水的方式供前方战斗车出 3 支水枪扑救建筑火灾，水源至火场地势平坦，试计算该消防车接力供水距离。

解： 由题意可知，当采取中压供水时，$H_b=200m$，为了使消防车能长期正常运转，取 $r=0.8$；水源至火场地势平坦，$H_{1-2}=0m$；前方战斗车出 3 支水枪扑救建筑火灾，接力供水量按不超过 20L/s 考虑；供水干线使用 $D80mm$ PU 水带，$S_d=0.019$。

则：
$$n=\frac{rH_b-10-H_{1-2}}{h_{d干}}$$
$$=\frac{0.8\times200-10-0}{0.019\times20^2}$$
$$\approx19（条）$$

$L=20n\times0.9=20\times19\times0.9=342（m）$

答： 消防车最多可连接 19 条 $D80mm$ PU 水带，单干线接力供水距离约为 342m。

例 3-5-2 一辆 CB20.10/30.60 型水罐消防车，配有 $D80mm$ PU 水带若干，占据一个室外消火栓采取单干线接力供水的方式供前方战斗车出 2 支水枪扑救化工火灾，水源至火场地势平坦，试计算该消防车接力供水距离。

解： 由题意可知，当采取中压供水时，$H_b=200m$，为了使消防车能长期正常运转，取 $r=0.8$；水源至火场地势平坦，$H_{1-2}=0m$；前方战斗车出 2 支水枪扑救化工火灾，接力供水量按不超过 15L/s 考虑；供水干线使用 $D80mm$ PU 水带，$S_d=0.019$。

则：
$$n=\frac{rH_b-10-H_{1-2}}{h_{d干}}$$
$$=\frac{0.8\times200-10-0}{0.019\times15^2}$$
$$\approx35（条）$$

$L=20n\times0.9=20\times35\times0.9=630（m）$

答： 消防车最多可连接 35 条 $D80mm$ PU 水带，单干线接力供水距离约为 630m。

（三）接力供水车的数量

根据我国消防队站水罐消防车配备水带通常在 $20\sim30$ 条、每个战斗班不超过 8 人的实际情况，当采用 $D80mm$ PU 水带单干线接力供水时，消防车水平接力供水距离可按 400m 考虑。在火场供水中，指挥员应根据水源与火场的距离，迅速估算所需接力供水消防车的数量，以便科学合理地组织指挥火场供水。

接力供水消防车的数量可按式（3-5-2）估算：

$$N_接=\frac{S}{L} \tag{3-5-2}$$

式中　$N_接$——接力供水所需消防车的数量，辆；

　　　　S——水源与火场的实际距离，m；

　　　　L——一辆消防车接力供水的距离，一般取 400m。

例 3-5-3　某仓库发生火灾，消防队到场后，了解到水源距火场为 1000m，水源至火场地势平坦，指挥员决定采用 D80mm PU 水带单干线接力供水，供一辆战斗车出枪灭火，试确定接力供水需多少辆消防车。

解：由题意可知，水源至火场地势平坦，消防车接力供水距离 $L=400$m。

则：$N_接 = \dfrac{S}{L}$

$\quad\quad = \dfrac{1000}{400}$

$\quad\quad \approx 3$（辆）

答：接力供水需要 3 辆消防车。

二、运水供水

运水供水可以最大限度地减少铺设水带的数量，节省时间和人力、物力；必要时，运水供水消防车还可以直接投入灭火战斗。但消防车载水量有限，限制了运水供水能力；交通路况不佳，影响行驶速度，使运水供水消防车增多，甚至出现供水中断的不利情况。

（一）运水供水的条件

当存在以下情况时，可选择运水供水：

（1）火场附近没有消火栓或其他消防水源，消防车需要到较远的地方去取水，如水源距火场距离超过 1.5km，消防车数量不足以形成接力供水线路；

（2）火场燃烧面积较小、灭火用水量不大，供水保障可靠性较高；

（3）配备有大吨位供水消防车，或调集有充足的市政洒水车等运水供水力量；

（4）火场周围交通道路、水源情况良好，便于运水供水车快速运水；

（5）火灾现场环境复杂，不便于远距离铺设供水干线；

（6）其他不便于铺设供水干线的情况，如寒冷天气水带易结冰、易折断等。

（二）运水供水车的数量

采用运水供水时，应以确保前方战斗车供水不中断为原则，确定运水供水车的数量。运水供水消防车的数量可按式（3-5-3）计算：

$$N_运 = \frac{t_1 + t_2 + t_3}{T} \tag{3-5-3}$$

式中　$N_运$——运水供水所需消防车的数量，辆；

　　　　t_1——运水供水车在水源处取水所需要的时间，min，包括停车连接吸水管或水带、上水、拆卸吸水管或水带并启动车辆三个环节的时间总和，停、启时间可各按 1min 计算，上水时间可按 $\dfrac{6000}{15 \times 60} \approx 7$min 计算（运水供水车载水量按平均 6m³ 考虑，消火栓流量按 15L/s 考虑），故 $t_1 = 1 + 1 + 7 \approx 9$（min）；

　　　　t_2——运水供水车在火场向战斗车输水所需要的时间，min，包括停车连接水带、输水、拆卸水带并启动车辆三个环节的时间总和，可取 $t_2 = t_1 = 9$min；

t_3——运水供水车往返水源地与火场之间所需要的时间，min，$t_3 = \dfrac{2S}{v} \approx \dfrac{2S}{0.7}$（在市区，消防车行驶速度为 $30 \sim 60 \text{km/h}$，平均速度按 45km/h 或 0.7km/min 计算）；

T——战斗车所载水量供 2 支水枪持续喷射的时间，min，$T = \dfrac{6000}{13 \times 60} \approx 7.5 \text{min}$（战斗车载水量按平均 6m^3 考虑，水枪按 $S_k = 15 \text{m}$、$Q = 6.5 \text{L/s}$ 考虑）。

公式中，由于 t_1、t_2、T 可视为常数，所以运水供水消防车的数量可按式（3-5-4）估算：

$$N_{运} = 2.5 + 0.5S \tag{3-5-4}$$

式中　$N_{运}$——运水供水所需消防车的数量，辆；

　　　S——水源至火场的距离，km。

例 3-5-4 某粮食储备库发生火灾，消防队到场后，了解到水源距火场为 2000m，水源至火场地势平坦，指挥员决定采用运水供水，供一辆战斗车出枪灭火，试确定运水供水需多少辆消防车。

解： 由题意可知，$S = 2 \text{km}$。

则：$N_{运} = \dfrac{t_1 + t_2 + t_3}{T}$

$= \dfrac{9 + 9 + \dfrac{2 \times 2}{0.7}}{7.5}$

≈ 3.2

≈ 4（辆）

或：$N_{运} = 2.5 + 0.5S = 2.5 + 0.5 \times 2 = 3.5 \approx 4$（辆）

答： 运水供水需要 4 辆消防车。

三、接力供水与运水供水的选择

在既可以采用接力供水又可以采用运水供水的情况下，可通过比较采用两种供水方法需要消防车的数量，来确定采用哪种方法更为有利，见表 3-5-1。

表 3-5-1　不同距离时接力供水车和运水供水车数量

水源至火场的距离/km	接力供水车数量/辆	运水供水车数量/辆
0.4	1	3
0.8	2	3
1.0	3	3
1.2	3	4
1.5	4	4
2.0	5	4
2.5	7	4
3.0	8	4
3.5	9	5
4.0	10	5
4.5	12	5
5.0	13	5

从表 3-5-1 可以看出，当水源至火场的距离不同时，采用接力供水和运水供水，所需要的车辆数是不同的。两种供水方法的选择，应根据实际情况，经过综合分析，在充分发挥消防车供水能力的同时，用较少的消防车辆，供给火场较多的消防用水量。

在通常情况下，当水源至火场距离不超过 150m 时，消防车应占据消防水源，直接出水枪灭火，即采用直接供水；当水源至火场的距离在 150～1500m 时，采用接力供水较为优越；当水源至火场距离超过 1500m 时，选择运水供水较为优越。

应当指出，接力供水不受障碍物、交通道路等限制，火场供水可靠，因此，水源距火场超过 1500m，仍可采用接力供水；但接力供水受火场通信等因素影响较大，远距离接力供水时，火场供水组织指挥有一定的困难。而如果有一定数量的大型供水车，水源至火场道路交通条件较好，即使水源距火场不到 1500m，也可考虑运水供水。

思考与练习

1. 接力供水与运水供水有何优势和劣势？
2. 选择接力供水，应主要考虑哪些因素？
3. 选择运水供水，应主要考虑哪些因素？

第四章
火灾扑救的
供水力量

火灾扑救的供水力量，既包括火灾扑救所需的灭火剂用量（灭火剂包括水、泡沫等，用量包括单位时间的用量和总用量），也包括火灾扑救所需的灭火战斗力量（消防枪炮、战斗车等）。火灾扑救供水力量的计算与估算，是消防指挥员在制订灭火救援预案和灭火战斗中有效判断各类火灾所需灭火剂用量和灭火战斗力量的重要判断依据。不同类型的火灾，客观条件不同，火场供水力量的计算方法也不同；同一类型的火灾，具有普遍的规律性，消防技、战术运用的差异较小，可以用相同的方法计算火场供水力量。

第一节 影响火场供水力量的主要因素

【学习目标】

1. 了解干粉、二氧化碳等灭火剂的供给强度。
2. 熟悉影响火场供水力量的主要因素。
3. 掌握水、泡沫灭火剂的供给强度。

影响火场供水力量的因素很多，主要包括灭火剂供给强度、着火建筑特点、火场周围防火条件、消防人员到场时间、气象条件等。

一、灭火剂供给强度

不同类型的火灾，所需的灭火剂种类和供给强度不同，灭火剂供给强度越大，所需火场供水力量越多。

（一）供水强度

水是使用最广泛的灭火剂，绝大多数火场都要用水去降温灭火或冷却保护，不同类型的火灾，供水强度各不相同。

1. 民用建筑火灾灭火用水供给强度

不同的民用建筑内火灾荷载不同，因而需要的灭火用水供给强度也不同，见表 4-1-1。一般情况下，扑救民用建筑火灾灭火用水的供给强度应不小于 $0.12\sim0.20L/(s\cdot m^2)$，当建筑物内火灾荷载密度$\leqslant50kg/m^2$ 时，灭火用水供给强度可按 $0.12L/(s\cdot m^2)$ 计算；当建筑物内火灾荷载密度$>50kg/m^2$ 时，灭火用水供水强度可按 $0.20L/(s\cdot m^2)$ 计算。

表 4-1-1 民用建筑火灾灭火用水供给强度

建（构）筑物、材料及物质名称		供水强度/[L/(s·m²)]	建（构）筑物、材料及物质名称	供水强度/[L/(s·m²)]
办公楼	一至三级耐火等级	0.06	正在建造的建筑物	0.10
	四级耐火等级	0.10	商业企业和贵重商品物资仓库	0.20
	地下室	0.10	冷藏库	0.10
	闷顶	0.10	发电站和变电站 电缆隧道	0.20
	车库(修理所、飞机库等)	0.20	机器间和锅炉房	0.20

建(构)筑物、材料 及物质名称		供水强度 /[L/(s·m²)]	建(构)筑物、材料 及物质名称		供水强度 /[L/(s·m²)]
医院		0.10	发电站和变电站	供油装置	0.10
畜牧房	一至三级耐火等级	0.10		变压器、油开关	0.10
	四级耐火等级	0.15	运输工具	露天停车场上的汽车、 有轨电车、无轨电车	0.10
住宅和辅助建筑	一至三级耐火等级	0.06		飞机和直升机	内部装修	0.08
	四级耐火等级	0.10			有镁铝合金的结构	0.25
	地下室	0.15			机壳	0.15
	闷顶	0.15		船舶(货轮、客轮)	上部结构(内、外部火灾)	0.20
文化、娱乐	观众厅	0.15			船舱	0.20
	附属房间	0.15	固体材料	纸张(松散的)	0.30
	舞台	0.20		塑料	热塑性塑料	0.14
制粉厂		0.14			聚合材料及其制品	0.20
生产厂房(丙类生产工段和车间)	一至二级耐火等级	0.15			胶木板、磺烃酚醛塑料、废塑料、三醋酸酯胶片	0.30
	三级耐火等级	0.20		棉纤维制品	棉花及其他纤维材料(封闭式仓)	0.30
	四级耐火等级	0.25			赛璐珞及其制品	0.40
	喷漆车间	0.20	农药和化肥		0.20
	地下室	0.30			
	闷顶	0.15			
	大面积房屋(可燃)	0.15			

2. 易燃堆场火灾灭火用水供给强度

一般情况下，易燃堆场可燃物都十分集中，火灾荷载密度较大，因而需要的灭火用水供给强度较大，通常应不小于 0.20L/(s·m²)；且不同类型的易燃材料堆场，堆放的物质各不相同，所需要的灭火用水供给强度差别较大，见表 4-1-2。

表 4-1-2　易燃材料堆场火灾灭火用水供给强度

建(构)筑物、材料和物质名称			供水强度 /[L/(s·m²)]
木材		湿度为 40%～50% 的原木	0.20
		湿度小于 40% 的原木	0.50
	锯材堆垛	湿度为 8%～14%	0.45
		湿度为 20%～30%	0.30
		湿度为 30% 以上	0.20
	圆木堆垛		0.35
	碎木堆(湿度为 30%～50%)		0.10

建(构)筑物、材料和物质名称		供水强度 /[L/(s·m²)]
亚麻秸(捆垛)		0.25
汽车交通工具(露天停车场所的汽车、电车、无轨电车)		0.10
石油产品	闪点28℃以下	0.40(雾状水)
	闪点60℃	0.30(开花水)
	闪点120℃	0.20(开花水)
	地沟、工艺浅水槽内流散的可燃液体、石油产品	0.20

对于面积大于 500m² 的易燃堆场，通常按堆场的周长部署灭火力量，其灭火用水供给强度应不小于 0.4～0.8L/(s·m)。

3. 易燃气体储罐火灾冷却用水供给强度

压缩气体储罐、液化气体储罐（全压力式）发生火灾，燃烧猛烈，辐射热很大，此外，燃烧部位、风力和风向等因素对辐射热的作用有很大影响，特别是在储罐底部燃烧时，辐射热对储罐的影响最大，而在储罐顶部燃烧时辐射热的影响较小，燃烧部位的背火面辐射热的影响也较小。因此，需要用强大的水流对气体储罐进行冷却保护。根据对液化烃储罐火灾受热喷水保护试验的结论：储罐发生火灾，喷水冷却强度在 5.5～10L/(min·m²) 时，罐壁热通量比不喷水降低约 70%～85%；储罐被火焰包围，喷水冷却强度在 6L/(min·m²) 时，可以控制罐壁温度不超过 100℃。

为确保易燃气体储罐的安全，应设置固定水喷雾系统对罐体表面进行全方位保护，冷却用水供给强度应不小于 9.0L/(min·m²)；当采用消防水枪、水炮等移动设备进行冷却时，由于冷却效能较差，冷却用水供给强度不宜小于固定水喷雾系统的 1.3 倍，应不小于 0.2L/(s·m²)；在燃烧部位，还应局部加强冷却，冷却强度不小于 1L/(s·m²)，才能保证罐壁强度不降低。

4. 易燃液体储罐火灾冷却用水供给强度

易燃液体储罐主要分为立式储罐和卧式储罐，易燃液体储罐发生火灾，需要对着火罐和受火势威胁的邻近罐进行冷却保护，其冷却用水供给强度见表 4-1-3 和表 4-1-4。

表 4-1-3　地上立式储罐冷却水系统保护范围和喷水强度

冷却方式	储罐形式		保护范围	供水强度
移动式冷却	着火罐	固定顶罐和易熔盘内浮顶罐	罐周全长	0.8L/(s·m)
		浮顶罐、内浮顶罐	罐周全长	0.6L/(s·m)
	邻近罐		罐周半长	0.7L/(s·m)
固定式冷却	着火罐	固定顶罐和易熔盘内浮顶罐	罐壁表面积	2.5L/(min·m²)
		浮顶罐、内浮顶罐	罐壁表面积	2.0L/(min·m²)
	邻近罐		应不小于罐壁表面积的 1/2	与着火罐相同

表 4-1-4 卧式储罐、无覆土地下及半地下立式储罐冷却水系统保护范围和喷水强度

冷却方式	储罐形式	保护范围	供水强度
移动式冷却	着火罐	罐壁表面积	0.1L/(s·m²)
	邻近罐	罐壁表面积的一半	0.1L/(s·m²)
固定式冷却	着火罐	罐壁表面积	6.0L/(min·m²)
	邻近罐	罐壁表面积的一半	6.0L/(min·m²)

(二) 供泡沫强度

易燃液体储罐及油品库房发生火灾，需要用泡沫进行扑救，目前最常用的是低倍数泡沫。扑救非水溶性甲、乙、丙类液体火灾，应选用氟蛋白或水成膜泡沫液，固定泡沫系统应选用 3％型，移动泡沫灭火系统应选用 6％型；扑救水溶性和其他对普通泡沫有破坏作用的甲、乙、丙类液体火灾，必须选用抗溶氟蛋白或抗溶水成膜泡沫液，并应选用 6％型。扑救易燃液体固定顶、内浮顶和外浮顶储罐火灾，应采用液上喷射的方式；扑救非水溶性易燃液体固定顶储罐火灾，条件适宜时也可采用液下喷射的方式。

1. 固定灭火系统供泡沫强度

当使用固定式、半固定式灭火系统供泡沫时，供泡沫（混合液）强度应符合 GB 50151《泡沫灭火系统技术标准》的规定，见表 4-1-5 和表 4-1-6。

表 4-1-5 非水溶性液体火灾泡沫灭火剂供给强度

保护对象	喷射方式	泡沫液种类	混合液供给强度 /[L/(min·m²)]	连续供给时间/min		
				甲类液体	乙类液体	丙类液体
固定顶储罐	液上	氟蛋白、水成膜	6.0	60	45	30
	液下			60		
外浮顶储罐内浮顶储罐	液上	氟蛋白、水成膜	12.5	60		
设有围堰的流淌火灾场所		氟蛋白	6.5	40		30
		水成膜		30		20
室外流淌火灾场所		氟蛋白	6.5	15		
		水成膜	5.0			
火车装卸栈台		氟蛋白、水成膜	30L/s	30		
汽车装卸栈台		氟蛋白、水成膜	8L/s	30		

表 4-1-6 水溶性液体火灾泡沫灭火剂供给强度

保护对象	液体类别	混合液供给强度 /[L/(min·m²)]	连续供给时间 /min
固定顶储罐	乙二醇、乙醇胺、丙三醇、二甘醇、乙酸丁酯、甲基异丁酮、苯胺、丙烯酸丁酯、乙二胺	8	30
	甲醇、乙醇、乙二醇甲醚、乙腈、正丙醇、二恶烷、甲酸、乙酸、丙酸、丙烯酸、乙二醇乙醚、丁酮、乙酸乙酯、丙烯腈、丙烯酸甲酯、丙烯酸乙酯、乙酸丙酯、丁烯醛、正丁醇、异丁醇、烯丙醇、乙二醇二甲醚、正丁醛、异丁醛、正戊醇、异丁烯酸甲酯、异丁烯酸乙酯	10	30

保护对象	液体类别	混合液供给强度 /[L/(min·m²)]	连续供给时间 /min
固定顶储罐	异丙醇、丙酮、乙酸甲酯、丙烯醛、甲酸乙酯	12	30
	四氢呋喃、甲基叔丁基醚、丙醛、异丙醚	16	30
	含氧添加剂含量体积比大于10%的汽油	6	40
内浮顶储罐	为固定顶储罐的1.5倍		60
室外流淌 火灾场所		12	15

对于设置固定式泡沫灭火系统的储罐区，还应配置用于扑救液体流散火灾的辅助泡沫枪，每支辅助泡沫枪的泡沫混合液流量应不小于240L/min，辅助泡沫枪的数量及泡沫混合液连续供给时间见表4-1-7。

表4-1-7　辅助泡沫枪数量及泡沫混合液连续供给时间

储罐直径/m	辅助泡沫枪数量/支	连续供给时间/min
≤10	1	10
>10且≤20	1	20
>20且≤30	2	20
>30且≤40	2	30
>40	3	30

2. 移动灭火设备供泡沫强度

当使用泡沫消防车、移动泡沫炮、泡沫枪等移动式泡沫灭火设备时，往往由于风力、操作方式和扑救方法的不同，造成部分泡沫损失，所以需要较大的泡沫供给强度，一般为固定系统的1.2～1.5倍。根据灭火实践，常见油品火灾利用移动设备灭火，泡沫灭火剂供给强度和连续供给时间见表4-1-8。

表4-1-8　移动设备泡沫灭火剂供给强度和连续供给时间

燃烧对象			泡沫供给强度 /[L/(s·m²)]	混合液供给强度 /[L/(min·m²)]	连续供给时间 /min
油罐火	固定顶罐和易熔盘内浮顶罐	非水溶性液体	1.0	10	60
		水溶性液体	1.5	15	
	外浮顶罐		1.5	15	
	钢制盘内浮顶罐	非水溶性液体	1.5	15	
		水溶性液体	2.0	20	
流淌火	地面流淌油品		1.2	12	
	库房桶装油品		1.5	15	
	水上流淌油品和水溶性流淌液体		2.0	20	

（三）供干粉强度

干粉灭火剂根据扑救对象的不同可分为BC干粉、ABC干粉、D类干粉等，火场供干粉的强度与干粉灭火剂本身的效能、灭火对象的不同和喷射系统、器具的性能有关。

1. 固定灭火系统供干粉强度

干粉灭火系统按应用方式可分为全淹没灭火系统和局部应用灭火系统，扑救封闭空间内的火灾应采用全淹没灭火系统（开口面积不应大于防护区总内表面积的15%，且开口不应在底面），扑救具体保护对象的火灾应采用局部应用灭火系统。干粉灭火系统供干粉灭火剂的强度见表4-1-9和表4-1-10。

表 4-1-9　全淹没灭火系统干粉灭火剂供给强度

干粉灭火剂种类	干粉供给强度 /(kg/m³)	开口部位干粉补偿量 /(kg/m²)		
		开口面积		
		<1%	1%~5%	5%~15%
碳酸氢钠干粉灭火剂	0.65			
碳酸氢钾干粉灭火剂	0.36	0	2.5	5
氨基干粉灭火剂	0.24			

表 4-1-10　局部应用灭火系统干粉灭火剂供给强度

干粉灭火剂种类	干粉供给强度/(kg/m²)
碳酸氢钠干粉灭火剂	8.8
碳酸氢钾干粉灭火剂	5.2
氨基干粉灭火剂	3.6

为有效灭火，采用全淹没灭火系统的干粉喷射时间不应大于0.5min；而为防止复燃，采用局部应用灭火系统的干粉喷射时间不应小于0.5min；两种系统的干粉常备量应不小于计算值的2倍。

2. 移动灭火设备供干粉强度

利用移动干粉灭火设备，在连续供干粉时间不变的情况下，供干粉灭火剂的强度一般为固定系统的1.0~1.2倍。根据灭火实践，利用移动干粉灭火设备，干粉灭火剂供给强度见表4-1-11。

表 4-1-11　移动设备干粉灭火剂供给强度

保护对象		干粉供给强度 /[kg/(s·m²)]	连续供给时间 /min
铝有机化合物和锂有机化合物		0.5	
木材		0.08	
闪点≤28℃的 石油产品(流淌)	干粉枪	0.35	
	干粉炮	1.00	
闪点>28℃的石油产品(流淌)		0.16	室内:≥0.5 室外或有 复燃危险:≥1
液化石油气(溢出)	干粉枪	0.35	
	干粉炮	1.00	
飞机		0.30	
乙醇		0.30	
甲苯		0.20	

（四）供二氧化碳强度

二氧化碳灭火系统按应用方式可分为全淹没灭火系统和局部应用灭火系统，全淹没灭火系统应用于扑救封闭空间内的火灾（对气体、液体、电气火灾和固体表面火灾，开口面积不应大于防护区总内表面积的 3％，且开口不应在底面），局部应用灭火系统应用于扑救不具有封闭空间条件的具体保护对象的非深位火灾。

1. 全淹没灭火系统供二氧化碳强度

采用全淹没灭火系统时，保护空间内二氧化碳必须达到相应的灭火浓度。为确保灭火成功，二氧化碳设计浓度不应小于灭火浓度的 1.7 倍，并不低于 34％（不小于 $0.7kg/m^3$），见表 4-1-12；当有开口部位时，二氧化碳补偿量不小于 $6kg/m^2$；系统二氧化碳常备量应不小于计算值的 2 倍。扑救表面火灾，二氧化碳的喷射时间不应大于 1min；而扑救阴燃火灾，二氧化碳的喷射时间不应大于 7min，并且在前 2min 内二氧化碳的浓度应达到 30％。

表 4-1-12　全淹没灭火系统二氧化碳设计浓度

可燃物	设计浓度/％	可燃物	设计浓度/％
汽油	34	甲醇	40
煤油	34	乙醇	43
柴油	34	丙酮	34
航空煤油 JP-4	36	二甲醚	40
航空燃油 115#/145#	36	乙醚	46
氢	75	甲酸甲酯	39
硫化氢	36	甲酸异丁酯	34
一氧化碳	64	乙酸甲酯	35
二硫化碳	72	粗苯(安息油、偏苏油)、苯	37
煤气或天然气	37	二甲苯与其氧化物的混合物	46
甲烷	34	淬火油(灭弧油)、润滑油	34
乙烷	40	聚苯乙烯	34
环氧乙烷	53	聚氨基甲酸甲酯(硬)	34
丙烷	36	塑料(颗粒)	58
环丙烷	37	纸	62
丁烷	34	棉花	58
异丁烷	36	纤维材料	62
戊烷	35	电子计算机房	47
己烷	35	数据储存间	62
正庚烷	35	数据打印设备间	62
正辛烷	35	藏书库、档案库	65
乙烯	49	木材加工房	75
二氯乙烯	34	纺织机	58
丙烯	36	油漆间和干燥设备	40
1-丁烯	37	油浸变压器	58
异丁烯	34	电缆间和电缆沟	47
丁二烯	41	电器开关和配电室	40
甲基 1-丁烯	36	带冷却系统的发电机	58
乙炔	66		

2. 局部应用灭火系统供二氧化碳供给强度

采用局部应用灭火系统时，从钢瓶喷出的二氧化碳30％立即气化，而70％仍处于液态，故灭火效果较低。为确保灭火成功，局部应用灭火系统的保护范围应包含距保护对象边缘0.6m内的区域，二氧化碳喷射时间不应小于0.5min，最低供给强度见表4-1-13。

表 4-1-13　局部应用灭火系统二氧化碳供给强度

保护对象	二氧化碳供给强度/[kg/(s·m²)]	0.5min 二氧化碳供给量/(kg/m²)
浸泡槽	0.417	12.5
涂装表面	0.284	8.5
可燃气体出口	0.334	10

二、建筑特点

不同的建筑，其内部的可燃物数量、种类、火灾危险性不同，内部结构的不同也导致火势发展蔓延差别较大，所需要的供水力量也不同。

（一）建筑的耐火等级

单纯从防火的角度来讲，建筑的耐火等级越高越好，但由于材料、投资等条件的限制，建筑完全采用耐火性能很好的建筑材料而达到很高的耐火等级是不现实的。建筑耐火等级的选择，主要是从建筑的重要程度、使用性质以及建筑在火灾中的危险性来确定的。

一、二级耐火等级的建筑本身耐火能力较强，但二级耐火等级的钢结构、混凝土保护层较薄的钢筋混凝土结构，在燃烧时间长、现场温度高时，也有可能因结构失去承载能力而引起建筑物的倒塌和破坏。因此，应对其承重结构及时进行冷却保护，需要一定的冷却用水。

三级耐火等级建筑的柱、梁、楼板和墙（隔墙除外）是用不燃材料制造的，但屋顶承重构件为可燃烧材料，极易燃烧垮塌；隔墙和吊顶均为难燃材料，火灾时可能成为火势蔓延的通道。因此三级耐火等级建筑起火后，火势蔓延的可能性很大，特别是屋顶部分火势蔓延较快，需要较多的灭火用水。

四级耐火等级建筑的墙、梁、柱均为难燃材料，楼板、吊顶（包括吊顶隔栅）、屋顶承重构件和疏散楼梯等均为可燃材料。因此，四级耐火等级建筑起火后，需要大量的灭火用水。

因此，建筑耐火等级越高，所需供水力量越少。

（二）建筑的用途

建筑根据其用途分为民用建筑和工业建筑两大类。民用建筑又可分为住宅建筑和公共建筑，工业建筑又可分为厂房和库房。民用建筑内部一般都为固体可燃物，工业建筑物内可燃物的性质相差很大。

甲类火灾危险性的厂房和库房内均为易燃易爆的物质，发生火灾后会迅速蔓延或发生爆炸，火灾危险性很大。该类建筑一般情况下发生火灾后燃烧面积较大，其中某些物质，由于与水会发生化学反应，因而不能用水扑救，需用特殊的灭火剂（如泡沫、干粉等）进行扑救。所以，甲类厂房和库房火灾危险性虽然是最大的，但所需供水力量并不是最大的。

乙类火灾危险性的厂房和库房内，也是易燃易爆的物质，但火灾危险性比甲类低，大多数物质能用水扑救。因此，所需供水力量通常比甲类要大。

丙类火灾危险性的厂房和库房内，绝大部分是可燃固体物质，主要用水灭火，有些纤维、木材、竹、藤等火灾，燃烧时间较长，需要大量的灭火用水。因此，需要很大的供水力量。

丁类和戊类火灾危险性的厂房和库房内，绝大部分为难燃、不燃物质，虽有少量可燃物，但火灾范围有限，火势较小，不需要太多的供水力量。

根据统计，各类建筑物的消防用水量递减顺序为：

（1）易燃可燃物堆场、棚户区建筑；

（2）三级乙、丙类库房；

（3）一、二级甲、乙、丙类库房；

（4）一、二级甲、乙、丙类厂房；

（5）三、四级一般民用建筑和一、二级高层民用建筑；

（6）三、四级丁、戊类厂房、库房；

（7）一、二级一般民用建筑；

（8）一、二级丁、戊类厂房、库房。

（三）建筑内可燃物的数量和种类

建筑物内可燃物越多，火灾荷载密度越大，起火后燃烧越猛烈，燃烧时间也越长；热值越大的可燃物，燃烧时释放出的热量就越多，热辐射强度越大，火灾蔓延速度越快。

若可燃物受高温作用能分解出大量可燃气体，当着火房间温度达到一定数值时，会发生轰燃现象，房间内所有可燃物都卷入火灾之中，整个房间都充满火焰，室内火灾瞬时由局部燃烧转为全面燃烧，火灾进入充分发展阶段，燃烧猛烈，发展迅速，火灾扑救更为困难，火场所需供水力量就更大。

（四）建筑的层数

工业和民用建筑按其建筑高度和层数分为单层建筑、多层建筑和高层建筑，其中高度大于27m的住宅建筑（包括设置商业服务网点的住宅建筑）和高度大于24m的非单层厂房、仓库和其他民用建筑，称为高层建筑。

单层建筑发生火灾，火势在平面向四周蔓延；多层建筑发生火灾，火势在着火楼层向四周蔓延的同时，还会竖向蔓延，由于热气流的作用，主要是向着火层以上的楼层发展；高层建筑发生火灾，烟囱效应明显，火势猛、蔓延快、扑救困难。因此，建筑的层数越多，高度越高，火场所需供水力量就越大。

（五）建筑的空间

具有大空间的建筑（如影剧院、体育馆等），不仅容易形成大面积火灾，而且灭火时水枪需要较大的充实水柱，充实水柱增加，每支水枪的流量也就增大。因而，建筑的空间越大，火场所需供水力量就越大。

三、保护对象周围的防火条件

周围防火条件包括保护对象周围建筑的耐火等级和防火间距，四周有无可燃物品堆垛、周围建筑耐火等级高低、与周围建筑之间的防火间距大小以及建筑布局，都将影响到火场的供水力量。若以某座建筑为保护对象，其四周如果堆放有大量可燃物，那么当该建筑发生火灾后，除了扑救火灾以外，还需要有一定的力量对四周的可燃物堆垛进行冷却保护；若该建筑四周布局对于扑救火灾不利，例如自然条件的限制、周围建筑物的高度、间距、使用性质等，那么除了正常的灭火力量外，还需要增加一定的力量对周围建筑进行保护，阻止火势蔓延；若该建筑与周围建筑物之间的防火间距太小，易造成火灾蔓延，就需要增加更多的供水力量。

四、消防人员到场的时间

建筑室内火灾发展过程分为初期阶段、发展阶段和衰减阶段，见图4-1-1。在火灾发生

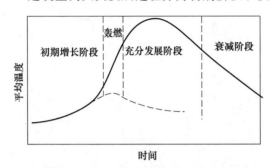

图4-1-1 室内火灾发展的温度—时间曲线

后的5～20min，火灾处于初期阶段，火场燃烧面积小，火场内平均温度低，燃烧发展缓慢，这是灭火的最有利时机。若在火灾发生后15min内，消防人员能迅速到达火场出水灭火，则只需要很小的力量就能扑灭火灾。

影响消防救援人员到场时间的因素很多，城市消防站的布局、火灾报警的早晚、通信联络设备的好坏以及全民消防安全意识等因素都决定着消防救援人员到达火场的时间，救援人员到达火场的时间越短，火场所需供水力量就越少。

（一）城市消防站的布局

城市消防站点越多，消防站距辖区边缘的距离就小，消防救援人员到达火场的时间就短。因此，城市消防站应按照"多点布置"的原则进行规划布局，一般以接到出动指令后5min内到达辖区边缘为原则确定，每个普通消防站的辖区面积不宜大于7km²，设在近郊区的普通消防站的辖区面积不宜大于15km²。

（二）火灾报警的早晚

发生火灾后，若能及时发现火灾并报警，报警时间越早，消防救援人员到达火场的时间就越短。影响报警时间的因素主要有以下几个。

1. 发生火灾的时间

火灾发生在夜间，则不易被发现，报警就比较晚；若发生在白天，在火灾初期就容易被发现，则报警就比较及时。

2. 火灾自动报警系统的应用

设置有火灾自动报警系统的场所，当火灾发生后，可及时将火灾信息自动报送给消防控制中心，甚至通过联网报送给消防指挥中心，使得报警时间大大缩短。

3. 消防安全意识

人们的消防安全意识增强，发现火灾后，就会快速、准确地报警。

4. 通信条件

通信条件好，则发现火灾后就能迅速报警，反之则会延误报警时间。

（三）道路交通状况

随着机动车保有量的急剧增加，城市道路交通状况的恶化，消防救援人员到达火场的时间越来越受到严重影响，尤其是在上下班高峰期。接到报警后，为及时赶到火场，常常采取多点调动消防力量的方式来应对。

五、气象条件

气象条件中，湿度和风对火势的发展影响很大，从而影响所需的火场供水力量。

1. 湿度

空气中湿度大，一般固体可燃物中的含水率也大，从而影响到其燃烧的难易程度，同时也降低了飞火向邻近建筑物蔓延的可能性。在雨、雪天气，雨和雪甚至可以直接扑灭初期火灾。

2. 风向和风力

风向和风力对于火势的发展和蔓延影响非常大。下风方向火势发展蔓延最快，其次是侧风方向，且风力越大，蔓延越快；上风方向火势发展和蔓延的速度最慢，且风力越大就越慢。大风情况下，火场上常出现大量飞火，高度可达数百米，最远可达上千米，不仅使火场的燃烧面积迅速扩大，而且还有可能出现多个火场。

○ **思考与练习** ○
---

1. 影响火场供水力量的主要因素有哪些？
2. 采用移动设备对立式储罐和卧式储罐进行冷却，其冷却强度为何不同？
3. 供泡沫强度与哪些因素有关系？

》 第二节　民用建筑火灾扑救的供水力量

○【学习目标】

1. 了解民用建筑火灾的延续时间。
2. 熟悉民用建筑火灾扑救的用水量、战斗车数量、总用水量的计算。
3. 掌握民用建筑火灾扑救的战斗车数量的估算。

民用建筑（包括丙类火灾危险性的厂房、库房）发生火灾，一般均为固体可燃物，火灾荷载密度较大，扑救火灾需要大量的供水力量。

一、民用建筑火灾扑救的用水量

为满足火场灭火需要，在单位时间内所应供给的水量称为火场用水量，用符号 Q 表示，单位为 L/s。扑救民用建筑火灾需要的用水量与火场的燃烧面积和灭火用水供给强度有关。

（一）火场的燃烧面积

火场的燃烧面积大小，受众多因素的影响，应根据实际情况进行判断。

1. 可能燃烧的面积

可能燃烧的面积是指消防救援人员根据灭火救援计划要求，在到达火场所需时间内，火灾现场可能达到的燃烧面积。可能燃烧的面积主要取决于燃烧的发展速度和起火后的燃烧时间。

　　燃烧的发展速度与可燃物的性质和状态有关，并且受气象条件的影响。例如，刨花的燃烧发展速度很快，而圆木的燃烧发展速度较慢；潮湿的木材难于燃烧，而干燥的木材燃烧速度较快。对燃烧的发展速度影响最大的是气象条件——风。在风力小于二级（风速≤3.3 m/s）时，火场可视为无风，例如在封闭较好的房间内发生火灾，燃烧一般是均匀地向四周扩展。在风力较大时，燃烧发展是不均匀的，一般是下风方向发展速度最快，其次是侧风方向，而上风方向发展速度最慢。

　　民用建筑物内发生火灾，一般受风力的影响较小，因此可按 3m/s 风速情况下计算其燃烧速度。根据我国目前消防站的布局，要控制消防站责任区边缘的建筑物火灾，一般采用15min 的燃烧时间计算火场供水力量。实验和火灾统计资料表明，在 3m/s 风速的条件下，15min 内火灾蔓延速度约为 0.95m/min，一般可按 1m/min 计算。

　　起火后的燃烧时间是指起火后到消防救援人员到场出水的时间。燃烧时间与消防站的布局、火场周围水源建设情况和报警速度有关。一般情况下，应确保从起火到消防救援人员到达火场出水的时间不超过 15～20min。

　　（1）单层建筑可能的燃烧面积　单层建筑发生火灾，火灾在水平面上向四周发展，可能的燃烧面积可按公式（4-2-1）计算：

$$A = \beta\pi(vt)^2 \tag{4-2-1}$$

式中　A——火场的燃烧面积，m^2；

　　　　v——燃烧的发展速度，m/min，一般取 1m/min；

　　　　t——起火后的燃烧时间，min，一般不超过 20min；

　　　　β——燃烧面积扩散系数。

　　燃烧面积扩散系数 β 与起火点在建筑物防火分区的位置有关。如起火点在建筑物防火分区的中心，则 $\beta=1$；如起火点在建筑物防火分区的一侧的中心，则 $\beta=0.5$；如起火点在建筑物防火分区的一角，则 $\beta=0.25$。见图 4-2-1。

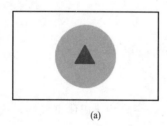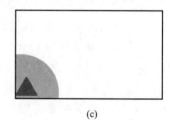

(a)　　　　　　　　　　(b)　　　　　　　　　　(c)

图 4-2-1　起火点位置示意图

　　（2）多层建筑可能的燃烧面积　多层建筑发生火灾后，不仅在着火楼层蔓延燃烧，同时还向着火楼层的上层和下层蔓延。据统计，多层建筑的燃烧面积大约是单层的 1.5 倍。因此，可能的燃烧面积可按公式（4-2-2）计算：

$$A = 1.5\beta\pi(vt)^2 \tag{4-2-2}$$

2. 实际燃烧的面积

　　实际燃烧的面积是指消防救援人员到达火灾现场后，火场实际的燃烧面积。为保证快速实施战斗展开，需要指挥员在较短的时间内对火场实际燃烧面积作出初步、大致的判断，可采取如下方法：

（1）目测法 使用目测法估算时，关键要选定好参照物。如建筑物通常选择窗口作为参照物，一般情况下，一个窗口表示一个开间，即单间房屋的宽度，可取 4m，如某火场有 3个窗口冒出火焰，则其宽度为 4m×3＝12m。

（2）步测法 步测法通常以复步（1.5m）为单位进行实地测量。如向火场某方向走了20 复步，则其距离为 1.5m×20＝30m。

（3）经验法 经验法是指运用历次火场总结出的实践经验的方法，熟悉常见建筑结构或建筑形式的面积，灵活应用可缩短侦测时间。

（二）火场用水量

火场用水量，应根据火场的燃烧面积和灭火用水供给强度确定，可按公式（4-2-3）计算：

$$Q_水 = Aq \tag{4-2-3}$$

式中 $Q_水$——火场用水量，L/s；

A——火场的燃烧面积，m^2；

q——灭火用水供给强度，$L/(s \cdot m^2)$。

根据公式（4-2-3）计算得到的火场用水量为火场的全部用水量，是固定灭火系统设计消防用水量和移动灭火设备补充消防用水量之和。

例 4-2-1 某商场发生火灾，着火建筑为 7 层建筑，起火点位于建筑物防火分区的中心，火灾荷载密度为 $60kg/m^2$，消防救援人员 12min 到场出水灭火，试计算火场用水量。

解： 由题意可知，建筑室内火灾，火灾蔓延速度 $v \approx 1m/min$；起火点位于建筑物防火分区的中心，$\beta = 1$；火灾荷载密度为 $60kg/m^2$，火场灭火用水供给强度 $q = 0.2L/(s \cdot m^2)$。

由于是多层建筑火灾，则：

火场的燃烧面积：$A = 1.5\beta\pi(vt)^2 = 1.5 \times 1 \times 3.14 \times (1 \times 12)^2 \approx 678(m^2)$

火场用水量：$Q_水 = Aq = 678 \times 0.2 = 135.6(L/s)$

答： 火场用水量为 135.6L/s。

二、民用建筑火灾扑救的战斗车数量

民用建筑火灾扑救的战斗车数量主要与火场用水量、固定灭火系统供水量、消防车性能、水枪（炮）性能相关。应先根据火场的燃烧面积和灭火用水供给强度确定火场用水量和移动灭火设备所需的供水量，然后根据每支水枪（炮）的流量确定灭火所需的水枪（炮）数量，最后根据每辆消防车的出枪（炮）的数量来计算所需的战斗车数量，具体可按式（4-2-4）计算：

$$N_战 = \frac{Q_水 - Q_固}{nQ_枪} \tag{4-2-4}$$

式中 $N_战$——战斗车数量，辆；

$Q_水$——火场用水量，L/s；

$Q_固$——固定灭火系统的供水量，L/s；

$Q_枪$——1 支水枪（炮）的流量，L/s；

n——1 辆战斗车能出的水枪（炮）数量，支或门。

固定灭火系统的供水量 $Q_固$ 为室内消火栓供水量和自动喷水灭火系统供水量之和。利用室内消火栓出水灭火时，1 支水枪的流量一般可按 5L/s 计算；自动喷水灭火系统动作时，1 个喷头的流量一般可按 1L/s 考虑，根据启动喷头的数量即可计算自动喷水灭火系统的供水量。

在扑救民用建筑火灾时，要求每支水枪的充实水柱不小于 $10\sim15\mathrm{m}$，若按充实水柱 $15\mathrm{m}$ 考虑，1 支水枪的流量为 $6.5\mathrm{L/s}$。

例 4-2-2 有一歌舞厅发生火灾，该歌舞厅位于一幢三层建筑内，起火点位于中间层中心位置，火灾荷载密度为 $60\mathrm{kg/m^2}$，消防救援人员 $10\mathrm{min}$ 到场出水灭火，每辆消防车出 2 支水枪，建筑内安装有自动喷水灭火系统和室内消火栓系统。发生火灾后使用 4 个室内消火栓出 4 支枪，自动喷水灭火系统有 10 个喷头启动，试计算所需的战斗车数量。

解： 由题意可知，建筑室内火灾，火灾蔓延速度 $v \approx 1\mathrm{m/min}$；起火点位于建筑物防火分区的中心，$\beta=1$；火灾荷载密度为 $60\mathrm{kg/m^2}$，火场灭火用水供给强度 $q=0.2\mathrm{L/(s \cdot m^2)}$。

由于是多层建筑火灾，则：

火场的燃烧面积：$A=1.5\beta\pi(vt)^2=1.5\times1\times3.14\times(1\times10)^2=471(\mathrm{m^2})$

单位时间火场用水量：$Q_{水}=Aq=471\times0.2=94.2(\mathrm{L/s})$

固定灭火系统的单位时间供水量：$Q_{固}=4\times5+10\times1=30(\mathrm{L/s})$

战斗车数量：$N_{战}=\dfrac{Q_{水}-Q_{固}}{nQ_{枪}}=\dfrac{94.2-30}{2\times6.5}\approx5(辆)$

答： 火灾扑救所需的战斗车数量为 5 辆。

三、民用建筑火灾扑救的战斗车数量估算

消防救援人员到达火场灭火时，应根据建筑物的结构、燃烧的物质以及燃烧时间等情况，快速对火场的燃烧面积作出判断，再根据每支水枪的控制面积估算出所需的战斗车数量，迅速进行力量调集和部署。计算公式如下：

$$N_{战}=\frac{A-A_{固}}{na} \tag{4-2-5}$$

式中　$N_{战}$——战斗车数量，辆；

　　　A——火场的燃烧面积，$\mathrm{m^2}$；

　　　$A_{固}$——固定灭火系统的控制面积，$\mathrm{m^2}$；

　　　a——1 支水枪（炮）的控制面积，$\mathrm{m^2}$；

　　　n——1 辆战斗车能出的水枪（炮）的数量，支或门。

若采用消防水枪灭火，水枪的流量为 $6.5\mathrm{L/s}$，1 支水枪的控制面积可按 $30\sim50\mathrm{m^2}$ 估算；若采用移动水炮灭火，水炮的流量可按 $40\mathrm{L/s}$ 考虑，1 门移动水炮的控制面积可按 $200\mathrm{m^2}$ 估算；每辆消防车按可出 2 支水枪或 1 门移动炮估算。

例 4-2-3 某单层仓库发生火灾，起火点在防火分区中部，火灾荷载密度为 $70\mathrm{kg/m^2}$，消防救援人员 $15\mathrm{min}$ 到场出水灭火，每辆车出 3 支水枪，固定灭火系统损坏，试估算所需的战斗车数量。

解： 由题意可知，建筑室内火灾，火灾蔓延速度 $v=1\mathrm{m/min}$；起火点位于建筑物防火分区的中心，$\beta=1$；火灾荷载密度为 $70\mathrm{kg/m^2}$，$a=30\mathrm{m^2}$；固定灭火系统损坏，$A_{固}=0\mathrm{m^2}$。

由于是单层建筑火灾，则：

火场的燃烧面积：$A=\beta\pi(vt)^2=1\times3.14\times(1\times15)^2\approx707(\mathrm{m^2})$

战斗车数量：$N_{战}=\dfrac{A-A_{固}}{na}=\dfrac{707-0}{3\times30}\approx8$（辆）

答：火灾扑救所需的战斗车数量为 8 辆。

四、民用建筑火灾扑救的总用水量

民用建筑火灾扑救的总用水量，取决于单位时间内的火场用水量和火灾延续时间。计算火灾扑救所需的总用水量，可以用于供水预案的制订及火场供水力量的科学调度。其计算公式为：

$$V_水 = 3.6 Q_水 t \qquad (4-2-6)$$

式中 $V_水$——总用水量，m^3；

$Q_水$——灭火用水量，L/s；

t——火灾延续时间，h。

其中，火灾延续时间 t 可以参考表 4-2-1。

表 4-2-1 不同建筑的火灾延续时间

建筑类型		场所与火灾危险性	火灾延续时间/h
工业建筑	仓库	甲、乙、丙类仓库	3.0
		丁、戊类仓库	2.0
	厂房	甲、乙、丙类厂房	3.0
		丁、戊类厂房	2.0
民用建筑	公共建筑	高层建筑中的商业楼、展览楼、综合楼,建筑高度大于 50m 的财贸金融楼、图书馆、书库、重要的档案楼、科研楼和高级宾馆等	3.0
		其他公共建筑	2.0
		住宅	2.0
人防工程		建筑面积小于 3000m²	1.0
		建筑面积大于或等于 3000m²	2.0
		地下建筑、地铁车站	2.0

例 4-2-4 某金融大厦发生火灾，起火点在 3 层防火分区中心，火灾荷载密度为 $50kg/m^2$，消防救援人员 15min 到场出水灭火，试计算所需的总用水量。

解： 由题意可知，金融大厦火灾，火灾延续时间 $t=3h$；建筑室内火灾，火灾蔓延速度 $v=1m/min$；起火点位于建筑物防火分区的中心，$\beta=1$；火灾荷载密度为 $50kg/m^2$，火场灭火用水供给强度 $q=0.2L/(s \cdot m^2)$。

由于是多层建筑火灾，则：

火场的燃烧面积：$A=1.5\beta\pi(vt)^2=1.5 \times 1 \times 3.14 \times (1 \times 15)^2 \approx 1060(m^2)$

火场用水量：$Q_水=Aq=1060 \times 0.2=212(L/s)$

总用水量：$V_水=3.6 Q_水 t=3.6 \times 212 \times 3 \approx 2300(m^3)$

答： 火灾扑救所需的总用水量约为 $2300m^3$。

○── **思考与练习** ──○

1. 某一商场发生火灾，该商场为一幢三层的建筑物，耐火等级为二级，商场内堆放有大量的可燃物，起火点在防火分区一侧，消防救援人员 15min 到场出水灭火，试计算所需的火场用水量。

2. 某一砖混结构单层仓库起火，起火点为仓库一侧堆积的货物，无室内固定消防设施，消防救援人员 15min 到场，利用移动炮出水灭火，试估算所需的战斗车数量。

3. 某办公楼发生火灾，起火点位于建筑三层，消防救援人员 12min 到场出水灭火，30min 后将火灾扑灭，试计算所需的总用水量。

》》第三节　易燃堆场火灾扑救的供水力量

○ 【学习目标】

1. 了解风力对堆场火灾燃烧速度、燃烧面积、燃烧周长的影响。
2. 熟悉易燃堆场火灾扑救的用水量、战斗车数量、总用水量的计算。
3. 掌握易燃堆场火灾扑救的战斗车数量的估算。

易燃堆场往往存放有大量的棉、麻、木材、稻草、芦苇、药材、烟叶、化学纤维等易燃、可燃物质，加之多为室外露天堆放，所以此类场所发生火灾后，受气象条件的影响较为明显，特别是风力和风向对火灾蔓延起到了关键的作用，火势发展迅速，容易形成大面积火场，往往损失严重。

在计算易燃堆场火灾扑救的供水力量时，一般分两种情况考虑：当火场燃烧面积小于 $500m^2$ 时，可按火场燃烧面积计算；当火场燃烧面积超过 $500m^2$ 时，可按火场燃烧周长计算。

一、易燃堆场火灾扑救的用水量

易燃堆场发生火灾，火场用水量主要根据火场的燃烧面积或燃烧周长及灭火用水供给强度进行计算。

（一）火场的燃烧面积和燃烧周长

火场的燃烧面积和燃烧周长取决于燃烧发展的速度和起火后消防救援人员到达火场的时间，易燃堆场一般为露天堆放，发生火灾后，燃烧速度主要取决于火场的风力大小，风力等级与风速见表 4-3-1。

表 4-3-1　风力等级与风速

风级	名称	风速/(m/s)	陆地地面物象	海面波浪	浪高/m
0	无风	0.0～0.2	静，烟直上	平静	0
1	软风	0.3～1.5	烟示风向	微波峰无飞沫	0.1
2	轻风	1.6～3.3	感觉有风	小波峰未破碎	0.2
3	微风	3.4～5.4	旌旗展开	小波峰顶破裂	0.6
4	和风	5.5～7.9	吹起尘土	小浪白沫波峰	1
5	劲风	8.0～10.7	小树摇摆	中浪折沫峰群	2
6	强风	10.8～13.8	电线有声	大浪白沫离峰	3

风级	名称	风速/(m/s)	陆地地面物象	海面波浪	浪高/m
7	疾风	13.9～17.1	步行困难	破峰白沫成条	4
8	大风	17.2～20.7	折毁树枝	浪长高有浪花	5.5
9	烈风	20.8～24.4	小损房屋	浪峰倒卷	7
10	狂风	24.5～28.4	拔起树木	海浪翻滚咆哮	9
11	暴风	28.5～32.6	损毁重大	波峰全呈飞沫	11.5
12	飓风（台风）	≥32.7	摧毁极大	海浪滔天	14

在风力小于二级时，火场可视为无风，此时火场的火焰可视为垂直向上，火灾将从火源向四周近似等速扩展（假定火场可燃物性质相同，且无障碍）。这种情况下，火场的燃烧面积可按公式（4-2-1）进行简化计算。

当火场风力增大，火灾燃烧发展速度加快，同时，随着燃烧时间的增加和火场辐射热的增大，燃烧速度也随之增大。此外，在不同风向上，燃烧发展速度差异也很大，下风方向燃烧速度最快，侧风向次之，上风向速度最慢。根据试验和统计资料，易燃堆场在不同风力、风向和不同燃烧时间内，火灾燃烧发展的平均速度见表4-3-2。

表 4-3-2　易燃堆场火灾的平均燃烧速度　　　　　　　　　　　　m/min

燃烧时间/min	5			10			15			20		
燃烧平均速度　风向　　　　风力级别	上风	侧风	下风	上风	侧风	下风	上风	侧风	下风	上风	侧风	下风
三	0.5	0.8	1.0	0.5	0.7	1.0	0.5	0.7	1.2	0.5	0.75	1.5
四	0.6	0.8	1.0	0.6	1.0	1.4	0.8	1.0	2.0	0.8	1.1	2.4
五	0.8	1.0	1.3	0.8	1.2	1.9	0.9	1.4	2.8	1.0	1.5	3.5
六	0.9	1.1	1.6	1.1	1.5	2.6	1.2	1.8	4.0	1.4	2.2	5.2
七	1.0	1.2	2.2	1.5	2.0	4.5	1.6	2.4	5.8	1.8	2.9	7.3
八	1.2	1.4	3.4	2.0	2.8	6.5	2.2	3.2	8.0	2.3	3.7	10.0
九	1.5	1.8	6.0	2.6	3.8	9.0	2.8	4.0	11.0	2.9	4.6	13.0

由表4-3-2可以看出，风力对堆场火灾的燃烧速度影响很大，例如发生火灾15min后，三级风力时下风方向的平均燃烧速度为1.2m/min，而在九级风力时下风方向的平均燃烧速度达到11m/min，是三级风力时的9倍多。也可以看出，风向不同时，堆场火灾的燃烧速度也相差很大，六级风力时，发生火灾15min后，上风方向的平均燃烧速度为1.2m/min，侧风方向为1.8m/min，下风方向为4.0m/min。还可以看出，堆场火灾的燃烧速度随燃烧时间的增长而增大，在风力较小时，燃烧速度受燃烧时间的影响较小，当风力超过三级时，燃烧速度受燃烧时间的影响则显著增加。

由此可见，在风力作用下，易燃堆场火灾的燃烧面积和燃烧周长的计算比较复杂。在不同时间内，不同风力情况下，易燃堆场火灾的燃烧面积和燃烧周长可参考表4-3-3。

表 4-3-3 不同风力、不同燃烧时间内易燃堆场火灾可能的燃烧面积和周长

燃烧时间/min	5		10		15		20	
燃烧面积(周长) 风力级别	面积 /m²	周长 /m	面积 /m²	周长 /m	面积 /m²	周长 /m	面积 /m²	周长 /m
三	36	21	130	46	300	80	540	139
四	56	29	440	81	1330	142	2420	195
五	101	39	810	109	2250	182	4740	268
六	148	47	1060	127	3020	257	10200	403
七	196	54	3620	175	6630	300	14450	473
八	290	67	4260	258	12690	448	31920	723
九	630	104	8000	353	23830	620	53730	928

（二）火场用水量

在易燃堆场火灾的扑救中，往往因为供水力量不能同时到达火场，而延误战机。为此，需要根据气象条件、地理环境、水源情况具体考虑，灵活采用灭火或控制的方法，确定火场用水量。

1. 按燃烧面积计算

当火场燃烧面积小于 500m² 时，所需火场用水量按燃烧面积计算：

$$Q_水 = Aq \tag{4-3-1}$$

式中 $Q_水$——火场用水量，L/s；

A——火场燃烧面积，m²；

q——灭火用水供给强度，L/(s·m²)。

一般情况下，按燃烧面积计算时，扑救易燃堆场火灾需要的灭火用水供给强度不小于 0.2L/(s·m²)。不同类型的易燃堆场，堆放的物质、材料各不相同，所需要的灭火用水供给强度有较大的差别，可参考表 4-1-2。对于建设有固定灭火系统的易燃堆场，火场用水量包括固定灭火系统设计消防用水量和移动灭火设备补充消防用水量之和。

例 4-3-1 一圆木堆垛堆场发生火灾，当天风力为四级，消防救援人员 10min 到场出水灭火，试计算火场用水量。

解： 由题意可知，风力为四级，消防救援人员 10min 到场出水灭火，根据表 4-3-3，火场可能的燃烧面积 $A = 440$m²，火场用水量按燃烧面积计算；根据表 4-1-2，灭火用水供给强度 $q = 0.35$L/(s·m²)。

则：火场用水量：$Q_水 = Aq = 440 \times 0.35 = 154$ （L/s）

答： 需要的火场用水量为 154L/s。

2. 按燃烧周长计算

当火场燃烧面积超过 500m² 时，所需火场用水量可按燃烧周长进行计算：

$$Q_水 = Lq \tag{4-3-2}$$

式中 $Q_水$——火场用水量，L/s；

L——火场燃烧周长，m；

q——灭火用水供给强度，L/(s·m)。

一般情况下，按燃烧周长计算时，扑救易燃堆场火灾需要的灭火用水供给强度不小于 0.8L/(s·m)。

例 4-3-2 一圆木堆垛堆场发生火灾，当天风力为五级，消防救援人员 10min 到场出水

灭火，试计算火场用水量。

解： 由题意可知，风力为五级，消防救援人员 10min 到场出水灭火，根据表 4-3-3，火场可能的燃烧面积 $A=810m^2$，燃烧周长 $L=109m$，火场用水量按燃烧周长计算；灭火用水供给强度按 $q=0.8L/(s \cdot m)$ 考虑。

则：火场用水量：$Q_水 = Lq = 109 \times 0.8 = 87.2(L/s)$

答： 需要的火场用水量为 87.2L/s。

二、易燃堆场火灾扑救的战斗车数量

易燃堆场发生火灾，需要的战斗车数量主要根据火场用水量及每支水枪（炮）的流量进行计算。

$$N_战 = \frac{Q_水 - Q_固}{nQ_枪} \tag{4-3-3}$$

式中　$N_战$——战斗车数量，辆；

$Q_水$——火场用水量，L/s；

$Q_固$——固定灭火系统的供水量，L/s；

$Q_枪$——1 支水枪（炮）的流量，L/s；

n——1 辆战斗车能出的水枪（炮）数量，支或门。

扑救易燃堆场火灾时，每支水枪的流量可按 7.5L/s 计算，每门移动水炮的流量可按 40L/s 计算。

例 4-3-3 一圆木堆垛发生火灾，燃烧面积约 $400m^2$，消防救援队伍到场后利用移动水炮进行灭火，每辆消防车出 1 门水炮，堆场无固定灭火设施，试计算需要的战斗车数量。

解： 由题意可知，燃烧面积 $A=400m^2$，小于 $500m^2$，火场用水量按燃烧面积进行计算；根据表 4-1-2，灭火用水供给强度 $q=0.35L/(s \cdot m^2)$。

则：火场用水量：$Q_水 = Aq = 400 \times 0.35 = 140(L/s)$

战斗车数量：$N_战 = \dfrac{Q_水 - Q_固}{nQ_枪} = \dfrac{140-0}{1 \times 40} \approx 4(辆)$

答： 需要的战斗车数量为 4 辆。

三、易燃堆场火灾扑救的战斗车数量估算

消防救援队伍到达火场灭火时，应根据易燃堆场的布局、燃烧的物质、燃烧时间以及风力大小等情况，快速对火势作出判断，迅速根据燃烧面积或燃烧周长估算出所需的战斗车数量，迅速进行力量调集和部署。

（一）按燃烧面积估算

当火场燃烧面积小于 $500m^2$ 时，战斗车数量按式（4-3-4）估算：

$$N_战 = \frac{A - A_固}{na} \tag{4-3-4}$$

式中　$N_战$——战斗车数量，辆；

A——火场的燃烧面积，m^2；

$A_固$——固定灭火系统的控制面积，m^2；

a——1 支水枪（炮）的控制面积，m^2；

n——1 辆战斗车能出的水枪（炮）的数量，支或门。

若采用消防水枪灭火，1 支水枪的控制面积可按 30m² 估算；若采用移动水炮灭火，1 门移动水炮的控制面积可按 200m² 估算；每辆消防车按可出 2 支水枪或 1 门移动炮估算。

（二）按燃烧周长估算

当火场燃烧面积超过 500m² 时，战斗车数量按式（4-3-5）估算：

$$N_战 = \frac{L - L_固}{nl} \tag{4-3-5}$$

式中 $N_战$——战斗车数量，辆；

L——火场的燃烧周长，m；

$L_固$——固定灭火系统的控制周长，m；

l——1 支水枪（炮）的控制周长，m；

n——1 辆战斗车能出的水枪（炮）数量，支或门。

若采用消防水枪灭火，1 支水枪的控制周长可按 10m 估算；若采用移动水炮灭火，1 门移动水炮的控制周长可按 50m 估算；每辆消防车按可出 2 支水枪或 1 门移动炮估算。

例 4-3-4 一造纸厂原料堆垛发生火灾，当天风力五级，消防救援人员 10min 到场出水灭火，火场燃烧面积约 800m²，燃烧周长约 130m，每辆消防车出 3 支水枪，试估算需要的战斗车数量。

解： 由题意可知，风力五级，火势发展迅猛，且燃烧面积约 800m²，超过 500m²，所以战斗车数量按燃烧周长进行估算；1 支水枪的控制周长按 10m 估算。

则：$N_战 = \frac{L - L_固}{nl} = \frac{130 - 0}{3 \times 10} \approx 5$（辆）

答： 需要的战斗车数量为 5 辆。

四、易燃堆场火灾扑救的总用水量

易燃堆场火灾扑救的总用水量，取决于单位时间内的火场用水量和火灾延续时间。其计算公式为：

$$V_水 = 3.6 Q_水 t \tag{4-3-6}$$

式中 $V_水$——总用水量，m³；

$Q_水$——单位时间灭火用水量，L/s；

t——火灾延续时间，h。

其中，火灾延续时间 t 可参考表 4-3-4。

表 4-3-4 不同堆场的火灾延续时间

堆场类型	场所与火灾危险性	火灾延续时间/h
易燃、可燃材料露天、半露天堆场	粮食土圆囤、席穴囤	6.0
	棉、麻、毛、化纤百货	
	稻草、麦秸、芦苇等	
	木材等	
	露天或半露天堆放煤和焦炭	3.0

例 4-3-5 某露天木材堆垛发生火灾，燃烧面积 2500m²，燃烧周长 200m，消防救援人

员到场后出水枪控制火势，2h 后火势基本得到控制，试计算灭火需要的总用水量。

解：由题意可知，燃烧面积超过 500m²，所以灭火用水量按燃烧周长进行计算，灭火用水供给强度按 $q=0.8L/(s \cdot m)$ 考虑。

则：单位时间火场用水量：$Q_水 = Lq = 200 \times 0.8 = 160(L/s)$

总用水量：$V_水 = 3.6Q_水 t = 3.6 \times 160 \times 2 \approx 1200(m^3)$

答：灭火需要的总用水量约为 1200m³。

---------------------○ **思考与练习** ○---------------------

1. 风对易燃堆场火灾扑救的供水力量有何影响？
2. 当易燃堆场燃烧面积大于 500m² 时，为什么按照燃烧周长计算火场供水力量？
3. 易燃堆场火场供水需要注意哪些事项？

》》第四节　气体储罐火灾扑救的供水力量

○【学习目标】

1. 了解影响气体储罐区火场扑救供水力量的因素。
2. 熟悉气体储罐火灾扑救的用水量、战斗车数量、总用水量的计算。
3. 掌握气体储罐火灾扑救的战斗车数量的估算。

可燃气体作为重要的燃料和工业原料，在工业和民用方面使用相当广泛，需求量也是越来越大。有的地方，可燃气体储罐的容积达几千甚至上万立方米。如果储罐发生泄漏，遇到火源，就有可能发生火灾或爆炸，导致人员伤亡和严重的财产损失。

常温全压力气体储罐发生火灾后，如没有把握堵漏的情况下通常采取控制燃烧的方法处置，因为失控状态下的可燃气体，一旦将火扑灭，就会导致可燃气体在火场四周迅速扩散，可能造成恶性的二次燃烧爆炸。因此，火场的主要任务是对气体储罐进行冷却，防止气体储罐的泄漏扩大或邻近气体储罐受到高温作用而发生爆炸，只有在充分做好关阀堵漏等切断气源措施的准备时，才可以扑灭火焰。

一、气体储罐火灾扑救的用水量

气体储罐发生火灾，燃烧猛烈、辐射热大，罐体受火焰烘烤和辐射热影响，罐温升高，使得其内部压力急剧增大，极易造成严重后果。为及时冷却储罐，应在开启储罐固定冷却系统的同时，对着火罐和邻近罐用水枪或水炮加强保护，其消防用水量应不小于表 4-4-1 和表 4-4-2 的规定。

多数情况下，气体储罐火灾初期都会发生爆炸或爆燃，导致固定冷却系统损坏。使用水枪或水炮冷却气体储罐所需的冷却用水量，应根据需要冷却的罐体表面积和冷却用水供给强度确定。

表 4-4-1　液化烃储罐固定冷却水系统设计流量

项　　目	储罐形式	保护范围	供水强度 /[L/(min·m²)]
全冷冻式 （单防罐外 壁为钢制）·	着火罐	罐壁表面积	2.5
		罐顶表面积	4.0
	邻近罐	罐壁表面积的 1/2	2.5
全压力式 及半冷冻式	着火罐	罐体表面积	9.0
	邻近罐	罐体表面积的 1/2	9.0

表 4-4-2　液化烃罐区的室外消火栓设计流量

单罐储存容积/m³	室外消火栓设计流量/(L/s)
≤100	15
100～400	30
400～650	45
650～1000	60
＞1000	80

（一）冷却面积

气体储罐发生火灾，需要对着火罐和邻近罐进行冷却。

1. 一个着火罐需要冷却的面积

着火罐应按全面积进行冷却，冷却面积应根据储罐类型进行计算。

（1）当气体储罐为球形罐时，冷却面积是整个球体表面积，计算公式如下：

$$A_着 = \pi D^2 \tag{4-4-1}$$

式中　$A_着$——着火罐的表面积，m²；

　　　D——球形储罐的直径，m。

（2）当气体储罐为卧式罐时，冷却面积可按卧式罐的侧面积考虑，计算公式如下：

$$A_着 = \pi D L \tag{4-4-2}$$

式中　$A_着$——着火罐的表面积，m²；

　　　D——卧式储罐的直径，m；

　　　L——卧式储罐的长度，m。

2. 一个邻近罐需要冷却的面积

当气体储罐为球形罐时，距着火罐罐壁 1.5 倍着火罐直径范围内的地上储罐，称为邻近罐；当气体储罐为卧式罐时，着火罐的直径与长度之和的 0.75 倍范围内的地上储罐，称为邻近罐。根据规范要求，气体储罐成组布置时不应超过 2 排，故邻近罐的数量一般不超过 3 个。

邻近罐的冷却面积一般按邻近罐体半个表面积进行计算。

（二）火场用水量

气体储罐火灾扑救需要的单位时间火场用水量包括单位时间冷却着火罐和单位时间冷却邻近罐两部分，可按式（4-4-3）计算：

$$Q_水 = \sum A_着 \, q + \sum A_邻 \, q \tag{4-4-3}$$

式中　$Q_{水}$——单位时间火场用水量，L/s；

　　　$A_{着}$——一个着火罐需要冷却的表面积，m²；

　　　$A_{邻}$——一个邻近罐需要冷却的表面积，m²；

　　　q——气体储罐冷却用水供给强度，L/(s·m²)，一般应不小于 0.2L/(s·m²)。

二、气体储罐火灾扑救的战斗车数量

气体储罐火灾扑救需要的战斗车，包括冷却着火罐战斗车和冷却邻近罐战斗车两部分，可根据每个着火罐和邻近罐单位时间所需冷却用水量和每支水枪（炮）的流量来确定。

（一）冷却一个着火罐所需水枪（炮）的数量

冷却一个着火罐所需的水枪（炮）数量可由式（4-4-4）计算：

$$n_{着} = \frac{Q_{着}}{Q_{枪}} \tag{4-4-4}$$

式中　$n_{着}$——冷却一个着火罐需要的水枪（炮）数量，支或门；

　　　$Q_{着}$——冷却一个着火罐单位时间需要的火场用水量，L/s；

　　　$Q_{枪}$——1 支水枪（炮）的流量，L/s，水枪一般取 7.5L/s，水炮一般取 40L/s。

若着火罐容量较小，需要冷却的面积不大，计算出来的水枪数量小于 4 支时，由于水枪手在冷却气体储罐时不便于移动水枪阵地，故仍需用 4 支水枪；若是使用水炮冷却，一般不少于 2～3 门。

若着火罐容量较大，需要冷却的面积也大，计算出来的水枪数量超过 10 支时，考虑到气体储罐上部冷却用水流至储罐的下部，仍能起到一定的冷却作用，因此可适当减少使用的水枪数量，一般可减少 1/3，但减少后的水枪数量应不少于 10 支；当水枪数量超过 20 支时，考虑到水枪阵地的场地受限和转移的需要，仍可采用 20 支水枪。

不同容积气体储罐着火时需要的冷却水枪数量见表 4-4-3。

表 4-4-3　不同容积气体储罐着火时需要的冷却水枪（炮）数量

容积/m³		球罐直径 /m	球罐表面积 /m²	一个着火罐需要的冷却力量			一个邻近罐需要的冷却力量	
				水枪/支		水炮/门	水枪/支	水炮/门
公称容积	几何容积			计算值	采用值	采用值	采用值	采用值
50	51	4.6	66.5	2	4	2～3	2	1～2
120	119	6.1	116.9	4	4	2～3	2	1～2
200	187	7.1	158.4	5	5	2～3	3	1～2
400	408	9.2	265.9	8	8	2～3	4	1～2
650	641	10.7	359.7	10	10	2～3	5	1～2
1000	974	12.3	475.3	13	10	3	5	2～3
1500	1499	14.2	633.5	17	12	4	6	2～3
2000	2026	15.7	774.4	21	18	4	6	2～3
3000	3054	18.0	1017.9	28	19	6	6	2～3
4000	4003	19.7	1219.3	33	20	7	6	2～3
5000	4989	21.2	1412.0	38	20	8	6	2～3
6000	6044	22.6	1604.6	43	20	9	6	2～3
8000	7986	24.8	1932.2	52	20	10	6	2～3
10000	10079	26.8	2256.5	62	20	12	6	2～3

（二）冷却一个邻近罐所需水枪（炮）的数量

冷却一个邻近罐所需的水枪（炮）数量可由式（4-4-5）计算：

$$n_邻 = \frac{Q_邻}{Q_枪} \tag{4-4-5}$$

式中　$n_邻$——冷却一个邻近罐需要的水枪（炮）数量，支或门；

　　　$Q_邻$——冷却一个邻近罐单位时间需要的火场用水量，L/s；

　　　$Q_枪$——1 支水枪（炮）的流量，L/s，水枪一般取 7.5L/s，水炮一般取 40L/s。

当邻近罐容量较小，需要冷却的面积不大，计算出来的水枪数量少于 2 支时，仍应采用 2 支水枪；当储罐容量较大，计算出来的水枪数量超过 6 支时，每个罐的冷却用水的水枪数量仍可采用 6 支。若是使用水炮冷却，一般为 1～3 门，见表 4-4-3。

（三）气体储罐火灾扑救的战斗车数量

气体储罐火灾扑救的战斗车数量为冷却着火罐战斗车数量和冷却邻近罐战斗车数量的总和，即：

$$N_战 = \sum\frac{n_着}{n} + \sum\frac{n_邻}{n} \tag{4-4-6}$$

式中　$N_战$——战斗车数量，辆；

　　　$n_着$——冷却着火罐所需的水枪（炮）数量，支或门；

　　　$n_邻$——冷却邻近罐所需的水枪（炮）数量，支或门；

　　　n——1 辆战斗车能供应的水枪（炮）数量，支或门。

三、气体储罐火灾扑救的战斗车数量估算

对于气体储罐火灾扑救需要的战斗车数量，也可以根据着火罐和邻近罐所需要冷却的表面积和每支水枪（炮）的冷却面积进行快速估算。

（一）冷却一个着火罐所需水枪（炮）的数量估算

冷却一个着火罐需用的水枪（炮）数量可按式（4-4-7）估算：

$$n_着 = \frac{A_着}{a} \tag{4-4-7}$$

式中　$n_着$——冷却一个着火罐需用的水枪（炮）数量，支或门；

　　　$A_着$——一个着火罐需要冷却的表面积，m²；

　　　a——1 支水枪（炮）的冷却面积，m²，水枪一般取 30m²，水炮一般取 200m²。

水枪（炮）估算数量的取值要求与计算部分相同。

（二）冷却一个邻近罐所需水枪（炮）的数量估算

冷却一个邻近罐需用的水枪（炮）数量可按式（4-4-8）计算：

$$n_邻 = \frac{A_邻}{a} \tag{4-4-8}$$

式中　$n_邻$——冷却一个邻近罐需用的水枪（炮）数量，支或门；

　　　$A_邻$——一个着火罐需要冷却的表面积，m²；

　　　a——1 支水枪（炮）的冷却面积，m²，水枪一般取 30m²，水炮一般取 200m²。

估算出水枪数量要求与计算部分要求相同。

（三）气体储罐火灾扑救的战斗车数量估算

气体储罐火灾扑救的战斗车数量估算与计算相同，为冷却着火罐战斗车数量和冷却邻近罐战斗车数量的总和，通常按一辆战斗车出 2 支水枪或 1 门水炮估算。

四、气体储罐火灾扑救的总用水量

气体储罐火灾扑救的总用水量，取决于单位时间内的火场用水量和火灾延续时间。其计算公式为：

$$V_水 = 3.6 Q_水 t \qquad (4\text{-}4\text{-}9)$$

式中　$V_水$——总用水量，m^3；

　　　$Q_水$——单位时间火场用水量，L/s；

　　　t——火灾延续时间，h。

其中，火灾延续时间 t 可参考表 4-4-4。

表 4-4-4　不同构筑物的火灾延续时间

建筑	场所与火灾危险性		火灾延续时间/h
构筑物	煤、天然气、石油及其产品的工艺装置	—	3.0
	甲、乙、丙类可燃液体储罐	直径大于 20m 的固定顶罐和直径大于 20m 浮盘用易熔材料制作的内浮顶罐	6.0
		其他储罐	4.0
		覆土油罐	
	液化烃储罐、沸点低于 45℃甲类液体、液氨储罐		6.0
	空分站、可燃液体、液化烃的火车和汽车装卸栈台		3.0
	变电站		2.0
	装卸油品码头	甲、乙类可燃液体油品一级码头	6.0
		甲、乙类可燃液体油品二、三级码头丙类可燃液体油品码头	4.0
		海港油品码头	6.0
		河港油品码头	4.0
		码头装卸区	2.0
	装卸液化石油气船码头		6.0
	液化石油气加气站	地上储气罐加气站	3.0
		埋地储气罐加气站	1.0
		加油和液化石油气加合建站	
	可燃气体罐区	可燃气体储罐	3.0

例 4-4-1　某一液化石油气储罐区，某日因遭雷击，固定冷却系统损坏，造成一个直径 7.1m 的球罐着火，距着火罐 10m 范围内有 3 个直径为 4.6m 的球罐。着火罐采用 PSY40 移动炮进行冷却，邻近罐采用水枪进行冷却，试计算：（1）火场用水量；（2）火场所需战斗车

数量；（3）估算火场所需战斗车数量；（4）火场总用水量。

解：由题意可知，着火罐1个，邻近罐3个；冷却用水供给强度为 $0.2L/(s \cdot m^2)$ ；1门移动炮的流量为 $40L/s$ ，冷却面积约为 $200m^2$ ；1支水枪的流量为 $7.5L/s$ ，冷却面积约为 $30m^2$ ；液化石油气储罐火灾延续时间约为 $6h$ 。

则：（1）火场用水量

一个着火罐需要冷却的面积： $A_着 = \pi D^2 = 3.14 \times 7.1^2 \approx 158(m^2)$

一个邻近罐需要冷却的面积： $A_邻 = 0.5\pi D^2 = 0.5 \times 3.14 \times 4.6^2 \approx 33(m^2)$

单位时间火场用水量： $Q_水 = \sum A_着 q + \sum A_邻 q = 158 \times 0.2 + 3 \times 33 \times 0.2 = 51.4(L/s)$

（2）战斗车数量计算

冷却一个着火罐需要的水炮数： $n_着 = \dfrac{Q_着}{Q_枪} = \dfrac{158 \times 0.2}{40} \approx 1$（门），取 3 门

冷却一个邻近罐需要的水枪数： $n_邻 = \dfrac{Q_邻}{Q_枪} = \dfrac{33 \times 0.2}{7.5} \approx 1$（支），取 2 支

火场战斗车数量： $N_战 = \sum \dfrac{n_着}{n} + \sum \dfrac{n_邻}{n} = \dfrac{3}{1} + 3 \times \dfrac{2}{2} = 6$（辆）

（3）战斗车数量估算

冷却一个着火罐需要的水炮数量： $n_着 = \dfrac{A_着}{a} = \dfrac{158}{200} \approx 1$（门），取 3 门

冷却一个邻近罐需要的水枪数量： $n_邻 = \dfrac{A_邻}{a} = \dfrac{33}{30} \approx 2$（支），取 2 支

火场战斗车数量： $N_战 = \sum \dfrac{n_着}{n} + \sum \dfrac{n_邻}{n} = \dfrac{3}{1} + 3 \times \dfrac{2}{2} = 6$（辆）

（4）总用水量

$V_水 = 3.6 Q_水 t = 3.6 \times 51.4 \times 6 \approx 1100(m^3)$

答：单位时间火场用水量为 $51.4L/s$ ，火场所需战斗车数量计算为 6 辆，估算为 6 辆，总用水量约为 $1100m^3$ 。

------------------------------○ **思考与练习** ○------------------------------

1. 液化石油气储罐发生火灾后，火场的主要任务是什么？并说明原因。

2. 试计算容量为 $800m^3$ 的球形储罐的表面积。

3. 某一液化石油气球罐区，球罐容量均为 $500m^3$ ，某日因遭雷击，固定冷却系统损坏，并造成一个球罐着火，邻近罐有 2 个，试计算火场总用水量。

第五节　液体储罐火灾扑救的供水力量

◉【学习目标】

1. 了解影响液体储罐区火场扑救供水力量的因素。

2. 熟悉液体储罐火灾扑救的用水量、战斗车数量、总用水量的计算。

3. 掌握液体储罐火灾扑救的泡沫灭火剂用量和战斗车数量的估算。

石油化工行业是我国国民经济的支柱性产业之一，是国家能源战略、能源安全的重要组成部分，在经济建设、国防事业和人民生活中发挥着极其重要的作用。石油化工行业有大量的甲、乙、丙类可燃液体物料、半成品和成品储罐，易燃易爆有毒，火灾危险性极大，一旦起火，燃烧猛烈，若扑救不及时，灭火方法不得当，火势极易扩大蔓延，造成严重经济损失，甚至危及人的生命安全。因此，对甲、乙、丙类可燃液体储罐火灾的供水力量进行科学合理的计算是十分重要的。

一、液体储罐火灾扑救的灭火剂用量

液体储罐按照结构形式，通常分为立式储罐和卧式储罐两类，其中立式储罐又分为固定顶罐和浮顶罐（内浮顶、外浮顶）。立式储罐通常用来存储原油和各种成品油，其存储容量较大；卧式储罐应用较为广泛，其容积一般都小于 100m^3，常用以存储原油、植物油、化工溶剂或其他石油产品，适用于小型油库、城市加油站或在大型油库中用作附属油罐。常见的立式、卧式金属油罐的规格见表 4-5-1 和表 4-5-2。

液体储罐发生火灾，需要使用泡沫进行灭火，同时还需要对着火罐和受火势威胁的邻近罐进行冷却保护。

表 4-5-1　立式金属油罐的规格

结构形式	公称容积/m³	实际容积/m³	内径/m	罐壁高度/m
固定顶罐	500	554	9	8.7
	1000	1100	11.5	10.7
	2000	2176	15.8	11.1
	3000	3443	18.9	12.3
	5000	5595	23.7	12.7
	10000	10907	31.2	14.3
内浮顶罐	500	484	8.7	8.2
	1000	1081	12	9.6
	2000	—	15.3	11.7
	5000	—	22.9	11.7
	20000	20100	40	16
外浮顶罐	5000	—	20	17
	10000	—	28	18
	20000	—	40	18
	30000	—	48	19
	50000	—	68	19
	100000	—	80	21
	150000	—	95	22

（一）液体储罐火灾扑救的泡沫灭火剂用量

扑救甲、乙、丙类液体储罐火灾，泡沫灭火剂用量包括扑灭着火罐泡沫灭火剂用量和扑

表 4-5-2　卧式金属油罐的规格

结构型式	公称容积/m³	实际容积/m³	内径/m	长度/m
卧式金属罐	5	5.6	1.2	5.2
	10	11	1.6	5.8
	15	16.6	1.8	6.9
	20	22.3	2.0	7.5
	25	27.4	2.2	7.6
	30	33.2	2.4	7.8
	40	44.1	2.6	8.8
	50	54.3	2.8	9.3
	80	88.2	3.0	13.1
	100	110.8	3.0	16.2

灭流淌火泡沫灭火剂用量。单位时间泡沫灭火剂用量应根据燃烧面积和泡沫（混合液）供给强度进行计算。

1. 燃烧面积

（1）固定顶罐和易熔盘或浅盘式浮顶罐的燃烧面积可按式（4-5-1）计算：

$$A = \frac{\pi D^2}{4} \tag{4-5-1}$$

式中　A——燃烧面积，m^2；

　　　D——固定顶罐的直径，m。

（2）钢制盘浮顶罐的燃烧面积可按罐壁与泡沫堰板之间的环形面积计算：

$$A = \frac{\pi}{4}(D_1^2 - D_2^2) \tag{4-5-2}$$

式中　A——燃烧面积，m^2；

　　　D_1——浮顶罐的直径，m；

　　　D_2——浮盘的直径，m，一般比浮顶罐的直径小 2~3m。

（3）卧式储罐的燃烧面积一般按防火堤内的占地面积计算：

$$A = ab \tag{4-5-3}$$

式中　A——燃烧面积，m^2；

　　　a，b——防火堤的长和宽，m。

当防火堤的面积超过 $400m^2$ 时，可仍按 $400m^2$ 计算。

2. 需要的泡沫量

扑灭液体储罐火灾需要的单位时间泡沫量应根据燃烧面积和泡沫供给强度计算。

$$Q_{泡} = Aq \tag{4-5-4}$$

式中　$Q_{泡}$——灭火需要的单位时间泡沫量，L/s；

　　　A——燃烧面积，m^2；

　　　q——泡沫供给强度（见表 4-1-8），$L/(s \cdot m^2)$。

3. 需要的泡沫枪（炮、钩管）数量

扑灭液体储罐火灾需用的泡沫枪（炮、钩管）的数量可按式（4-5-5）计算：

$$n_枪 = \frac{Q_泡 - Q_固}{kQ_{q泡}}$$ (4-5-5)

式中 $n_枪$——灭火需要的泡沫枪（炮、钩管）数量，支或门；

$Q_泡$——灭火需要的单位时间泡沫量，L/s；

$Q_固$——固定灭火系统的泡沫流量，L/s；

$Q_{q泡}$——泡沫枪（炮、钩管）的泡沫流量，L/s；

k——泡沫进罐率。

在实际计算时，应根据供泡沫过程中的具体情况确定泡沫进罐率。例如利用泡沫枪（炮）灭火，因受火场风和高温气流的影响，部分泡沫被旋流卷走，大概只有50%的泡沫能打入油罐中，则泡沫进罐率为50%；若利用泡沫钩管、高喷炮灭火，泡沫可全部打入油罐中，一般认为泡沫进罐率为100%。

4. 需要的混合液量

扑灭液体储罐火灾需要的单位时间混合液量可按式（4-5-6）计算：

$$Q_混 = n_枪 Q_{q混}$$ (4-5-6)

式中 $Q_混$——灭火需要的单位时间泡沫混合液量，L/s；

$n_枪$——灭火需要的泡沫枪（炮、钩管）数量；

$Q_{q混}$——1支泡沫枪（炮、钩管）的混合液量，L/s。

5. 泡沫液常备量

采用低倍数泡沫扑救液体储罐火灾，为防止复燃，提高灭火成功率，泡沫灭火剂连续供给时间通常按60min考虑。

（1）灭火需要的泡沫液常备量计算公式如下：

$$V_液 = 0.216Q_混$$ (4-5-7)

式中 $V_液$——灭火需要的泡沫液常备量，m^3 或 t；

0.216——按6%配比，60min用液量系数（$0.06 \times 60 \times 60 / 1000 = 0.216$）；如按3%配比，则用液量系数为0.108；

$Q_混$——灭火需要的单位时间泡沫混合液量，L/s。

（2）灭火需要的泡沫液常备量估算公式如下：

$$V_液 = \frac{\alpha A q_泡 t}{10\beta}$$ (4-5-8)

式中 $V_液$——灭火需要的泡沫液常备量，m^3 或 t；

α——泡沫液混合比例，通常取6%或3%；

β——发泡倍数，通常取6.25；

A——燃烧面积，$100m^2$（每百平方米）；

$q_泡$——泡沫灭火供给强度，$L/(s \cdot m^2)$；

t——连续供液时间，s，通常按3600s（60min）考虑。

扑救固定顶储罐火灾，其泡沫灭火供给强度不小于$1.0L/(s \cdot m^2)$，泡沫液混合比按6%计算，灭火需要的泡沫液常备量约为3.6A；泡沫液混合比按3%计算，灭火需要的泡沫液常备量约为1.8A。若采用泡沫枪（炮）灭火，泡沫进罐率按50%考虑，则灭火需要的泡沫液常备量应增加一倍。即为泡沫液混合比按6%计算，灭火需要的泡沫液常备量约为7.2A；泡沫液混合比按3%计算，灭火需要的泡沫液常备量约为3.6A。

例 4-5-1 某一油罐区，固定顶罐的直径均为 16m。某日因遭雷击，固定灭火系统损坏，其中一个汽油储罐着火，呈敞开式燃烧，若采用车载泡沫炮 PP48 灭火，试计算、估算泡沫液常备量。

解： 由题意可知，扑救固定顶罐火灾，泡沫供给强度为 $1.0L/(s \cdot m^2)$，泡沫液选用 6% 型，连续供液时间为 60min；固定灭火系统损坏，$Q_{固}=0L/s$；采用车载泡沫炮 PP48 灭火，$Q_{混}=48L/s$，$Q_{q泡}=48 \times 6.25=300L/s$，泡沫进罐率 $k=0.5$。

则：（1）泡沫液常备量计算

燃烧面积：$A=\dfrac{\pi D^2}{4}=\dfrac{3.14 \times 16^2}{4} \approx 200.96(m^2)$

单位时间需用的泡沫量：$Q_{泡}=Aq=201 \times 1.0=201(L/s)$

需要的泡沫枪（炮、钩管）数量：$n_{枪}=\dfrac{Q_{泡}-Q_{固}}{kQ_{q泡}}=\dfrac{201-0}{0.5 \times 300} \approx 2(门)$

单位时间需要的混合液量：$Q_{混}=n_{枪}Q_{q混}=2 \times 48=96(L/s)$

泡沫液常备量为：$V_{液}=0.216Q_{混}=0.216 \times 96 \approx 20.7(m^3)$

（2）估算

$$V_{液}=\dfrac{\alpha Aq_{泡}t}{10\beta} \approx 3.6A=3.6 \times \dfrac{201}{100} \approx 7.2 \ (m^3)$$

采用泡沫炮灭火，泡沫进罐率按 50% 考虑，则泡沫液常备量应为 $7.2 \times 2=14.4(m^3)$。

答： 泡沫液常备量的计算值为 $20.7m^3$，估算值为 $14.4m^3$。

（二）液体储罐火灾扑救的用水量

液体储罐火灾扑救的用水量通常包括配制泡沫的灭火用水量和冷却用水量，其中冷却用水量又包括冷却着火罐用水量和冷却邻近罐用水量。

$$Q_{水}=Q_{灭}+Q_{冷着}+Q_{冷邻} \tag{4-5-9}$$

式中　$Q_{水}$——液体储罐火灾扑救的单位时间用水量，L/s；

　　　$Q_{灭}$——配制泡沫的单位时间灭火用水量，L/s；

　　　$Q_{冷着}$——着火罐的单位时间冷却用水量，L/s；

　　　$Q_{冷邻}$——邻近罐的单位时间冷却用水量，L/s。

1. 配制泡沫的灭火用水量

配制泡沫的灭火用水量，可按式（4-5-10）计算：

$$Q_{灭}=(1-\alpha)Q_{混} \approx Q_{混} \tag{4-5-10}$$

式中　$Q_{灭}$——配制泡沫的单位时间灭火用水量，L/s；

　　　α——泡沫液混合比例，通常取 6% 或 3%；

　　　$Q_{混}$——灭火需要的单位时间泡沫混合液量，L/s。

2. 着火罐的冷却用水量

（1）立式储罐着火时，应围绕整个罐体全周长均匀进行冷却，可按式（4-5-11）计算：

$$Q_{冷着}=n\pi Dq \tag{4-5-11}$$

式中　$Q_{冷着}$——着火罐的冷却时间冷却用水量，L/s；

　　　n——同一时间内着火罐的数量；

　　　D——着火罐的直径，m；

　　　q——着火罐的冷却水供给强度，$L/(s \cdot m)$，见表 4-1-3。

（2）卧式储罐着火时，应对整个卧式储罐的表面进行冷却，可按式（4-5-12）计算：

$$Q_{冷着}=n\pi DLq \qquad (4-5-12)$$

式中　$Q_{冷着}$——着火罐的单位时间冷却用水量，L/s；

　　　　n——同一时间内着火罐的数量；

　　　　D——着火罐的直径，m；

　　　　L——着火罐的长度，m；

　　　　q——着火罐的冷却水供给强度，L/(s·m²)，见表4-1-4。

3. 邻近罐的冷却用水量

立式储罐的邻近罐是指距离着火罐直径1.5倍范围内的储罐，当立式储罐的邻近罐超过3个时，可按3个计算；卧式储罐的邻近罐是指距离着火罐直径与长度之和0.5倍范围内的卧式储罐或距离着火罐直径1.5倍范围内的立式储罐，当卧式储罐的邻近罐超过4个时，可按4个计算。

邻近罐由于距离着火罐较近，朝向着火罐一侧受到的热辐射较大，所以需要进行冷却，立式储罐按半周长冷却，卧式储罐按半面积冷却，计算方法同着火罐，冷却水供给强度见表4-1-3和表4-1-4。

4. 有关要求

（1）当内浮顶罐的浮盘为易熔盘或浅盘式时，喷水强度应按固定顶罐计算。

（2）卧式着火罐的冷却用水量不应小于15L/s；卧式邻近罐采用不燃烧材料进行保温时，其冷却水供给强度可减少50%，但不应小于7.5L/s。

例4-5-2　某一油罐区，固定顶罐的直径均为9m，某日因遭雷击，固定冷却系统损坏，其中一个储罐着火，距着火罐壁12m范围内的邻近罐有5个，若采用1门车载泡沫炮PP48灭火和直流水枪冷却，试计算火灾扑救的用水量。

解：由题意可知，采用1门车载泡沫炮PP48，$Q_{混}=48$L/s；固定顶罐为立式罐，按周长冷却，着火罐的冷却水供给强度为0.8L/(s·m)，邻近罐的冷却水供给强度为0.7L/(s·m)；邻近罐有5个，按3个计算。

则：（1）配制泡沫的单位时间灭火用水量为：$Q_{灭}=(1-\alpha)Q_{混}\approx Q_{混}\approx48$（L/s）

（2）着火罐的单位时间冷却用水量为：$Q_{冷着}=n\pi Dq=1\times3.14\times9\times0.8\approx22.6$（L/s）

（3）邻近罐的单位时间冷却用水量为：$Q_{冷邻}=0.5n\pi Dq=0.5\times3\times3.14\times9\times0.7\approx29.7$（L/s）

（4）单位时间火灾扑救的用水量为：$Q_{水}=Q_{灭}+Q_{冷着}+Q_{冷邻}=48+22.6+29.7=100.3$（L/s）

答：该油罐区火灾扑救的单位时间用水量为100.3L/s。

二、液体储罐火灾扑救的战斗车数量

液体储罐区发生火灾后，火灾现场需要的战斗车一般包括：灭火需要的战斗车、冷却需要的战斗车、扑救流淌火需要的战斗车及备用战斗车。

（一）灭火需要的战斗车数量

液体储罐发生火灾，需要使用泡沫消防车来灭火，灭火需要的战斗车数量可先根据燃烧面积和灭火所需的泡沫供给强度来确定灭火所需的泡沫量，然后确定灭火所需的泡沫灭火设备的数量和泡沫消防车数量，可按式（4-5-13）计算：

$$N_灭 = \frac{n_枪}{n} \tag{4-5-13}$$

式中　$N_灭$——灭火需要的战斗车数量，辆；

　　　　$n_枪$——灭火需要的泡沫枪（炮、钩管）数量，支或门；

　　　　n——1辆泡沫消防车能提供的泡沫枪（炮、钩管）数，支或门。

（二）冷却需要的战斗车数量

液体储罐发生火灾，需要使用水罐消防车或泡沫消防车对着火罐和邻近罐进行冷却保护。冷却需要的战斗车数量可根据每个着火罐和邻近罐所需冷却用水量和每支水枪（炮）的流量来确定。

1. 冷却一个着火罐需要的水枪（炮）数量

冷却一个着火罐需要的水枪（炮）数量，应根据着火罐的冷却用水量和水枪（水炮）的流量来确定：

$$n_着 = \frac{Q_{冷着} - Q_{固着}}{Q_枪} \tag{4-5-14}$$

式中　$n_着$——冷却1个着火罐需要的水枪（炮）数，支或门；

　　　　$Q_{冷着}$——着火罐的单位时间冷却用水量，L/s；

　　　　$Q_{固着}$——着火罐的固定冷却系统流量，L/s；

　　　　$Q_枪$——水枪（炮）流量，L/s。

当着火罐容积较小，计算出来的水枪数量较少时，冷却立式着火罐不应少于4支水枪，冷却卧式着火罐也不宜少于4支水枪；若是使用水炮冷却，一般不少于2～3门。

2. 冷却一个邻近罐需要的水枪（炮）数量

冷却一个邻近罐需要的水枪（炮）数量，应根据邻近罐的冷却用水量和水枪（水炮）的流量来确定，计算方法同着火罐。

当邻近罐容积较小，计算出来的水枪数量较少时，冷却立式邻近罐不应少于2支水枪，冷却卧式邻近罐也不宜少于2支水枪；若是使用水炮冷却，一般为1～2门。

3. 冷却需要的战斗车数量

液体储罐发生火灾，冷却需要的战斗车数量为冷却着火罐战斗车数量和冷却邻近罐战斗车数量的总和，即：

$$N_冷 = \sum\frac{n_着}{n} + \sum\frac{n_邻}{n} \tag{4-5-15}$$

式中　$N_冷$——冷却需要的战斗车数量，包括冷却着火罐和邻近罐所需的战斗车数量，辆；

　　　　$n_着$——冷却1个着火罐需要的水枪（炮）数，支或门；

　　　　$n_邻$——冷却1个邻近罐需要的水枪（炮）数，支或门；

　　　　n——1辆战斗车能供的水枪（炮）数量，支或门。

（三）扑救流淌火需要的战斗车数量

对于立式储油罐区，除了部署相应力量扑救储罐火灾外，还应考虑配备必要的泡沫枪（泡沫炮），用于扑救从储罐内流出的易燃液体流淌火灾，以控制火势蔓延扩大。扑救流淌火需要的泡沫枪数量见表4-1-7，需要的战斗车数量，一般为1～2辆。

（四）备用战斗车数量

扑救液体储罐火灾，由于灭火救援时间较长，灾情变化复杂，需要一定数量的机动战斗车作为备用，一般为 1~2 辆。

（五）液体储罐火灾所需战斗车总数

1. 立式储罐

对于立式储罐，火灾现场需要的战斗车一般包括：灭火需要的战斗车、冷却需要的战斗车、扑救流淌火需要的战斗车及备用战斗车：

$$N_战 = N_灭 + N_冷 + N_流 + N_备 \qquad (4-5-16)$$

式中　$N_战$——扑救立式储罐火灾需要的战斗车总数，辆；

　　　$N_灭$——灭火需要的战斗车数量，辆；

　　　$N_冷$——冷却需要的战斗车数量，辆；

　　　$N_流$——扑救流淌火需要的战斗车数量，辆，一般取 1~2 辆；

　　　$N_备$——备用战斗车，辆，一般取 1~2 辆。

2. 卧式储罐

卧式储罐发生火灾，储罐极易破裂，导致易燃液体流散而发生流淌火灾，灭火力量主要的任务就是扑灭流淌火。一般卧式储罐火场需要的战斗车包括：灭火需要的战斗车、冷却需要的战斗车及备用战斗车：

$$N_战 = N_灭 + N_冷 + N_备 \qquad (4-5-17)$$

式中　$N_战$——扑救卧式储罐火灾需要的战斗车总数，辆；

　　　$N_灭$——灭火需要的战斗车数量，辆；

　　　$N_冷$——冷却需要的战斗车数量，辆；

　　　$N_备$——备用战斗车，辆，一般取 1~2 辆。

例 4-5-3　一加油站内有三个直径 1.5m、长 10m 的地上卧式油罐，罐区的防火堤长 15m，宽 14m。某日因违章施工导致中间储罐管道断裂并着火，现用 QP8 泡沫枪灭火和 QLD6/8 水枪冷却，试计算火场战斗车数量。

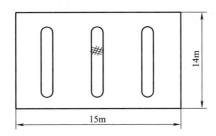

解： 由题意可知，灭火的主要任务是扑灭流淌火，泡沫供给强度应为 1.2L/(s·m²)；同时，还应对着火罐和 2 个邻近罐进行冷却保护，冷却强度为 0.1L/(s·m²)；扑救石油化工火灾，$Q_枪 = 7.5$L/s。

则：（1）灭火需要的战斗车

燃烧面积：$A = ab = 15 \times 14 = 210$（m²）

单位时间需要的泡沫量：$Q = Aq = 210 \times 1.2 = 252$（L/s）

需要的泡沫枪（炮）数量：$n_枪 = \dfrac{Q_泡 - Q_固}{kQ_{q泡}} = \dfrac{252 - 0}{1 \times 8 \times 6.25} \approx 6$（支）

灭火需要的战斗车数量：$N_灭 = \dfrac{n_枪}{n} = \dfrac{6}{2} = 3$（辆）

（2）冷却需要的战斗车

一个着火罐的单位时间冷却用水量：$Q_{冷着} = \pi DLq = 3.14 \times 1.5 \times 10 \times 0.1 \approx 4.7 (\text{L/s})$

一个邻近罐的单位时间冷却用水量：$Q_{冷邻} = 0.5\pi DLq = 0.5 \times 3.14 \times 1.5 \times 10 \times 0.1 \approx 2.4 (\text{L/s})$

冷却一个着火罐需要的水枪（炮）数量：$n_{着} = \dfrac{Q_{冷着} - Q_{固着}}{Q_{枪}} = \dfrac{4.7 - 0}{7.5} \approx 1$（支），取 4 支

冷却一个邻近罐需要的水枪（炮）数量：$n_{邻} = \dfrac{Q_{冷邻} - Q_{固邻}}{Q_{枪}} = \dfrac{2.4 - 0}{7.5} \approx 1$（支），取 2 支

冷却需要的战斗车数量：$N_{冷} = \sum \dfrac{n_{着}}{n} + \sum \dfrac{n_{邻}}{n} = \sum \dfrac{4}{2} + \sum \dfrac{2}{2} = 4$（辆）

（3）备用战斗车数量按 1 辆考虑。

（4）火场需要的战斗车总数：$N_{战} = N_{灭} + N_{冷} + N_{备} = 3 + 4 + 1 = 8$（辆）

答：火场需要的战斗车总数为 8 辆，其中灭火需要的战斗车 3 辆，冷却需要的战斗车 4 辆，备用战斗车 1 辆。

三、液体储罐火灾扑救的战斗车数量估算

液体储罐火灾扑救需要的战斗车包括：灭火需要的战斗车、冷却需要的战斗车、扑救流淌火需要的战斗车及备用战斗车。其中，灭火需要的战斗车数量，可根据燃烧面积和每辆消防车能控制的燃烧面积进行估算；冷却需要的战斗车数量，可根据需要冷却的周长或面积和每辆消防车能控制的周长或面积进行估算；扑救流淌火需要的战斗车数量一般按 1～2 辆估算；备用战斗车数量一般按 1～2 辆估算。

（一）灭火需要的战斗车数量估算

扑救立式储罐火灾，一辆普通泡沫消防车可出 2 支 QP8 型泡沫枪，进罐率按 50% 考虑，一辆普通泡沫消防车的控制面积可按 50m^2 估算；一辆重型泡沫消防车可出 4 支 QP8 型泡沫枪，进罐率按 50% 考虑，一辆重型泡沫消防车的控制面积可按 100m^2 估算。扑救卧式储罐火灾，进罐率按 100% 考虑，因此一辆普通泡沫消防车的控制面积可按 100m^2 估算；一辆重型泡沫消防车的控制面积可按 200m^2 估算。

当使用车载泡沫炮进行灭火时，混合液流量通常在 48～80L/s，进罐率按 50% 考虑，一辆泡沫消防车的控制面积可按平均 200m^2 估算；当使用移动泡沫炮进行灭火时，混合液流量通常在 30～40L/s，按一辆泡沫消防车出 1 门移动泡沫炮，进罐率 50% 考虑，一辆泡沫消防车的控制面积可按平均 100m^2 估算；当使用高喷炮进行灭火时，混合液流量通常在 48～80L/s，进罐率按 100% 考虑，一辆高喷消防车的控制面积可按平均 400m^2 估算。

（二）冷却需要的战斗车数量估算

立式储罐冷却需要的战斗车数量，可按着火罐全周长、邻近罐半周长和每支水枪（炮）的控制周长进行估算。卧式储罐冷却需要的战斗车数量，可按着火罐全面积、邻近罐半面积和每支水枪（炮）的控制面积进行估算。

扑救石油化工火灾，当使用 QLD6/8 型直流喷雾水枪进行冷却时，一般要达到 17m 的充实水柱，其流量为 7.5L/s，则 1 支 QLD6/8 水枪冷却立式储罐的控制长度约为 10m，冷却卧式储罐的控制面积约为 70m^2；当使用移动炮进行冷却时，控制长度约为 50m，控制面积约为 200m^2。

例 4-5-4 有一油罐区，共有 6 个地上立式固定顶储罐，分别储存汽油、煤油和柴油，容量为 10000m³，直径均为 31m。某日因职工操作不慎导致汽油罐爆炸着火，固定泡沫灭火系统和冷却系统损坏，距离着火罐 1.5D 范围内有 3 个邻近罐。采用高喷消防车灭火和移动炮冷却，泡沫液为 6％型。(1) 估算泡沫液常备量；(2) 估算火场战斗车数量。

解：由题意可知，储罐为固定顶罐，泡沫供给强度为 1.0L/(s·m²)，着火罐冷却强度为 0.8L/(s·m)，邻近罐冷却强度为 0.7L/(s·m)；采用高喷消防车灭火，进罐率为 100％，1 辆高喷消防车混合液流量为 80L/s，控制面积约为 400m²；采用移动炮冷却，1 门移动炮的流量为 40L/s，控制周长约为 50m。

则：(1) 泡沫液常备量

燃烧面积：$A = \dfrac{\pi D^2}{4} = \dfrac{3.14 \times 31^2}{4} \approx 754$（m²）

泡沫液常备量：$V_{液} = 3.6A = 3.6 \times \dfrac{754}{100} \approx 27.2$（t）

(2) 火场战斗车数量估算

灭火战斗车数量：$N_{灭} = \dfrac{A - A_{固}}{a_{车}} = \dfrac{754 - 0}{400} \approx 2$（辆）

一个着火罐的冷却周长：$L_{着} = \pi D = 3.14 \times 31 \approx 97$（m）

冷却一个着火罐所需水炮数量：$n_{着} = \dfrac{L_{着} - L_{固}}{l_{枪}} = \dfrac{97 - 0}{50} \approx 2$（门），取 3 门

冷却一个邻近罐所需水炮数量：$n_{邻} = \dfrac{L_{邻} - L_{固}}{l_{枪}} = \dfrac{0.5 \times 97 - 0}{50} \approx 1$（门），取 1 门

冷却战斗车数量：$N_{冷} = \sum \dfrac{n_{着}}{n} + \sum \dfrac{n_{邻}}{n} = \dfrac{3}{1} + 3 \times \dfrac{1}{1} = 6$（辆）

扑救流淌火战斗车数量：取 2 辆

备用战斗车数量：取 2 辆

火场所需战斗车总数：$N_{战} = N_{灭} + N_{冷} + N_{流} + N_{备} = 2 + 3 + 3 \times 1 + 2 + 2 = 12$（辆）

答：泡沫液常备量约需 27.2t，火场战斗车数量约需 12 辆。

四、液体储罐火灾扑救的总用水量

液体储罐火灾扑救的总用水量，取决于单位时间内的火场用水量和连续供给时间；而火灾扑灭后，还需对储罐继续冷却至罐内液体的温度下降到安全范围内。其计算公式为：

$$V_{水} = 3.6(Q_{灭} t_1 + Q_{冷} t_2) \tag{4-5-18}$$

式中：$V_{水}$——总用水量，m³；

$\quad Q_{灭}$——单位时间灭火用水量，L/s；

$\quad Q_{冷}$——单位时间冷却用水量，L/s；

$\quad t_1$——灭火持续时间，h；

$\quad t_2$——冷却持续时间，h。

灭火持续时间可按 1h 考虑。冷却持续时间 t_2 可参考表 4-4-4 中的火灾延续时间，直径超过 20m 的地上固定顶和易熔盘内浮顶储罐，冷却时间按 6h 考虑；其他储罐和覆土储罐，冷却持续时间按 4h 考虑。

1. 一固定顶油罐，容积为 5000m³，因事故导致发生火灾，周围没有相邻储罐。现使用车载泡沫炮 PP48 灭火，泡沫液采用 6% 型，试计算和估算泡沫液常备量。

2. 一外浮顶储罐，容积为 50000m³，某日因遭雷击，固定灭火系统和冷却系统均损坏。现使用高喷消防车灭火和移动泡沫炮冷却，泡沫液采用 6% 型，试计算火场需要的用水量。

3. 一油罐区，共有 4 个地上立式固定顶油罐，容积均为 3000m³。某日因事故造成其中一个储罐发生火灾，并导致固定泡沫灭火系统和冷却系统损坏。现使用车载泡沫炮 PP48 灭火和消防水枪冷却，泡沫液采用 6% 型，试计算火场需要的战斗车数量。

》》第六节　油品库房火灾扑救的供水力量

◯ 【学习目标】

1. 了解影响油品库房火灾扑救供水力量的因素。
2. 熟悉油品库房火灾扑救的泡沫量、战斗车数量、泡沫液量的计算。
3. 掌握油品库房火灾扑救的泡沫灭火剂用量和战斗车数量的估算。

油品库房是指企业为满足自身生产经营等方面的需求而设置的专门用于接收、储存、发放液态原料油或成品油的仓库，通常以桶装的形式储存。一般来说，其火灾危险性较大，一旦发生火灾，蔓延较快，火势易波及到周围建筑，需用泡沫灭火设备及时控制和扑救火灾。

一、油品库房火灾扑救泡沫灭火剂用量

扑救油品库房火灾，主要使用泡沫进行灭火，需要的泡沫灭火剂用量可根据燃烧面积和泡沫灭火供给强度进行计算。

（一）燃烧面积

《石油库设计规范》和《建筑设计防火规范》对油品库房的耐火等级、层数、防火分隔都有严格的规定，见表 4-6-1。油品库房的燃烧面积可按实际防火墙隔间的面积计算，但由于油品库房危险性较大，其建筑物的构造及布局都受到严格的控制，因此，其燃烧面积一般不超过 400m²。

表 4-6-1　桶装液体库房的单栋建筑面积

液体类别	耐火等级	建筑面积/m²	防火墙隔间面积/m²
甲 B	一、二级	750	250
乙	一、二级	2000	500
丙	一、二级	4000	1000
	三级	1200	400

（二）灭火所需泡沫量

扑救油品库房火灾所需的单位时间泡沫量，由火场的燃烧面积与泡沫供给强度决定，可用式（4-6-1）计算：

$$Q_泡 = Aq \tag{4-6-1}$$

式中　$Q_泡$——单位时间灭火需要的泡沫量，L/s；

　　　A——火场燃烧面积，m^2；

　　　q——泡沫供给强度，$L/(s \cdot m^2)$。

油品库房发生火灾，一般情况下，库房内障碍物较多，对泡沫流动极为不利，需采用较大的泡沫供给强度，应不小于 $1.5L/(s \cdot m^2)$。

二、油品库房火灾扑救的战斗车数量

油品库房火灾扑救需要的战斗车一般包括：扑救油桶火需要的灭火战斗车和保护邻近建筑需要的冷却战斗车，其中灭火战斗车数量由灭火需要的泡沫枪（炮）数量和每辆消防车能提供的泡沫枪（炮）数量决定。

（一）灭火需要的泡沫枪（炮）数量

油品库房火灾扑救需要的泡沫枪（炮）数量可按式（4-6-2）计算：

$$n_枪 = \frac{Q_泡}{q_枪} \tag{4-6-2}$$

式中　$n_枪$——灭火需要的泡沫枪（炮）数量，支或门；

　　　$Q_泡$——单位时间灭火需要的泡沫量，L/s；

　　　$q_枪$——泡沫枪（炮）的泡沫流量，L/s。

（二）火场需要的战斗车数量

扑救油品库房火灾需要的战斗车数量可按式（4-6-3）计算：

$$N_战 = \frac{n_枪}{n} + N_冷 \tag{4-6-3}$$

式中　$N_战$——火场需要的战斗车数量，辆；

　　　$n_枪$——灭火需要的泡沫枪（炮）数量，支或门；

　　　n——1 辆消防车能提供的泡沫枪（炮）数量，支或门；

　　　$N_冷$——保护邻近建筑需要的冷却战斗车数量，一般按 $1\sim2$ 辆考虑。

三、油品库房火灾扑救的战斗车数量估算

油品库房火灾发展蔓延迅速，火场形势瞬息万变，需要指挥员能够快速地指挥决策，做出科学合理的力量部署。扑救油品火灾需要的战斗车数量，可根据燃烧面积和泡沫枪（炮）的控制面积进行快速估算。

（一）泡沫枪（炮）的控制面积

扑救油品库房火灾通常使用泡沫枪或移动泡沫炮，常用泡沫枪为 QP8 型，常用移动泡沫炮为 PP32。

1 支 QP8 型泡沫枪的控制燃烧面积为：$a = \dfrac{Q_枪}{q} = \dfrac{8 \times 6.25}{1.5} \approx 30$（$m^2$）

1 门 PP32 型移动泡沫炮的控制燃烧面积为：$a = \dfrac{Q_{枪}}{q} = \dfrac{32 \times 6.25}{1.5} \approx 120$（m²）

（二）火场需要的战斗车数量估算

扑救油品库房火灾需要的火场战斗车数量可按式（4-6-4）估算：

$$N_{战} = \frac{A}{na} + N_{冷} \tag{4-6-4}$$

式中　$N_{战}$——火场需要的战斗车数量，辆；

　　　A——火场的燃烧面积，m²；

　　　n——每辆消防车能提供的泡沫枪、泡沫炮数量，支或门；

　　　a——1 支泡沫枪（炮）的控制面积，m²；

　　　$N_{冷}$——保护邻近建筑物需要冷却保护使用的火场战斗车数量，一般按 1～2 辆考虑。

由于油品库房燃烧面积一般不超过 400m²，所以使用泡沫枪灭火时，需要的火场战斗车数量一般不超过 9 辆，使用移动泡沫炮灭火时，需要的火场战斗车数量一般不超过 6 辆。

四、油品库房火灾扑救的灭火剂总量

扑救油品库房火灾的灭火剂包括泡沫液和水两部分，需要的总量可根据单位时间需要的流量和连续供泡沫时间以及火灾延续时间确定，计算方法与液体储罐火灾相同，连续供泡沫时间可按 1h 考虑，火灾延续时间可按 3h 考虑。

例 4-6-1　某炼油厂的润滑油库房面积为 600m²（长 40m，宽 15m），某日因电气故障引起着火，该库房耐火等级为二级，邻近有其他库房。现场使用 QP8 泡沫枪灭火，（1）计算灭火需要的泡沫液总量；（2）估算火场需要的战斗车数量。

解：由题意可知，库房面积为 600m²，燃烧面积取 400m²；泡沫供给强度 $q = 1.5$L/(s·m²)；邻近有其他库房，$N_{冷}$ 取 2 辆；使用 QP8 泡沫枪灭火，控制面积 $a = 30$m²；连续供泡沫时间可按 1h 考虑。

则：（1）灭火需要的泡沫液总量

单位时间灭火需要的泡沫量：$Q_{泡} = Aq = 400 \times 1.5 = 600$（L/s）

灭火需要的泡沫液总量：$V_{液} = \dfrac{Q_{泡}}{6.25} \times 0.06 \times t \times \dfrac{3600}{1000} = \dfrac{600}{6.25} \times 0.06 \times 1 \times \dfrac{3600}{1000} \approx 20.8$

（m³）

（2）火场需要的战斗车数量估算

火场需要的战斗车数量：$N_{战} = \dfrac{A}{na} + N_{冷} = \dfrac{400}{2 \times 30} + 2 \approx 9$（辆）

答：灭火需要的泡沫液总量约为 20.8m³，火场需要的战斗车数量约为 9 辆。

○────────────────○　**思考与练习**　○────────────────○

1. 某一存储有润滑油的桶装库房发生火灾，用泡沫进行扑救，泡沫供给强度为多少，混合液供给强度为多少。

2. 计算扑救油品库房火灾时，QP16 型泡沫枪和 PP48 移动泡沫炮的控制面积。

3. 一个堆放有桶装油品的库房发生火灾，该库房为长 30m、宽 20m 的单层建筑，发生火灾后，未对周围建筑造成影响。计算火场需要的战斗车数量。

第五章
应急救援的
供水力量

我国是世界上遭受各类灾害最严重的国家之一。消防队伍在承担灭火任务的同时，还积极参加包括危险化学品泄漏、道路交通事故、地震及其次生灾害、建筑坍塌、重大安全生产事故、空难、爆炸及恐怖事件和水旱灾害、气象、地质灾害，以及森林、草原火灾，重大环境污染、核与辐射事故和突发公共卫生事件等应急救援工作。在应急救援工作中，消防供水有着重要的作用，尤其是危险化学品泄漏事故，具有燃烧、爆炸、中毒、灼伤与污染等危害，处置难度大，损失及次生灾害影响严重，特别是对人员的生命安全构成严重威胁，在控制、消除、减少事故危害以及防止事故恶化等处置中，消防供水都是重要的组成部分，是决定战斗成败的关键因素之一。

》》 第一节 危险化学品事故危害的影响因素

【学习目标】

1. 了解危险化学品事故危害的影响因素。
2. 熟悉危险化学品的危险特性。
3. 掌握危险化学品事故的类型。

危险化学品事故的危害与危险特性、事故类型、起始参数、地形地貌、气象条件、人口密度等因素有关。掌握危险化学品事故危害的影响因素，有助于及时有效调集供水力量，提高处置效率，减少官兵伤亡。

一、危险特性

危险化学品的危险特性多种多样，一种危险化学品通常具有多种危险特性。常见的危险特性有燃烧性、爆炸性、毒害性、腐蚀性、放射性等，主要危害包括燃爆危害、健康危害和环境危害。

（一）燃爆危害

危险化学品一旦发生燃烧、爆炸，破坏作用非常大，产生的冲击波、热力和有毒气体，极易造成人员冲烧毒复合伤。冲烧毒复合伤是所有复合伤中最严重的一种，伤情重、难急救，会造成严重的伤亡。据统计，在危险化学品事故中，燃烧、爆炸事故占53%，导致的人员伤亡数量约50.1%。

（二）健康危害

绝大多数危险化学品都具有毒害性，极易对人员造成健康危害。据统计，危险化学品的毒害性导致的人员伤亡数量占49.9%，为衡量危险化学品急性毒性的强弱和对人的潜在危害程度，国际上提出了急性毒性分级，急性毒性是指机体在较短时间内（小于24h）一次或多次接触危险化学品后，在短期内（小于2周）出现的中毒效应。我国除参考使用国际分级标准之外，还根据其半致死量将工业毒物的急性毒性分为5级，半数致死量（LD_{50}）是指化学物质引起一半试验动物出现死亡所需要的剂量。化学物质的急性毒性与 LD_{50} 成反比，即急性毒性越大，LD_{50} 数值越小，见表 5-1-1。

表 5-1-1　工业毒物急性毒性分级标准

毒性分级	经口 LD_{50} /(mg/kg)小鼠	吸入 $LD_{50}/\times10^{-6}$ 或 cm^3/m^3(2h)小鼠	经皮 LD_{50}/(mg/kg) 兔
剧毒	<10	<50	<10
高毒	11~100	51~500	11~50
中等毒	101~1000	501~5000	51~500
低毒	1001~10000	5001~50000	501~5000
微毒	>10000	>50000	>5000

危险化学品的急性毒性越大，同等规模的事故危害就越大。例如，等量的氯气或氨气发生泄漏，氯气的危害范围要比氨气大 5~10 倍。但需要注意的是，一些危险化学品的急性毒性并不大，但慢性毒性却很高，在一段时间之后才显现健康危害。

（三）环境危害

危险化学品发生泄漏、燃烧、爆炸等事故，带来的"三废"势必会进入环境，造成环境污染，危害人类健康。2005 年 11 月 13 日，吉林双苯厂苯胺装置发生爆炸燃烧，约 100t 的硝基苯等高毒性物质随废水流入松花江，引发特别重大环境污染事件，给下游人民群众的生产、生活造成了严重影响，同时造成国际影响。

二、事故类型和起始参数

危险化学品事故的规模与事故类型和起始参数有关。

（一）事故类型

危险化学品事故的类型主要有两种：泄漏型和燃爆型，前者较多见，而后者破坏性大。

1. 泄漏型事故

泄漏型事故通常因管道、阀门失灵或运输工具故障，发生危险化学品呈点状、线状、平面或立体的大量泄漏而造成人员伤害和环境破坏。这类事故的特点是中毒人员多，现场死亡人员少，后期处理得当可以减轻环境污染。死亡大多发生在中毒后的几天内，死亡原因大多为迟发的毒性作用或中毒性肺水肿、继发感染等。1991 年 9 月 3 日江西上饶沙溪镇一装 2.4t 农药（甲胺）发生泄漏导致 39 人死亡而现场只有 8 人死亡。

2. 燃爆型事故

燃爆型事故由于危险化学品泄漏引发燃烧、爆炸，造成人员伤害和环境破坏。这类事故的特点是由于燃爆本身及次生的灾害造成现场死伤人员多，有中毒伤员，也有烧伤、骨折复合中毒伤员，伤情复杂。1998 年 3 月 5 日 16 时 30 分，西安市煤气公司液化气管理所的 11 号球罐发生严重泄漏，泄漏的液化石油气遇火源发生燃烧爆炸，并引发多个球罐爆炸，造成了 7 名消防官兵和 4 名职工死亡，11 名消防官兵和 20 名职工受伤。

（二）起始参数

危险化学品发生事故时的起始参数不同，同样类型的事故其危害也不相同。

泄漏事故的起始参数包括泄漏量、泄漏部位、容器压力、管道直径等。

爆炸事故的起始参数包括爆炸物总量、爆炸瞬间有毒云团的半径和高度等。

燃烧事故的起始参数则包括燃烧面积、物料温度等。

三、地形地貌

地形地貌、地物和地面植被对危险化学品事故的危害程度有较大影响。在平坦开阔地或海面，危险化学品迅速向周围扩散，形成较大的危害范围，但持续危害时间较短；在复杂的山区、洼地、丛林地带，危险化学品滞留时间长、浓度高，持续危害时间较长，但危害范围则相对缩小；山峦会阻碍危险化学品的传播，并改变传播方向和速度，若危险化学品传播方向与山峦、山谷走向大致相同，则危害纵深可以很远。

城市居民区因街道形状、宽窄、方向不一，建筑物高低不等，风向、风速受影响的程度会有所不同，危险化学品传播和扩散就比较复杂。如风向与街道方向一致或交角不大于30°，风速4～8m/s，危险化学品沿街道顺利传播扩散；风向与街道交角30°～60°，传播扩散部分受阻；风向与街道交角60°～90°时，危险化学品可越过低小房屋穿过街道，若是高层楼房，则有被挡回的可能；死胡同、小巷、拐角较多的街道、庭院及其背风处危险化学品则易长时间滞留。

四、气象条件

影响危险化学品事故危害的气象条件主要有气流、气温、湿度等。

（一）气流

空气水平运动，有助于危险化学品向下风方向扩散，增大危害范围；也有利于危险化学品被稀释，减少持续危害时间。而无风、风速过小（＜1m/s）、风向不定时，危险化学品容易弥漫在事故源周围，形成近距离持续伤害。

空气垂直稳定度对气态危险化学品的浓度影响很大。对流时，危险化学品迅速向高空扩散，不易造成伤害；逆流时，危险化学品贴近地面移动，并不断流向沟渠、地下建筑等低洼处，此种情况下，危险化学品浓度高、危害时间长、纵深远。

（二）气温

气温越高，液态危险化学品的蒸发速度越快，染毒空气浓度越大，危害范围也越大。同时，气温高，人员出汗多，衣着少，通过皮肤中毒的可能性增大。

（三）湿度

空气湿度增大，某些危险化学品如 HCl、HF、SO_2、H_2S 的刺激作用增大，从而使毒性增强。在高温高湿时，汗液蒸发困难，呼吸加快，危险化学品易黏附于皮肤表面，增加吸收，经呼吸道吸入的机会也大大增加。

五、人口密度和防护水平

危险化学品事故发生在城市、乡镇等居住区域，人口密度的不同和防护水平的差别，将极大影响人员伤亡的危害后果。

（一）人口密度

人口密度主要影响伤亡人数。同等规模的事故发生在旷野和城市，其浓度分布和危害范围差别并不大，但是伤亡的人数却千差万别，就是因为发生地点人口密度的关系。

（二）防护水平

居民的整体防护水平取决于对危险化学品事故危害的认识程度、接受应急救援训练的程度、防护与救援器材的完备程度与熟练使用能力，以及身体素质状况等。

此外，事故的控制技术、应急救援队伍和器材情况、应急救援预案的完善程度、事故现场的指挥与处置情况、特殊地形和特殊气象条件的影响等，都会对危险化学品事故危害产生不同程度的影响。

○ **思考与练习** ○

---

1. 危险化学品事故危害的影响因素有哪些？
2. 常见危险化学品的危险特性有哪些？
3. 常见危险化学品事故的类型有哪些？

第二节 危险化学品事故应急救援供水力量的主要任务

○ 【学习目标】

1. 熟悉危险化学品事故应急救援中供水力量的主要任务。
2. 掌握危险化学品事故应急救援供水力量的调集。

危险化学品事故救援任务繁多，环环相扣，环环都至关重要，牵一发而动全身。作为指挥员，应紧紧围绕明确危险源、消除危险源这个核心，根据危险源情况确定救援任务，结合现有人员和装备进行战斗编成，以战斗编成展开救援行动。

一、危险化学品事故应急救援供水力量的主要任务

危险化学品事故应急救援中供水力量的主要任务有：稀释驱散、中和处理、表面覆盖、冷却降温、倒罐输转、注水排险、现场洗消等。

（一）稀释驱散

稀释驱散是危险化学品事故中常用的处置措施，目的是降低灾害事故现场的危险化学品浓度，改善救援区域环境，防止可能发生的危险，减轻灾害程度。通常采取在泄漏的管线、设备、容器周围设置水幕屏障，或使用水枪、水炮等喷射雾状射流，防止泄漏物向外扩散；对于储罐等设施，需快速开启固定水喷淋系统。稀释驱散的水枪数量，根据现场泄漏物的积聚程度和扩散范围确定，一个区域内可用2～3支喷雾水枪稀释驱散；一定范围可进行网格划分，多点多枪同时行动；泄漏量不大、扩散范围较小时，可适当减少水枪数量。稀释驱散的主要功能有：稀释性驱散、变向性驱散、阻截性驱散等。

1. 稀释性驱散

稀释性驱散主要是通过溶解、驱散聚集在一起的云团状有毒、可燃气体或易燃液体蒸

气、固体粉尘，或将其驱散至室外，降低其浓度，减弱其毒性，并使其浓度低于爆炸浓度下限，同时空气中不断增加的湿度可以减少周围环境产生点火源的概率。如图 5-2-1 所示。

图 5-2-1　稀释性驱散

2. 变向性驱散

当可燃气体、蒸气、固体粉尘颗粒向高温高压化工装置、存有火源危险的区域扩散时；或有毒气体、蒸气、固体粉尘、烟气颗粒封堵疏散逃生通道，向人员密集场所等区域扩散时，可使用多个喷雾射流合力驱赶，改变危险化学品扩散方向，驱散至险情较小的方向或空旷区域，减小燃爆的危险，降低对人员的毒害，开辟疏散救援通道。如图 5-2-2 所示。对于面积较小的有限空间，如地下建筑，可以使用高倍数泡沫产生器施放高倍数泡沫，向外挤排内部积聚的危险化学品。

3. 阻截性驱散

当有毒可燃气体、蒸气、固体粉尘颗粒在扩散方向上存在难以及时消除的点火源，或被困人员较多无法一次性疏散、部分人员防护不到位时，可设置一道或多道水雾防线，阻止、减缓扩散的势头；在室外可用雾状射

图 5-2-2　变向性驱散

流将泄漏物向上部空间托抬排放。阻截阵地应设置在下风方向或者扩散方向，并根据扩散的程度、浓度和范围，确定喷雾水枪或水幕水枪数量。如图 5-2-3 所示。

图 5-2-3　阻截性驱散

通常，水枪或水炮的喷雾射流稀释、驱赶效果较好，而水幕水枪或水幕水带的开花射流

阻截、隔离效果较好。对有毒危险化学品稀释驱散时，消防废水会向沟渠、河流及低洼处四处流散，既造成环境污染，又扩大灾害的影响，应及时用砂石、泥土、水泥等材料在适当部位围堰筑坝集中收集，或挖坑挖渠引流收容。

（二）中和处理

中和处理是降低现场泄漏物危害程度，控制灾情发展的有效措施。常用的中和处理方法是酸碱中和：采用药剂投放的方法，利用酸碱中和，形成偏中性的无害、低害物质，从而消除它们的危害，然后再进一步处理。

1. 酸性泄漏物的中和处理

一般采用碱性洗消剂中和，常用碱性洗消剂如下。

（1）氢氧化钠　氢氧化钠俗称烧碱、火碱、苛性钠，易溶于水，属于强碱，若浓度过高，对洗消器材和人员有一定程度的伤害。通常使用浓度为 5%～10% 的氢氧化钠水溶液，对硫酸、硝酸、盐酸等泄漏流淌的地面、物体表面进行中和。

（2）氨水　市售的氨水浓度一般为 10%～25%，用作洗消剂时其浓度不宜超过 10%，以免造成人员伤害。

（3）碳酸钠　无水碳酸钠俗称苏打或纯碱，易溶于水，在 0℃ 时溶解度为 7g（浓度约 6.5%），10℃ 时溶解度为 12.5g（浓度约 11.1%），20℃ 时溶解度为 21.5g（浓度约 17.7%）。通常使用 5%～10% 的碳酸钠水溶液对服装、器材装备上染有的各种酸进行中和。

（4）碳酸氢钠　碳酸氢钠俗称小苏打，在水中溶解度较小，在 0℃ 时溶解度为 6.9g（浓度约 6.4%），10℃ 时溶解度为 8.15g（浓度约 7.5%），20℃ 时溶解度为 9.6g（浓度约 8.7%）。通常使用浓度为 5% 的碳酸氢钠水溶液对人体皮肤、服装上染有的各种酸进行中和。

2. 碱性泄漏物的中和处理

一般采用酸性洗消剂中和，常用的酸性洗消剂如下。

（1）盐酸　盐酸属于强酸，最高浓度为 36%～38%，市售的工业盐酸浓度一般为 31% 左右。在洗消时需要进行稀释，盐酸作为洗消剂浓度一般为 5%～10%。

（2）硫酸　硫酸属于强酸，有很强的腐蚀性和氧化性，市售的浓硫酸浓度一般为 98% 左右，作为洗消剂浓度一般为 5%～10%。需要注意的是浓硫酸在稀释时会放出大量的热，在操作时，应把浓硫酸缓慢加入水中，并不断搅拌，防止飞溅。

3. 中和处理的要求

无论是酸性泄漏物还是碱性泄漏物的中和处理，洗消剂必须配制成稀的水溶液使用，以免引起新的酸碱伤害，中和处理完毕，还要用大量的水进行冲洗。

配制中和处理液时，可根据计算出的比例将洗消剂倒入水罐中与水混合后，出枪中和洗消。为保持不间断中和处理，应提前将洗消中和液配置好，可采用三车战斗编成，一辆战斗车两辆供水车，三辆车都提前配制好中和处理液，①号战斗车出枪中和洗消，②号、③号供水车轮流供应配制好的中和处理液。这样既可保证中和处理液的浓度控制，又可不间断供给中和处理液。如图 5-2-4 所示。

（三）表面覆盖

表面覆盖是危险化学品泄漏事故常用的一种有效处置措施（包括固态、液态危险化学品和液化气体发生液相泄漏），通过泡沫、水或沙土将危险化学品与空气隔绝，遮断热辐射，降低温度，减少挥发，达到防止燃爆和发生次生灾害的作用。

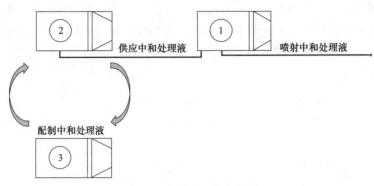

图 5-2-4　中和洗消编成示意图

（1）普通泡沫覆盖：适用于不溶于水的危险化学品泄漏。如图 5-2-5 所示。

（2）抗溶性泡沫覆盖：适用于水溶性液态危险化学品泄漏。

（3）高倍数泡沫覆盖：适用于低温液体泄漏。如全冷冻管线泄漏，采用高倍数泡沫封冻。

（4）水层覆盖：适用于不溶于水且密度比水大的危险化学品泄漏。

（5）沙土覆盖：适用于与水发生反应的危险化学品泄漏。如图 5-2-6 所示。

图 5-2-5　泡沫覆盖

图 5-2-6　沙土覆盖

（四）冷却降温

在危险化学品事故应急救援中，应对受辐射热威胁、可能发生爆炸的储罐容器、生产装置、设备、管线和救援人员降温，防止发生爆炸、坍塌撕裂和人员烧烫伤。

对于已经发生燃烧的管线、设备和容器，在暂时没有可靠手段堵漏时，应持续冷却降温，防止受热变形，保证温度、压力处于安全范围，保持稳定燃烧。现场有固定冷却设施的应及时启动，移动消防装备配合冷却。根据情况设置水幕实施冷却降温，降低临近设备受威胁程度。冷却水要射至容器壁上沿，冷却均匀，不留空白点，重点冷却可能发生爆炸的重点部位。对于危险性较大，可能发生爆炸、沸溢、喷溅危险时，尽可能使用移动水炮或者遥控水炮，减少前沿阵地人员。当明火扑灭后，需持续对设备、管线、容器实施冷却，防止复燃，直至将温度降至燃点以下。

（五）现场洗消

现场洗消就是对染有毒剂、生物战剂、放射性物质、病原体的人员、装备、物资、工事、道路、建筑等，及时进行局部或全面消毒和消除沾染（去污）、灭菌的措施，使受污染的人员避免或减轻伤害，使受污染的装备、物资等可继续正常使用，使受污染地区减少环境危害。

在危险化学品事故中，泄漏物常常会在空气中扩散，在地面流淌，滞留在低洼处，泼洒或黏附在车辆装备器材上，如不及时清除，将会威胁人员生命安全，造成环境污染。及时组织洗消，可降低有毒物质的散发，缩小事故区域，便于警戒和疏散，改善救援环境，减少人员伤亡，有效防止二次污染，保护生态环境，达到减缓与控制事故危害程度的目的。洗消废水注意集中收集，关闭通往外部的排水闸阀，封堵事故区域内的下水道口，严防消防废水进入地下排污管网，造成次生灾害。

1. 现场洗消的任务

洗消时按照梯队编成，核心区域的任务为初步救援洗消，缓冲区域的任务为彻底洗消，安全区域的任务为疏散登记送医。洗消的主要对象是人员、车辆装备、环境。

（1）人员洗消　去除污染物对人员的沾染，既是中毒救治的必要步骤，也是对救援人员的最大保护。人员洗消包括救援人员洗消、被困人员洗消和事故区域其他人员洗消，主要对眼睛、皮肤、伤口、消化道等部位实施洗消。

（2）车辆装备洗消　车辆装备洗消包括个人防护器材、供水器材、抢险救援器材、其他消防器材以及消防车辆，警戒区域内的所有车辆和装备均有染毒可能，应予以全部洗消。

（3）环境洗消　环境洗消包括空气环境、地面环境、水域环境、建（构）筑物、树木植被等的洗消。

2. 现场洗消的程序

（1）人员洗消程序　固定洗消适用于大量人员洗消，机动洗消针对需要紧急处理的人员，可使用单人洗消圈、高压清洗机、背负式喷雾器等对染毒人员进行全身洗消，也可针对皮肤、眼睛、面部、伤口等局部染毒部位进行洗消。

固定洗消程序见图 5-2-7。

皮肤洗消按照：吸附有毒物质→消毒→冲洗的顺序进行。

眼部和面部洗消按照：深呼吸→憋气→脱面具→洗消剂洗消→温水冲洗的顺序进行。

伤口洗消按照：吸附有毒物质→止血→消毒→清水冲洗→包扎的顺序进行。

（2）车辆装备洗消程序　染毒仪器洗消用药棉蘸取洗消剂反复擦拭，经检测合格，整理装车。

染毒器材装备洗消按照：器材集中→高压水冲洗→部件拆开→高压水反复冲洗→检测合格→擦

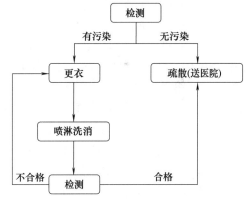

图 5-2-7　固定洗消程序示意

拭干净→清点装车的程序进行洗消。对于污水输转泵和有毒液体抽吸泵等装备的洗消废水，需要收集到污水袋或者污水桶里，封装后，转送专业处理厂处理。

染毒车辆洗消按照自上而下、由前至后、自外向里、分段逐面的顺序实施洗消，经检测合格后擦拭干净，撤离归队。

（3）污染区域全面洗消　事故救援完成之后，对污染区进行全面洗消，包括受污染的地面、建（构）筑物、空气、水源等。洗消过程中着重注意低洼处的空气、地面、水源等部位，避免残留。所有被污染或者可能被污染的物品、衣物、洗消后的残余物，特别是洗消产生的大量废水，加强收集，避免造成二次污染。事故区域的环境洗消可能需要多次反复，必须经检测达标后，方可停止。

3. 现场洗消的方法

危险化学品事故现场，根据泄漏物的危害性，采取针对性的措施进行洗消。

（1）物理法　物理法通过溶解、吸附、蒸发、渗透等作用，将污染物从洗消对象上清除，可针对放射性沾染和化学毒剂。物理洗消法通用性好，与毒剂的化学性质关系小，操作简单。可就地取水或者汽油、煤油、柴油、乙醇、卤代烃等有机溶剂进行清洗，装备也可就地取材，进行简易制作。

（2）化学法　化学法通过化学反应将污染物的结构破坏，使其转变成危险性较小或无危险物质，是较为彻底的洗消方法。一般以水为溶剂，加入洗消剂，有中和法、氧化还原法、催化法、络合法。化学洗消法受温度影响大，操作复杂，需要对洗消剂的用量进行估算，并且洗消剂对车辆和装备有损伤，对救援人员也有一定的危险。

（3）机械法　机械法通过物理铲除、掩埋、集中收集等，将污染物表层去除，或者暂时隔离，这类方法常常不能将污染物彻底消除，只能在一段时间、一定范围内暂时降低污染物危害，等待进一步处理。可针对放射性沾染、地面污染等。机械洗消法可作为彻底洗消的初步处置方法，适用于没有或者缺少洗消装备时的辅助方法。

4. 常用洗消剂

洗消剂是实施洗消的根本要素，洗消剂主要有氧化氯化型洗消剂、酸碱中和型洗消剂、溶剂型洗消剂，还有催化洗消剂、络合洗消剂等。

（1）氧化氯化型洗消剂　这类洗消剂主要依靠氧化、氯化等反应起到消毒作用，适用于低价有毒而高价无毒的化合物，如氰化物的洗消。性质温和的可用于皮肤、精密仪器的洗消，氧化性强的用于环境洗消等。主要有三合二、氯氨、二氯胺等洗消剂。

三合二是指 3mol 次氯酸钙 $Ca(ClO)_2$ 与 2mol 氢氧化钙 $Ca(OH)_2$ 组成的洗消剂，含有效氯 56%。它可配成水乳浊液，或粉状使用。将三合二与水调制成 1:1 或 1:2 的水浆，可用于混凝土表面、木质以及粗糙金属表面的消毒；按 1:5 调制的水溶液（有效氯含量约为 9%），可用于道路、工厂、仓库地面的洗消。

氯氨主要有一氯胺 NH_2Cl 和二氯胺 $NHCl_2$。一氯胺微溶于酒精和水，其溶液呈浑浊状，主要用于对低价硫毒物进行洗消。用 18%～25% 的一氯胺水溶液，可对皮肤洗消；用 5%～10% 的一氯胺酒精溶液，可对器材洗消；用 0.1%～0.5% 的一氯胺水溶液，可对眼、耳、鼻、口腔洗消。二氯胺溶于二氯乙烷、酒精，但不溶于水，难溶于汽油、煤油。用 10% 二氯胺的二氯乙烷溶液，可对金属、木材表面洗消，10～15min 后再用水清洗；用 5% 二氯胺酒精溶液，可对皮肤和服装洗消，10min 后再用水清洗。

（2）酸碱中和型洗消剂　有碱性洗消剂和酸性洗消剂两类。弱碱性物质可用于服装和皮肤洗消，强碱性可用于环境洗消，例如：2% 的 Na_2CO_3 水溶液可用于服装消毒，2% 的 $NaHCO_3$ 水溶液可用于皮肤消毒，5%～10% 的 $NaOH$ 水溶液可对地面消毒。

（3）溶剂型洗消剂　溶剂型洗消剂适用于临时性解决现场的毒害问题，但会产生大量洗消废液，如处理不当则会造成更大范围的污染。常用的有水、酒精、煤油、汽油等。

利用水浸泡、煮沸使有毒物质水解而消毒，或利用水的稀释作用减弱其毒害作用。

酒精可用于溶解某些有毒有害物，以提高洗消的效果。

煤油或汽油作为溶剂使用，主要用于某些高黏性有毒有害物的溶解，以便进一步的消毒处理，提高洗消效果。

（4）吸附型洗消剂　吸附型洗消剂主要是通过物理吸附而起到消毒作用，常见的吸附剂有活性炭、明矾 [$KAl(SO_4)_2 \cdot 12H_2O$] 等。在水溶液中投入活性炭可以除味、除色和除有机物，是水处理中普遍采用的应急措施，如 2005 年 11 月 13 日，吉林双苯厂硝基苯泄漏事故处置中，采用的就是投放活性炭来吸附硝基苯等化合物。美军代表性的 M13 个人消毒浸渍包中装填白土作为天然无机吸附材料，主要针对人员皮肤及自携装备表面快速吸附消毒。吸附洗消剂的特点是无毒无刺激，热区寒区都可对毒剂液滴进行快速消毒，缺点是被吸附的毒剂会解吸从而造成二次中毒。

（六）供水力量的其他任务

1. 扑救火灾

危险化学品事故中，经常会发生爆炸燃烧，扑救火灾常与其他救援措施配合使用。由于危险化学品种类繁多，针对不同物质火灾可采取相对应的灭火剂实施灭火。

一般固体可燃物火灾（如煤炭、木制品、粮草、棉麻、橡胶、纸张等）：水、泡沫灭火剂、ABC 干粉灭火剂。

气体类火灾：采用干粉、二氧化碳灭火剂。

遇空气自燃、遇水爆炸的强氧化剂：采用 D 类干粉灭火剂。

非水溶性可燃液体火灾：采用 B 类泡沫灭火剂，干粉灭火剂。

水溶性介质火灾：采用抗溶性泡沫、干粉等灭火剂。

低温液体泄漏火灾：高倍数泡沫覆盖封冻。

金属火灾：采用 D 类干粉灭火剂、砂土。

2. 堵漏

对于液化烃半冷冻储罐，当泄漏口较小漏液时，可采取滴水结冰的方式堵漏，在漏液处缠上一定厚度的绷带，也可用铜丝加固，然后浇水使绷带浸水，漏出的液体汽化吸热，使绷带降温结冰，达到止漏目的。

3. 倒罐输转

倒罐输转通常在无法实施堵漏、无法快速安全转移时采用，起着控制现场险情、加快处置速度、彻底清除现场隐患、回收危险化学品的作用。主要的方法是：利用压力差倒罐、利用输转泵倒罐、注水倒罐。

（1）利用压力差倒罐　当需要倒罐的容器内压力和液位与其他容器有较大差距时，可利用压力差和液位差将危险化学品输转到另一个容器中去。利用压力差倒罐适用于大多数危险化学品，较为安全可靠，但仍需由经验丰富的专业人员实施。

（2）利用输转泵倒罐　事故现场能提供电源，则可考虑采用防爆电动输转泵实施倒罐；事故现场没有电源时，可考虑采用防爆机动输转泵实施倒罐。利用输转泵倒罐无论液位和压力高低都能达到输转倒罐的目的，但此方法并不适用于所有危险化学品，若搅动会导致容器内危险化学品发生危险反应的严禁使用（如含有 NCl_3 的液氯储罐等），且专业性较强，需调集操作经验丰富的专业人员实施。

（3）注水倒罐　某些情况下，可采用注水的方法加快倒罐输转的速度。常通过烃泵、消防车水泵以较高压力进行注水作业，有条件的情况下泵出口处应设置止回阀，防止泄漏物反窜回注水管路。注水倒罐时应注意水温控制，防止注入的水起到加热作用，注水过程中应密切观察容器液位、压力表，防止内部压力过大。

4. 注水排险

对于危险化学品实施完倒罐输转或已经完全泄漏的容器，为防止内部残余危险化学品再次发生事故，应考虑对容器实施注水（泡沫）排险。注水的主要作用是排出残余危险化学品、降低容器温度等。对于某些液态危险化学品泄漏，也可使用注水排险的方法，创造便于堵漏、倒罐输转、扑救火灾的条件。

二、危险化学品事故应急救援供水力量的调集

危险化学品事故一旦发生，极易导致群死群伤、污染环境、经济损失严重、政治影响恶劣，危害社会稳定。消防救援人员应根据危险化学品事故的实际情况，按照各类危险化学品事故的执勤战斗预案，在接警出动时，尽量一次性调集足够的救援力量，满足现场救援的实际需要，保证救援行动的顺利进行。现场消防供水力量调集主要包括车辆和装备两部分。

1. 车辆调集

危险化学品事故救援所需调集的常规消防车辆主要有：泡沫消防车、水罐消防车、干粉消防车、抢险救援消防车、防化洗消车、高喷消防车、供气消防车、侦检消防车、通信指挥消防车、远程供水系统等。

2. 装备调集

危险化学品事故救援所需调集的常规器材装备主要有：多功能水枪、消防通用水带、水幕水带、水幕水枪、泡沫枪（炮）、自摆消防炮、高倍泡沫发生器、泡沫钩管、集水器、分水器、消防吸水管、排吸器、手抬机动泵、消防水囊、警戒装备、通信装备、检测装备、堵漏装备、输转装备、洗消装备、救生装备、破拆装备、呼吸保护装具（正压式空气呼吸器、正压式氧气呼吸器）、移动供气源、化学防护服、特种防护服、照明灯具等。

---------------------------○ **思考与练习** ○---------------------------

1. 危险化学品事故应急救援供水力量的主要任务有哪些？
2. 在危险化学品事故应急救援中稀释驱散的主要功能有哪些，其作用分别是什么？
3. 在危险化学品事故应急救援中表面覆盖的方法有哪几种？分别适用于哪些不同物质？

第三节 典型危险化学品事故的供水力量

●【学习目标】

1. 熟悉典型危险化学品的事故特点。
2. 掌握典型危险化学品事故供水力量的任务。

我国化学工业发展十分迅速，危险化学品在生产生活中用途广泛，其特殊的危险性，决定了应急救援的力量调集、侦察检测、警戒范围、安全防护、处置措施等都必须具有针对性，才能有效处置危险化学品事故。因此，需要掌握常见危险化学品事故应急救援中供水力量的具体任务和相关应用计算。

一、液化烃事故的供水力量

（一）事故概述

以液化石油气（LPG）为例。液化石油气是从石油的开采、裂解、炼制等生产过程中得到的副产品，为无色气体或棕黄色油状液体，是烃的混合物，其主要成分包括：丙烷（C_3H_8）、丙烯（C_3H_6）、丁烷（C_4H_{10}）、丁烯（C_4H_8）和丁二烯（C_4H_6），同时还含有少量的甲烷（CH_4）、乙烷（C_2H_6）、戊烷（C_5H_{12}）及硫化氢（H_2S）等成分，不同生产过程中得到的液化石油气，其组成有所差异。

液化石油气的储存方式有全压力储存（常温压力储存）、半冷冻储存（低温压力储存）和全冷冻储存（低温常压储存）三种。储罐和容器发生泄漏的主要原因是密封部件老化、失效、损坏、违章操作、交通事故等。

液化石油气极易燃烧，与空气混合易形成爆炸性混合物，爆炸极限浓度为$2\%\sim10\%$，爆炸速度可达$2000\sim3000m/s$，燃烧温度可达$1800℃$。储存液化石油气的容器在高温作用下，内部压力迅速膨胀，超过耐压极限时会发生物理爆炸，进而发生化学爆炸，大型事故中，物理爆炸和化学爆炸相互交织，发生多次连环爆炸，爆炸碎片可达几十米至几百米。泄漏出的液化石油气从液态转变为气态时，体积能迅速扩大$250\sim300$倍，吸收周围热量，易导致冻伤，温度降低使得周围空气中的水分子凝结成小水珠，形成白色雾气，液化石油气蒸气比空气重，混合白色雾气，易沿地面扩散，积聚于地势低洼处、下水道、沟渠、厂房死角等处，遇火源会引起回燃。

液化石油气低浓度时微毒，高浓度下5min致人麻醉，易导致人员窒息。中毒症状有头晕、头疼、呼吸急促、恶心、呕吐、脉缓等。

（二）液化石油气事故救援中供水力量的主要任务

1. 稀释驱散

当液化石油气发生泄漏，且未发生爆炸燃烧时，应及时启动固定水喷淋系统、固定水炮，或在泄漏容器四周设置水幕进行分隔，采用喷雾射流或开花射流，或利用水力驱动排烟机，进行不间断稀释、驱散，使区域内的液化石油气浓度降到爆炸浓度下限以下，隔离泄漏气体，降低与火源接触的概率，抑制其燃烧爆炸的危险；同时还要注意驱散阴沟、下水道、电缆井内部滞留的液化石油气。对于容器顶部开口泄漏，可使用喷雾射流托住下沉的气体，往上驱散，使之在一定高度飘散。当需要进入重危区，实施关阀断料、堵漏、倒罐输转、注水排险等措施时，可利用喷雾射流或开花射流掩护内攻小组。

2. 冷却降温

液化石油气储罐或管线发生火灾，在气源无法切断、没有把握堵漏的情况下，不能贸然扑灭火焰，应随时监测运行温度、压力，防止超过设计安全值。

（1）对于常温全压力储罐，应快速组织供水力量对着火罐进行冷却，防止超压导致罐体破裂；对于直接受辐射热威胁的邻近罐，也应加大冷却强度，降低火势威胁程度，保持罐壁强度不降低。冷却时应尽可能使用固定炮、移动炮、水幕水带、水幕水枪等，利用喷雾射流进行冷却，防止将管线冲断，或将小型容器击倒。

常温全压力储罐的冷却降温顺序为：先着火罐后邻近罐、先低液位储罐后满液位储罐、先气相球体部分后液相球体部分、先上风向再侧风向后下风向。

（2）对于半冷冻（低温压力储存）、全冷冻（低温常压储存）储罐，耐压强度小于全压力储罐，冷却保护的重点是制冷系统，应加强对进出料管线、蒸发器管线、蒸发器压缩机、冷冻压缩机组、冷凝器、再冷凝器等的强制冷却，确保冰机制冷及 BOG 强冷工艺正常运行，避免罐内气化速度过快超过设计压力导致爆炸。严禁对低温液相泄漏部位、罐体、管道、阀门，以及外罐结霜、外泄液相介质漫流部位进行直流射水。

同时存在全压力储罐和半冷冻储罐时，冷却降温的顺序为：先全压力罐后半冷冻罐。

（3）对于移动式容器，如交通事故中发生的液化石油气槽车泄漏，除需冷却容器外，还需冷却汽车油箱、轮胎，防止油箱、轮胎受热发生燃烧爆炸。当利用吊车吊运过程中，必须用喷雾和开花射流进行防护，防止吊运钢绳摩擦产生火花，引发燃烧爆炸。冷却应避免使用密集射流，防止产生静电，同时冷却罐体时应避开安全阀部位。

（4）对于发生火灾的管线，在阀门关闭的情况下，应持续用喷雾水冷却降温；若泄漏口较小，或泄漏发生于进出物料管线法兰、阀门时，可使用喷雾射流直接喷洒泄漏口部位，结合丝线缠绕，利用液化石油气汽化吸热降温的特点，通过结冰缩小或堵死泄漏口，同时注意对泄漏部位管线的支撑保护。

3. 表面覆盖

当液化石油气发生大量液相泄漏，并积聚形成液池，此时必须快速使用高倍数泡沫，对集液池、导流沟实施持续表面覆盖，临时封冻，降低蒸发速度，缩小蒸气云范围，避免与空气形成爆炸性混合物，覆盖要保证不出现死角，不暴露出液体。若液相管线泄漏处发生火灾，可对防护堤内释放高倍数泡沫控制燃烧辐射热对储罐的影响。

4. 倒罐输转

当储罐无法有效堵漏时，可采取倒罐输转措施，减少事故罐的存量及可能的危险程度。倒罐输转的方式主要有压缩机倒罐、烃泵倒罐、惰性气体置换、压力差倒罐等。倒罐输转作业必须由熟悉设备、工艺且操作经验丰富的专业技术人员实施。倒罐输转应缓慢进行，防止因抽吸作用，形成罐内负压；持续泄漏燃烧时，应随时观察火焰的情况，若火焰高度明显降低时，应立即停止倒罐输转，防止回火；倒罐输转过程中必须用喷雾射流和开花射流掩护，管线和设备必须做到良好接地。

（1）压缩机倒罐　利用压缩机倒罐，可将两储罐液相管相连，将事故罐气相管连接到压缩机出口管路，将储液罐气相管连接到压缩机入口管路，用压缩机来抽吸储液罐的气相，经压缩机加压后送入事故罐，通过压缩机形成的压差作用，实现倒罐。

（2）烃泵倒罐　烃泵倒罐是利用车载式或移动式防爆烃泵将事故罐内液化石油气导入其他储液罐中。将两储罐的气相管相连，将事故罐液相管连接到烃泵入口管路，将储液罐液相管连接到烃泵出口管路，开启烃泵，将液相的液化石油气由事故罐打入储液罐。

（3）惰性气体置换　使用氮气等惰性气体，通过气相管加压，将事故罐内的液化石油气置换到其他容器或储罐。

（4）压力差倒罐　可利用静压高位差将液面高、压力大的事故罐的液化石油气导入其他容器、储罐或槽车，以降低危险程度。此法由于很容易达到两罐压力平衡，导出来的液化石油气不会很多。

（5）注水倒罐　注水倒罐只适用于常温全压力式储罐，且储存的液化烃应不溶于水或微溶于水，密度小于水。在专业技术人员指导下，将两储罐的气相管相连，连接消防车水泵出口与事故罐液相管，注水增加事故罐的压力，加速倒罐。注意消防车应缓慢加压，避免罐内压力过大，发生意外。

5. 注水排险

当液化石油气全压力储罐底部阀门、法兰及连接处发生泄漏时，由于液态的液化石油气比水轻，可以通过工艺管道（运行压力大于 0.7MPa 的储罐设有固定注水系统，运行压力小于 0.7MPa 的储罐设半固定注水系统）向储罐内注水，用水托起液化石油气，抬高液位，使液化石油气与泄漏点隔离，降低泄漏到周围环境中的可能性，减少对救援人员的伤害，为实施堵漏、倒罐输转等措施争取时间。同时在控制室设置观察哨，时刻报告罐内水位高度，确保水位不超过 2m；并及时关闭雨排，防止液化石油气外泄和回火引发爆炸。

当储罐内液化石油气泄漏或倒罐完成后，为避免储罐内残留余气发生二次事故，可采用注水的方法将储罐和管线排空。

当储罐发生泄漏或燃烧时，可向储罐中注水加快泄漏或燃烧的速度，缩短事故处置时间，但注水时需仔细观察泄漏燃烧情况，避免由于储罐内部压力过大导致储罐强度受损或直接撕裂。

注水排险的操作方法：

（1）启动烃泵或专用水泵向罐内注水，并利用气动阀关闭罐内其他管线。

（2）无法使用专用水泵、烃泵时，消防车可利用水带连接半固定应急注水线向事故罐应急注水。供水时采用双干线供水，一供一备，保证不间断供水，同时要求消防车水泵出口压力不小于 0.6MPa。

6. 现场洗消

事故处置完成后，应使用大量喷雾水或者蒸汽清扫事故现场，确保不留残液。

例 5-3-1 一辆满载 23t 液化石油气的槽车，在高速公路上由于被追尾，导致液化石油气泄漏，遇火源发生爆炸，并导致破裂口持续泄漏燃烧，槽罐长 8m，直径 3m。辖区中队到场后发现顶部泄漏口较大，无法堵漏，决定采用冷却降温，控制燃烧的处置措施，事故点附近 1km 处有一鱼塘可做消防水源。现场需出几支水枪冷却？按照一车两枪，需调集多少辆冷却战斗车？

解： 由题意可知：采用 QLD6/8 型直流喷雾水枪，供给强度为 0.20L/(s·m²)，一支水枪的冷却面积约为 30m²。

则：（1）需要的冷却面积为：$A = \pi DL = 3.14 \times 3 \times 8 \approx 75.4$（m²）

（2）所需冷却水枪数量为：$n_{枪} = \dfrac{A}{a} \approx \dfrac{75.4}{30} \approx 3$（支），取 4 支

（3）所需冷却战斗车数量为：$N_{战} = \dfrac{n_{枪}}{n} = \dfrac{4}{2} = 2$（辆）

答： 现场需要出 4 支水枪冷却，所需冷却战斗车 2 辆。

二、氯气事故的供水力量

（一）事故概述

氯气（Cl_2）为黄绿色刺激性气体，在空气中不发生爆炸燃烧，密度 3.2g/L（0℃，101.3kPa），为空气的 2.5 倍，较易溶于水，遇水发生自我氧化还原反应生成盐酸和次氯酸。为运输和储存方便，氯气一般被加压液化为琥珀色的液氯，密度 1.46kg/L（0℃，101.3kPa）。常温常压下液氯极易气化，1 体积液氯可气化成 457.6 体积氯气（0℃，

101.3kPa），1kg 液氯可气化成 0.31m³ 氯气。

氯气最大的危害性是毒性和刺激性，泄漏的氯气积聚在地势低洼处、下水道、水井等。接触眼睛，引起眼痛、畏光、流泪、结膜充血、水肿等急性结膜炎；侵入人体呼吸道生成盐酸、次氯酸，产生强烈刺激和腐蚀作用，严重时导致喉头、支气管痉挛或肺水肿，呼吸困难导致死亡。

氯气生产过程中的副产物三氯化氮（NCl_3），是一种性质极不稳定的油状物质，受热、搅动、振动都可能引起分解，大量三氯化氮瞬间分解可引起剧烈爆炸，破坏性很大。三氯化氮爆炸前没有任何迹象，都是突然间发生，在氯气中的浓度为 5%～6% 时有爆炸危险，在液氯中浓度超过 0.2% 时有爆炸危险。

（二）氯气事故救援中供水力量主要任务

1. 稀释驱散

大量氯气泄漏后，除用通风法驱散现场染毒空气使其浓度降低外，对于较高浓度的氯气云团，可采用喷雾或开花射流直接喷射，使其溶于水中。储罐区发生泄漏时，应启动固定水喷淋系统进行稀释。一个标准大气压下，1L 液态水可溶解 2L 的氯气。在水中，氯气发生的自我氧化还原反应如下：

$$Cl_2 + H_2O \Longleftrightarrow HCl + HClO$$

氯气在水中的自我氧化还原反应是可逆的，即水中存在次氯酸和盐酸会阻止氯气的进一步反应，甚至当溶液的酸性增加，还会导致从溶液中产生氯气，因此用喷雾水吸收泄漏的氯气需大量用水。

接警出动时，需详细询问氯气的泄漏量以及氯气总储量，第一出动需调集大功率水罐消防车等供水设备，车辆停放在上风或侧上风方向；指挥员在到达现场后，应快速侦查可能泄漏的氯气量，并估计需要的用水量。事故处置应使用喷雾射流溶解泄漏出来的氯气，可采用水幕水带围绕泄漏罐体、设备、管线、厂房布置，对泄漏的氯气实施四面包围；将水幕水枪布置在所有泄漏氯气可能扩散的通道上，对泄漏出的氯气实施堵截；设置水幕还可起到分割隔离的作用，防止周围罐体、设备、管线受影响发生二次事故。经水稀释产生的盐酸和次氯酸对环境有较大污染，应提前围堰筑坝或挖坑挖渠引流，对产生的污水收容，集中处理。

2. 中和处理

在处置氯气泄漏事故时，利用清水对泄漏的氯气进行吸收，减少空气中氯气浓度，但会形成酸性污水，容易引发二次污染，可采用酸碱中和的方法对泄漏的氯气进行中和处理，使其反应生成对环境无污染的中性产物。因此，调集供水力量的同时应调集氢氧化钙、氢氧化钠、碳酸钠等酸碱中和型洗消剂，对泄漏氯气进行中和处理。

（1）氢氧化钙　氢氧化钙与氯气发生中和反应，其化学反应式为：

$$2Cl_2 + 2Ca(OH)_2 == CaCl_2 + Ca(ClO)_2 + 2H_2O$$

由反应式可知：

$$Cl_2 : Ca(OH)_2 = 1 : 1（摩尔比）\approx 1 : 1.04（质量比）$$

因此，若要对 1t 氯气进行洗消，需要氢氧化钙 1.04t，可按 1:1.1 估算。

因为氢氧化钙溶解度很小，20℃时溶解度仅为 0.166g（浓度约为 0.17%），不适合配成洗消液进行洗消。当泄漏容器体积小，质量轻，易于搬动，可将事故容器推入石灰池中，让它自行反应。

（2）氢氧化钠　氢氧化钠与氯气发生中和反应，其化学反应式为：

$$Cl_2 + 2NaOH =\!=\!= NaCl + NaClO + H_2O$$

由反应式可知:

$$Cl_2 : NaOH = 1 : 2(摩尔比) \approx 1 : 1.13(质量比)$$

因此,若要对1t氯气进行洗消,需要氢氧化钠1.13t,可按1:1.2估算。

(3)碳酸钠 碳酸钠与氯气发生中和反应,其化学反应式为:

$$Cl_2 + Na_2CO_3 =\!=\!= NaCl + NaClO + CO_2\uparrow$$

由反应式可知:

$$Cl_2 : Na_2CO_3 = 1 : 1(摩尔比) \approx 1 : 1.49(质量比)$$

因此,若要对1t氯气进行洗消,需要碳酸钠1.49t,可按1:1.5估算。

(4)碳酸氢钠 碳酸氢钠与氯气发生中和反应,其化学反应式为:

$$Cl_2 + 2NaHCO_3 =\!=\!= NaCl + NaClO + H_2O + 2CO_2\uparrow$$

$$Cl_2 : NaHCO_3 = 1 : 2(摩尔比) \approx 1 : 2.37(质量比)$$

因此,若要对1t氯气进行洗消,需要碳酸氢钠2.37t,可按1:2.4估算。

(5)氨水 氨水与氯气发生中和反应,其反应方程式为:

$$Cl_2 + 2NH_3 \cdot H_2O =\!=\!= NH_4Cl + NH_4ClO + H_2O$$

$$Cl_2 : NH_3 = 1 : 2(摩尔比) \approx 1 : 0.48(质量比)$$

常温下,氨水的饱和浓度为35%,市售的氨水浓度一般为25%左右,因此,若要对1t氯气进行洗消,需要氨水1.92t,可按1:2估算。

3. 冷却降温

氯气在空气中不发生燃烧,但是液氯是加压储存,在处置过程中要注意防止由于罐体受损和环境温度高,导致容器内部压力过大,发生物理性撕裂。尤其是在倒罐输转的过程中,应采用喷雾射流对罐体实施冷却降温,严禁使用密集射流,以防引起容器震动,引发二次事故。对于未发生泄漏,且没有受到高温威胁的钢瓶,不实施喷雾射流冷却,但应布置好水枪阵地,始终做好喷洒准备。

4. 倒罐输转

当事故现场无法实施有效堵漏时,可将泄漏的氯气导入石灰水或氢氧化钠、碳酸钠等碱水池中,使其中和形成无害或低害的废水。如果是可移动的容器发生泄漏事故时,可将其吊运到邻近水池中,将泄漏口朝下,加入碱性物质进行中和处理。对液氯直接从容器底部进行倒罐时,由于三氯化氮密度大于液氯,容易在容器底部沉积并积聚,因此必须采取压力差进行倒罐,不可使用抽吸泵,避免搅动容器内的液氯,导管严禁使用橡胶等材料,所有操作动作要轻,禁止敲击或用直流水冲击容器,防止可能存在的三氯化氮发生爆炸。

5. 注水排险

发生氯气泄漏事故的一般包括固定式氯气储罐、氯气钢瓶、液氯槽罐车等,在处置结束,当罐体采用自然排放法排空之后,为保证安全,防止残留气体造成人员伤害,可采取注水法,置换剩余气体,防止再次发生事故。

6. 现场洗消

洗消液应通过检测确定浓度,避免对人员、装备、环境造成新的污染。所有稀释、洗消过程中产生的污水必须集中处置,经环保部门检测合格后方可排放,以防造成次生灾害。

(1)人员洗消:在核心区出口处设置洗消站,用大量清水或肥皂水对从危险区域出来的人员进行冲洗,有条件时淋浴更衣。

（2）车辆装备洗消：用大量清水对救援装备和车辆进行洗消，尤其是对配制中和处理液的车辆和装备，防止由于腐蚀导致损坏。

（3）环境洗消：用石灰水或者氢氧化钠、碳酸钠等碱性物质溶液喷洒在污染区域或表面，用喷雾水或惰性气体清扫现场内低洼处、下水道、沟渠等，保证不留残气。

（4）管道洗消：需要使用氮气或压缩空气吹净残留于管道中的液氯和三氯化氮。

例 5-3-2 某高速公路发生液氯泄漏事故，一辆载有约 5t 液氯的槽罐车与一货车相撞，导致槽罐车液氯大面积泄漏。高速公路沿线无水源，指挥中心接警后，应调集多少酸碱中和型消毒剂？配制浓度为 15% 的洗消液，需要准备多少吨水？

解： 由题意可知，为洗消大面积泄漏的氯气，应使用洗消效果好的氢氧化钠作为洗消剂。

则：
$$Cl_2 + 2NaOH === NaCl + NaClO + H_2O$$
$$Cl_2 : NaOH = 1 : 2（摩尔比）\approx 1 : 1.2（质量比）$$

（1）若要对 5t 氯气进行洗消，需要氢氧化钠的量：
$$m = 5 \times 1.2 = 6 （t）$$

（2）洗消液的浓度为 15%，则洗消液的量为：
$$V_消 = \frac{6}{15\%} = 40 （t）$$

配制洗消液所需水量为：
$$V_水 = 40 - 6 = 34 （t）$$

答： 需调集 6t 氢氧化钠，配制洗消液所需水量为 34t。

三、氨气事故的供水力量

（一）事故概述

氨气（NH_3）常温常压下为无色、有刺激性恶臭的剧毒气体，在空气中能发生爆炸燃烧。相对密度比空气轻，标准状况下，1 体积水能溶解 700 体积氨气（饱和浓度 35%），氨水呈碱性，有腐蚀性。氨气用途广泛，用于生产硝酸、化肥、炸药等含氮化合物，还用作制冷剂。在生产、储存和运输中常常加压液化成液氨。

氨气通过呼吸道、消化道和皮肤均会引起人员中毒。一般轻度中毒症状有：眼口有干辣感、流泪、流鼻涕、咳嗽、结膜充血水肿等。直接接触氨气会导致外露皮肤严重化学灼伤，接触液氨会导致冻伤。吸入高浓度氨气则可能致死。氨气比空气轻，泄漏后扩散速度较快，易造成大范围空气污染，溶于水中造成水体污染。

氨气与空气混合形成爆炸性混合物，爆炸浓度极限为 15.7%～27.4%，遇明火、高热可引起燃烧爆炸，燃烧猛烈，蔓延迅速，火焰温度高，较短时间内会形成大面积燃烧。泄漏燃烧时，常呈火炬型喷射燃烧。

（二）氨气事故救援中供水力量的主要任务

1. 稀释驱散

氨气易溶于水，常采用大量水稀释的处置措施，利用水幕水带、水幕水枪、遥控炮等，在泄漏容器、设备、管线四周设置水幕，使用喷雾或开花射流稀释泄漏的氨气，让泄漏的氨气与水结合形成氨水，降低空气中氨气浓度，缩小污染范围，打开疏散救人通道。同时应注意收集消防废水，防止流淌范围扩大，可在事故现场围堰筑坝，避免二次污染。

2. 中和处理

氨水呈碱性，因此可用酸性溶液或强酸弱碱盐作为洗消剂，对氨气进行吸收中和。在水罐中加入酸性洗消剂，通过出喷雾射流，对泄漏的氨气进行中和处理，提高氨气的吸收效率，生成无害或低毒废水，防止发生二次污染。可移动储罐或容器发生泄漏事故时，将其吊运至邻近水池中，使其浸没或泄漏口朝下，加入酸性物质进行中和。以下是几种常用的洗消剂。

（1）稀盐酸　稀盐酸与氨气发生中和反应，其化学反应式为：

$$NH_3 + HCl \xrightarrow{\hspace{1cm}} NH_4Cl$$

由反应式可知：

$$NH_3 : HCl = 1 : 1(摩尔比) \approx 1 : 2.15(质量比)$$

市售的浓盐酸浓度一般为 37%，稀盐酸浓度一般为 20% 左右，因此，若要对 1t 氨气进行洗消，需要稀盐酸 10.75t，可按 $1 : 11$ 估算。

（2）氯化铝和氯化镁混合洗消剂　氯化铝和氯化镁与氨气发生反应，其总化学反应式为：

$$5NH_3 + 5H_2O + AlCl_3 + MgCl_2 \xrightarrow{\hspace{1cm}} Al(OH)_3 \downarrow + Mg(OH)_2 \downarrow + 5NH_4Cl$$

$$NH_3 : AlCl_3 : MgCl_2 = 5 : 1 : 1(摩尔比) \approx 1 : 1.57 : 1.12(质量比)$$

因此，要对 1t 氨进行洗消，需要氯化铝和氯化镁混合洗消剂 2.69t，可按 $1 : 2.7$ 估算。

由于协同效应，氯化铝和氯化镁按摩尔比 $1 : 1$ 配比使用效果最好，如条件不足，单独使用氯化铝或氯化镁也可。实验证明 0.4mol/L 的氯化铝和氯化镁混合洗消剂的洗消效果最好，若要将 2.69t 氯化铝和氯化镁混合洗消剂配置成 0.4mol/L 的溶液，还需要水约 30t（忽略溶解时溶液的体积变化）。

3. 冷却降温

氨气储罐着火，对于有固定冷却系统的，应及时启动冷却降温，设带架水枪、消防水炮、遥控式水炮实施冷却，也可使用水幕水带、水幕水枪分割辐射热，降低热辐射的威胁。对高温部位选择开花射流，同时防止产生冷却盲区。

4. 倒罐输转

当事故现场无法有效实施堵漏时，可将液氨导入其他储罐或容器。如果是可移动的容器发生泄漏事故时，应迅速转移到有处理条件的场所。注意倒罐作业时，应由熟悉设备、工艺，操作经验丰富的专业技术人员进行，且必须用水枪进行掩护。

5. 注水排险

发生氨气泄漏事故的一般包括固定式氨气储罐、氨气钢瓶、液氨槽罐车等，在处置泄漏事故过程中，针对已经成功倒罐输转或者泄漏完的容器，为保证安全，应对容器注水，稀释内部剩余液氨，或向设备内充入惰性气体、高压水蒸气进行置换，防止再次发生事故。

6. 现场洗消

洗消液应通过检测确定浓度，避免对人员、装备、环境造成新的污染。洗消污水必须集中处理，防止次生灾害。

（1）人员洗消：在核心区出口处设置洗消站，用大量清水对从危险区域出来的人员进行冲洗，有条件时淋浴更衣。

（2）车辆装备洗消：用大量清水对救援装备和车辆进行洗消，尤其是对配制中和处理液的车辆和装备，防止由于腐蚀导致损坏。

（3）环境洗消：对于被污染的空气，可使用喷雾射流进行稀释降毒，或使用水驱动排烟机吹散降毒；用稀盐酸等酸性溶液喷洒在污染区域或表面；对于低洼、下水道、沟渠等，需要用喷雾水或惰性气体清扫。

例 5-3-3 某高速公路发生液氨泄漏事故，一辆载有约 15t 液氨的槽罐车与一货车相撞，导致槽罐车液氨大面积泄漏。高速公路沿线无水源，指挥中心接警后，若要将 15t 液氨完全溶于水，第一出动至少需要调集多少供水力量？应调集多少酸碱中和型洗消剂？配制浓度为 10% 的洗消液，需要准备多少吨水？

解： 由题意可知，氨水的饱和浓度为 35%，使用稀盐酸作为洗消剂，其浓度为 20%。

则：（1）用水稀释溶解 15t 液氨，需要的水量为：

$$V_水 = \frac{15}{35\%} \approx 43 \, (t)$$

（2）采用稀盐酸作为洗消剂，需要的量为：

$$m = 15 \times 11 = 165 \, (t)$$

（3）洗消液的浓度为 10%，则配洗消液所需水量为：

$$V_水 = \frac{165 \times 20\%}{10\%} - 165 = 165 \, (t)$$

答： 需调集 43t 水，需调集 165t 稀盐酸，配制洗消液所需水量为 165t。

四、苯系物事故的供水力量

（一）事故概述

以苯（C_6H_6）为例，苯为无色透明油状液体，强烈芳香味，有毒性，$LD_{50} = 3300mg/kg$，也是一种致癌物质；密度比水小，密度为 0.88g/mL，不溶于水，易溶于醇、醚和丙酮等有机溶剂；挥发性强，易燃烧，闪点 −12～−10℃，5℃ 以下凝结成为晶状固体。

苯易燃易爆，易产生和积聚静电，能与氧化剂发生剧烈反应。泄漏后漂浮在水面上，燃烧时易形成流淌火，带有浓烟。苯蒸气密度比空气大，易积聚于下水道、沟渠等低洼处，蒸气与空气形成爆炸性混合物，爆炸浓度极限为 1.3%～7.1%。苯液及燃烧爆炸后的含苯废水对环境污染严重，难以洗消，特别是流淌到河流、湖泊、水库等水域中，将造成水污染。

苯蒸气具有毒害性，可经皮肤、黏膜、呼吸道、消化道等途径进入人体，对中枢神经系统产生麻痹作用，引起急性中毒。少量苯也能使人产生睡意、头昏、心率加快、头痛、颤抖、意识混乱、神志不清等现象。重者会出现头痛、恶心、呕吐、神志模糊、知觉丧失、昏迷、抽搐等，严重者会因为中枢系统麻痹而死亡。摄入含苯过多的食物会导致呕吐、胃痛、头昏、失眠、抽搐、心率加快等症状，甚至死亡。吸入 61000～64000mg/m³ 的苯蒸气 5～10min 会有致命危险。

（二）苯系物事故救援中供水力量主要任务

1. 稀释驱散

苯系物泄漏事故处置时，提前使用砂石、泥土、水泥等材料在适当部位围堰筑坝，控制苯液扩散，减少蒸发，预防形成大面积流淌火。以泄漏点为中心，在苯容器四周设置水幕或蒸汽幕，并利用喷雾射流或开花射流稀释驱散苯蒸气云团，降低挥发到空气中的苯蒸气浓度，但水流不能流入围堰围堤内的苯液泄漏区域。对于积聚在建构筑物和地沟内的苯蒸气，可打开门窗或地沟盖板，通过防爆送风机或水雾强制驱散。禁止使用密集射流直接冲击容器及泄漏物，以防产生静电引起爆炸。加强对地面消防废水的收集，封堵事故区域内的下水道口，挖坑挖渠引流，阻止未经处理的消防废水直接流入雨水排水系统，最大限度地控制扩散范围，避免造成环境污染。

2. 冷却降温

苯液储罐发生火灾，应根据风向，在下风或侧下风方向设置水枪阵地，利用固定冷却设施，集中力量对着火设备及受到火势威胁的生产装置、容器、反应塔、反应釜、锅炉等实施冷却降温，防止爆炸，造成新的火源和有毒物质扩散源。转移起吊容器时，应使用喷雾水冷却保护。

3. 表面覆盖

对泄漏到地面的苯液可采取喷射泡沫覆盖保护，并保证足够的泡沫厚度，防止其蒸气与空气形成爆炸性混合物，降低泄漏液体的蒸发量。

苯液的挥发量可按公式（5-3-1）进行估算：

$$Q = (312 + 49.1v)\frac{P}{P_0}A \tag{5-3-1}$$

式中，Q 是苯液在单位时间的挥发量，g/min；v 为风速，m/s；P 为环境温度下苯的饱和蒸气压，Pa；P_0 为外界大气压力，Pa；A 为苯液的表面积，m^2。

据估算，如果在事故后 10min 内，立刻对泄漏出来的苯液全面泡沫覆盖，苯液的挥发量将减少约 1/20。

4. 倒罐输转

当苯液储存容器发生泄漏，现场不能有效堵漏的情况下，可采取防爆烃泵抽取等输转措施，将受损或受到威胁的容器中的苯液，以及泄漏出的苯液导入其他安全容器中。槽车等发生泄漏，在基本控制泄漏的前提下，迅速转移到临近化工厂等具有一定条件的场所进行倒罐处置。倒罐要由熟悉设备、工艺且操作经验丰富的专业技术人员进行。倒罐过程中，必须用喷雾射流进行掩护，管线、设备必须接地良好，在利用吊车起吊设备容器时要防止钢丝绳摩擦产生火花。

5. 注水排险

由于苯液密度比水小，当容器底部发生泄漏时，可向容器内适量注水，抬高液位，形成水垫层，缓解险情，配合堵漏。

6. 现场洗消

苯液泄漏事故处置之后，洗消工作非常重要。在重危区出口设置洗消站，用大量清水对内攻人员、车辆进行全面冲洗。救援中使用的装备和沾染苯液的衣物等应及时洗消处理。洗消后的消防废水应收集，在专家指导下统一处理。

对于地面上残留的少量苯液，可以用沙土、水泥粉、煤灰等吸附，转运至安全地带实施焚烧处理。对于现场的事故容器、管道、低洼处、沟渠等，可使用喷雾射流、蒸汽、惰性气体进行全面清扫，确保不留残液。

例 5-3-4 某化工厂因操作不当导致苯储罐连接管线破裂，大量苯液泄漏，在防火堤内流淌面积为 $600m^2$，厂区固定泡沫系统损坏，需使用泡沫覆盖，防止苯蒸气与空气形成爆炸性混合物，若泡沫供给强度为 $1.0L/(s \cdot m^2)$，使用 QP8 型泡沫枪，在额定压力下工作，需要调集中型泡沫消防车几辆？

解：由题意可知，QP8 型泡沫枪，在额定压力下，混合液流量为 8L/s，泡沫流量为 50L/s，可控制 $50m^2$；中型泡沫消防车可按出 2 支 QP8 型泡沫枪考虑。

则：（1）所需泡沫枪数量：$n_枪 = \dfrac{A}{a} = \dfrac{600}{50} = 12$（支）

（2）所需泡沫消防车数量：$N_战 = \dfrac{n_枪}{n} = \dfrac{12}{2} = 6$（辆）

答：需要调集中型泡沫消防车 6 辆。

例 5-3-5 某高速公路发生一起交通事故，一辆满载 20t 苯液的槽车被追尾后发生燃烧爆炸，辖区中队到达事故现场时，指挥员侦查发现，苯液槽罐直径 2.5m，长 6m。槽罐尾上部有一撕裂口处正发生猛烈燃烧，由于撕裂口形状不规则，无法堵漏，为保证安全，指挥员决定采取冷却降温，控制燃烧的处置措施。请计算现场需要冷却战斗车多少辆。

解：由题意可知，采用 QLD6/8 型直流喷雾水枪进行冷却，水枪流量不低于 7.5L/s，冷却强度为 $0.10L/(s \cdot m^2)$。

则：（1）需要冷却的面积：$A = \pi DL = 3.14 \times 2.5 \times 6 = 47.1$（$m^2$）

（2）需要的用水量：$Q_冷 = Aq = 47.1 \times 0.1 \approx 4.7$（L/s）

（3）所需冷却水枪数量：$n_枪 = \dfrac{Q_冷 - Q_固}{Q_枪} = \dfrac{4.7 - 0}{7.5} \approx 1$（支），取 4 支

（4）所需战斗车数量：$N_战 = \dfrac{n_枪}{n} = \dfrac{4}{2} = 2$（辆）

答：现场需要冷却战斗车 2 辆。

五、酸类事故的供水力量

（一）事故概述

以硫酸（H_2SO_4）为例，无水硫酸为无色油状液体，10.36℃时结晶，通常使用的是它的各种不同浓度的水溶液，用塔式法和接触法制取。前者所得为粗制稀硫酸，浓度一般在 75% 左右；后者可得浓度为 98.3% 的浓硫酸，沸点 338℃，相对密度 1.84。硫酸是一种活泼的二元无机强酸，也是一种强氧化剂，能与绝大多数金属及其氧化物、非金属发生化学反应，是一种重要的工业原料，可用于制造肥料、药物、炸药、颜料、洗涤剂、蓄电池等，也广泛应用于净化石油、金属冶炼以及染料等工业中。

硫酸能与水任意混溶，同时产生大量热量，如将水加入浓硫酸中，会因发热而引起爆溅。高浓度的硫酸有强烈的吸水性和腐蚀性，可用作脱水剂，碳化木材、纸张、棉麻织物及生物皮肉等含碳水化合物的物质；如果溅到皮肤上，强烈吸水脱水，放出大量热造成严重灼伤；如果进入人体，使组织脱水、蛋白凝固，可造成局部坏死，严重时导致死亡。硫酸蒸气具有强烈刺激性，人吸入酸雾后引起明显上呼吸道刺激症状及支气管炎，重者迅速导致化学性肺炎或肺水肿，高浓度时引起喉痉挛和水肿导致窒息死亡。

硫酸在生产、储存、运输和使用中，由于设备腐蚀老化、管道破裂或交通事故等原因，常常引发泄漏事故，对沿途的土地、设施、路面等造成严重腐蚀，同时对周围河流、湖泊、水库等水域及土壤造成严重污染。

（二）酸类事故救援中供水力量的主要任务

1. 稀释驱散

硫酸具有强烈的吸水性，遇水产生大量的热，如泄漏硫酸较多，硫酸层较厚，严禁用密集射流直射硫酸稀释，防止造成硫酸飞溅，灼伤现场救援人员。当硫酸泄漏量较少时，可使用喷雾射流稀释驱散酸雾，水枪阵地注意与泄漏出的硫酸保持一定距离，有效利用遮蔽物，避免飞溅起的硫酸伤害救援人员。注意及时利用沙石、泥土、水泥粉等围堰筑坝，挖坑引流，收集稀释驱散酸雾的废水，不可任其四处流散，扩大灾害影响。

2. 中和处理

围堰筑坝或挖坑引流泄漏的硫酸，有效减少硫酸对沿途的强烈腐蚀、破坏及污染，防止硫酸向重要设备、场所、水域等地方流散。对于少量硫酸，可用石灰、沙土、水泥粉、煤灰等吸附收集，密封拖运至相关单位进行处理。也可使用石灰、烧碱、纯碱等碱性物质覆盖中和，降低硫酸的腐蚀性，其中熟石灰与硫酸反应生成硫酸钙（$CaSO_4$），因硫酸钙的溶解度较小，使得其沉淀易于清理，因此常用熟石灰中和处理泄漏的硫酸或含硫酸废水。

熟石灰与硫酸发生中和反应，其化学反应式为：

$$Ca(OH)_2 + H_2SO_4 =\!=\!= CaSO_4 \downarrow + 2H_2O$$

由反应式可知：

$$H_2SO_4 ： Ca(OH)_2 = 1：1(摩尔比) \approx 1：0.76(质量比)$$

市售的浓硫酸一般为 98%，因此，若要对 1t 浓硫酸进行洗消，需要氢氧化钙 0.74t，可按 1：0.8 估算。

3. 倒罐输转

硫酸储罐、容器、槽车发生泄漏，无法实施堵漏时，可采取倒罐输转的方法处置。倒罐前要做好准备工作，对倒罐时使用的管道、容器、储罐、设备等要认真检查，由熟悉情况、操作经验丰富的相关工程技术人员具体操作实施，消防人员给予积极配合。倒罐过程中，为防止硫酸泄漏造成人员伤害或引发二次事故，应部署水枪阵地，做好保护准备。

4. 现场洗消

在危险区域出口处设置洗消站，用大量清水或肥皂水对从危险区出来的人员进行冲洗；用大量清水冲洗救援中使用的装备及被污染的衣物；用密集射流冲扫现场，特别是低洼地带、下水道、沟渠等处，确保不留残液；对事故现场污染地面及受污染的物体表面，用石灰水或烧碱、纯碱等碱性物质的低浓度溶液进行处理；洗消的污水必须集中回收，在环保专家具体指导下进行物理或化学中和处理，避免造成次生污染，扩大事故灾情和损失。

例 5-3-6　某高速公路发生一起交通事故，一辆满载 10t 浓度为 98% 的工业浓硫酸的槽车被追尾后发生泄漏，辖区中队到达事故现场时，指挥员侦查发现，槽罐左后方底部有一撕裂口处硫酸正大量泄漏。为保证安全，指挥员决定采取堵漏的措施控制泄漏，采取围堰筑坝、中和洗消的措施对已泄漏的大约 0.5t 硫酸进行处置。请计算现场需要调集多少含量为 75% 熟石灰实施中和处理，若要配制成 10% 的氢氧化钙乳浊液使用，需要调集多少水。

解：由题意可知

（1）调集熟石灰的量

$$Ca(OH)_2 + H_2SO_4 =\!=\!= CaSO_4 \downarrow + 2H_2O$$

$$H_2SO_4 ： Ca(OH)_2 = 1：1(摩尔比) \approx 1：0.76(质量比)$$

$$m_{熟石灰} = \frac{0.76 \times 0.5 \times 98\%}{75\%} \approx 0.5 \text{（t）}$$

（2）调集水量

$$V_{水} = \frac{0.5}{10\%} \times 90\% = 4.5 \text{（t）}$$

答：需调集熟石灰 0.5t，调集水 4.5t。

六、醇类物质事故的供水力量

（一）事故概述

以乙醇（C_2H_5OH）为例，乙醇在常温常压下是一种易燃、易挥发的无色透明液体，低毒，具有特殊香味，并略带刺激，微甘，并伴有刺激的辛辣滋味。能与水以任意比互溶，能与氯仿、乙醚、甲醇、丙酮和其他多数有机溶剂混溶。相对密度 0.789（20℃），熔点－114.1℃，沸点 78.3℃，闪点 12.8℃，自燃点 423℃。蒸气与空气能形成爆炸性混合物，爆炸极限 3.5%～18.0%。乙醇的用途很广，可用乙醇制造醋酸、饮料、香精、染料、燃料等。医疗上也常用体积分数为 70%～75%的乙醇作消毒剂等，在国防化工、医疗卫生、食品工业、工农业生产中都有广泛的用途。

醇类液体闪点低，常温下易挥发产生易燃蒸气，蒸气大多比空气重，易积聚于低洼处，或在较低处扩散到相当远的地方，遇着火源或氧化剂作用发生燃烧爆炸。容器内的可燃气体蒸气云爆炸时形成定向冲击波，大量物料可能喷洒到附近可燃物和操作人员身上，瞬间引起大火。

醇类物质具有一定的刺激性和麻醉性，空气中达到一定浓度会刺激眼、鼻和咽喉，引起头晕、恶心等症状。例如甲醇有较大毒害性，极易造成双目失明，成人口服 30mL 以上可能危及生命。燃烧时产生的大量烟雾及有毒气体也会造成窒息或中毒。

（二）醇类事故救援中供水力量的主要任务

1. 稀释驱散

以泄漏点为中心，在四周设置水幕，并利用喷雾射流或开花射流稀释、驱散蒸气云团。禁止用密集射流直接冲击容器和泄漏物，防止产生静电引发燃烧爆炸。当储量较大时，不能让稀释驱散水流进围堤内或容器内，防止满溢，形成流淌火。

室温下，乙醇体积浓度超过 41%时才能直接引燃，其闪点随浓度降低而升高，因此，当容器内乙醇储量较小时，可以采用注水的方式提高闪点、扑灭火灾；考虑在着火情况下，罐壁和周围环境温度较高，应将乙醇浓度稀释到 20%以下。采取这类处置措施时应及时使用砂石、泥土、水泥等材料在地面适当部位围堰筑坝，或在地势低洼处挖坑收容泄漏液体，控制液体流散，以防形成大面积流淌火；并封堵事故区域下水道口，严防泄漏液体进入地下排污管网。

2. 冷却降温

醇类储罐着火时，由于液面上部容器壁温度较高，泡沫接触容器壁之后，因高温迅速破坏，致使液体表面封闭不严，只有较好地冷却容器，才能形成有效的表面覆盖、灭火。因此，在使用泡沫灭火的同时，需要对着火容器以及受火势威胁的容器实施冷却降温，在着火容器与邻近容器之间，设置水幕屏障，隔绝热辐射。

3. 表面覆盖

对泄漏的乙醇液体快速实施表面覆盖，减少蒸发，降低空气中蒸气浓度，可预防或扑灭火灾。乙醇属极性溶剂，对普通泡沫有较强的破坏，即使提高供给强度，覆盖灭火效果仍然很差，应当使用抗溶性水成膜或抗溶性氟蛋白泡沫液。扑救醇类火灾时，应让泡沫通过缓冲装置沿容器壁缓慢铺满液面，同时注意持续供给，直到形成一个严密的泡沫层，才能达到较好的覆盖、灭火效果；对于火焰已经熄灭的液体，必须持续泡沫覆盖，防止发生复燃。若现场没有抗溶性泡沫，也可以使用细沙、湿麻袋、湿棉被等覆盖吸附。

4. 倒罐输转

容器、管线等发生泄漏，在现场无法有效堵漏的情况下，可采取防爆烃泵抽取等输转措施，将事故容器中剩余液体导入其他容器；或在控制泄漏的情况下，迅速转移到邻近化工厂进行倒罐输转。倒罐要由熟悉设备、工艺且操作经验丰富的专业技术人员进行。倒罐作业过程中，必须用喷雾射流掩护，管线、设备必须良好接地。

5. 注水排险

对于容器、管线中残留的乙醇液体，可以采用注水稀释冲洗的方式，排除再次发生燃烧爆炸的危险，为后续处理打好基础。

6. 现场洗消

事故处置完成后，应在缓冲区和安全区交界处设置洗消站，实施洗消。轻度、中度、重度中毒人员在送医治疗之前，使用大量清水、肥皂水清洗，现场救援人员和器材装备要全部进行洗消。用喷雾射流或惰性气体清扫现场，特别是低洼处、下水道、沟渠等处，确保不留残液及其蒸气。洗消和处置后的消防废水，需经环保部门检测后排放，防止造成二次污染。

例 5-3-7 某酒厂由于工人违规操作，乙醇储罐破裂，大量乙醇泄漏，在防火堤内流淌面积为 $600m^2$，厂区固定泡沫系统损坏，指挥员决定使用抗溶性泡沫覆盖，防止乙醇蒸气与空气形成爆炸性混合物，若抗溶性泡沫供给强度为 $1.5L/(s \cdot m^2)$，使用 QP8 型泡沫枪，在额定压力下工作，需要调集中型泡沫消防车几辆？需调集抗溶性泡沫液多少吨？

解：由题意可知，QP8 型泡沫枪在额定压力下工作，其混合液流量为 8L/s，泡沫流量为 50L/s；中型泡沫消防车按可出 2 支泡沫枪考虑；抗溶性泡沫液配比为 6%，持续供液按 60min 考虑。

则：(1) 1 支 QP8 型泡沫枪的覆盖面积：$a = \dfrac{Q_{枪}}{q} = \dfrac{50}{1.5} \approx 30$（$m^2$）

(2) 需要泡沫枪的数量：$n_{枪} = \dfrac{A}{a} = \dfrac{600}{30} = 20$（支）

(3) 需要泡沫消防车数量：$N_{战} = \dfrac{n_{枪}}{n} = \dfrac{20}{2} = 10$（辆）

(4) 抗溶性泡沫液量：$V_{液} = 0.216 Q_{混} = 0.216 n_{枪} q_{混} = 0.216 \times 20 \times 8 = 34.56$（t）

答：现场需要调集中型泡沫消防车约 10 辆，需调集抗溶性泡沫液约 34.56t。

例 5-3-8 某化工厂由于工人违规操作，一个立式乙醇储罐着火，储罐容积均为 $20m^3$，高 4m，直径 2.5m，着火罐实际储存浓度为 95% 的乙醇 $3m^3$。厂区固定泡沫系统损坏，由于没有抗溶性泡沫液，加上储罐内储存的乙醇较少，指挥员决定使用向储罐内注水稀释的方式灭火，使用 QLD6/8 型直流喷雾水枪登顶邻近罐注水，邻近需要冷却的储罐 2 个，需要调集的总水量是多少？

解：由题意可知，扑救化工火灾，QLD6/8 型直流喷雾水枪的流量不低于 7.5L/s；采取注水稀释的方式灭火，应将乙醇浓度稀释到 20% 以下，并使用 2 支水枪注水稀释；着火罐冷却强度取 0.8L/(s·m)，邻近罐冷却强度取 0.7L/(s·m)；火灾延续时间取 4h。

则：(1) 稀释乙醇所需的水量：$V_{稀释}=\dfrac{3\times95\%}{20\%}-3\approx11.25$（t）

(2) 稀释灭火所需的时间：$t=\dfrac{11.25\times1000}{2\times7.5\times60}\approx12.5$（min）

(3) 冷却着火罐所需的水量：$Q_{冷着}=n\pi Dq=1\times3.14\times2.5\times0.8\approx6.3$（L/s）

(4) 冷却邻近罐所需的水量：$Q_{冷邻}=n\times0.5\pi Dq=2\times0.5\times3.14\times2.5\times0.7\approx5.5$（L/s）

(5) 冷却总用水量：$V_{冷却}=(Q_{冷着}+Q_{冷邻})t=(6.3+5.5)\times\dfrac{4\times3600}{1000}\approx170$（t）

(6) 现场总用水量：$V_{总}=V_{稀释}+V_{冷却}=11.25+170=181.25$（t）

答：需要调集的总水量不低于 181.25t。

思考与练习

1. 某一列火车有三节液化石油气槽车，在运行过程中不慎出轨，侧滑入路边一干涸的排水沟内，导致中间一个槽罐液化石油气泄漏，遇火源发生爆炸，上部破裂口持续泄漏燃烧，槽罐容积 95m³，长 11m，直径 3m。辖区中队到场后发现顶部泄漏口较大，无法堵漏，决定采用冷却降温，控制燃烧的处置措施，事故点附近没有消防水源。现场需出几只水枪冷却？按照一车两枪，需调集多少辆冷却战斗车？若 16h 后，事故罐内液化石油气燃烧完，共需调集多少冷却用水？

2. 某医院发生液氯泄漏事故，杂物间一储存 500kg 液氯的钢瓶由于阀门损坏发生泄漏。指挥中心接警后，应调集多少酸碱中和型消毒剂？配制浓度 5% 的消毒液，需要准备多少吨水？

3. 某水产冷冻公司冷库发生液氨泄漏，当天储量 10t。应调集多少酸碱中和型消毒剂？配制浓度为 15% 的消毒液，需要准备多少吨水？

第六章
消防水源

水是扑救火灾使用最广泛的灭火剂，确保灭火救援用水是取得灭火救援胜利的关键，消防水源素来被称为"消防救援队伍的弹药库"，是灭火救援必不可少的基础条件和物质保障。消防救援人员为了保障灭火救援用水充足，对责任区消防水源开展的调查熟悉、维护保养、检查使用、资料建立等管理活动，是灭火救援准备工作的一项重要内容，也是消防救援队伍基础业务建设的重要内容。

》 第一节　消防水源的分类

○【学习目标】

1. 了解天然水源的类型和特点。
2. 熟悉消防水源的分类。
3. 掌握市政消防给水管网及室外消火栓的分类。

消防水源是指向水灭火设施、车载或手抬等移动消防水泵、固定消防水泵等提供消防用水的水源，包括市政给水、消防水池和天然水源等，雨水清水池、中水清水池、水景和游泳池可作为备用消防水源，消防水源应优先采用市政给水。消防水源的水量应充足、可靠，能够满足火灾持续扑救的需要，水质应满足水灭火设施本身及其灭火、控火、抑制、降温和冷却等功能的要求。室外消防给水的水质可以差一些，并允许有少量的杂质；室内消防给水对水质的要求比较严格，杂质不能堵塞喷头和水枪等，不能有腐蚀性，其 pH 值应在 6.0～9.0 之间。

一、市政给水

当市政给水管网连续供水时，消防给水系统可采用市政给水管网直接供水。在城乡规划区域范围内，市政消防给水系统应与市政给水管网同步规划、设计与实施。市政消防给水系统主要由市政水源、给水厂、输水干管、给水管网和消火栓组成。

（一）给水管网

给水管网主要起到输水的作用。按给水管网输水用途、水压要求、管网形式的不同，消防给水系统可以分为以下几种类型。

1. **按输水用途分类**

按给水管网输水用途的不同，消防给水系统可分为生活和消防联用的给水系统，生产和消防联用的给水系统，生产、生活和消防联用的给水系统和独立的消防给水系统。

（1）生活和消防联用的给水系统　生活、消防联用给水系统是将生活用水与消防用水统一由一个给水系统来提供。这种系统形式可以保持管网内的水经常处于流动状态，水质不易变坏，而且在投资上也比较经济，并便于日常检查和保养，消防给水较为安全可靠。因此，在城镇、居住区和企事业单位内广泛采用生活、消防联用给水系统。在设计这种给水系统时，应保证当生活用水达到最大流量时，仍应满足 100% 的消防用水量。

（2）生产和消防联用的给水系统　在某些企事业单位，当消防用水时不致引起生产事故，生产设备检修时不致引起消防用水中断的情况下，可采用生产、消防联用给水系统。在设计这种给水系统时，应保证当生产用水达到最大流量时，仍应满足100%的消防用水量；如不引起生产事故，生产用水可作为消防用水，但生产用水转为消防用水的阀门不应超过2个，该阀门应设置在易于操作的场所，并应有明显标志。

（3）生产、生活和消防联用的给水系统　生产、生活和消防联用的给水系统，在许多大中城市广泛采用。采用这种给水系统，可以节省投资，且系统利用率高，特别是生活、生产用水量较大而消防用水量相对较小时，这种系统更为适宜。在设计这种给水系统时，应保证当生产用水和生活用水达到最大流量时，仍应满足100%的消防用水量。

（4）独立的消防给水系统　当工厂企业内生产、生活用水量较少或无需求而消防用水量相对较大，或生产用水有可能被易燃、可燃液体污染时，常采用独立的消防给水系统。该系统的特点是能保证火场消防用水安全，但投资较大，一般用于危险性较大和重要的场所。

2. 按水压要求分类

按给水管网水压要求的不同，消防给水系统可分为低压消防给水系统、高压或临时高压消防给水系统。

（1）低压消防给水系统　一般城镇市政给水和居住区建筑物室外多采用低压消防给水系统，这种系统管网内水压较低，仅提供灭火所需的消防用水流量，水枪（炮）灭火所需的压力需要通过消防车或其他移动消防泵加压提供。消防车从低压给水管网取水，常采用直接用吸水管从消火栓上吸水，或用水带连接消火栓往消防车水罐内放水。

（2）高压或临时高压消防给水系统　工艺装置区、储罐区、大型堆场和建筑物室内常采用高压或临时高压消防给水系统；当消防高压水枪、雨淋、水喷雾等灭火设备有特殊用水要求时，往往也采用高压或临时高压消防给水系统。

高压消防给水系统，其管网内持续保持足够的压力，火场上不需使用消防车或其他移动水泵加压，而是直接由消火栓连接水带、水枪灭火，就能保证足够的压力和流量；临时高压消防给水系统，平时管网内水压不高，一般为低压给水系统，在泵站内设有高压水泵，当发生火灾或其他灾情需要用水时，启动高压水泵加压，使管网内的压力和流量达到灭火的要求。

3. 按管网形式分类

按给水管网形式的不同，消防给水系统可分为环状管网给水系统和枝状管网给水系统。

（1）环状管网给水系统　在平面布置上，管网干线成若干闭合环的给水系统，称为环状管网给水系统，如图6-1-1所示。

环状管网的管道干线彼此相通，水流四通八达，安全可靠，当管网某段管道发生故障、损坏或者检修时，不影响整个区域管网的供水，其供水能力比枝状管网大1.5～2.0倍。

由于环状管网给水系统具有供水安全可靠的优点，所以在城镇供水管网、大型企业和大型住宅小区中被广泛采用。一般情况下，凡担负消防给水任务的给水管网，均应采用环状管网，可提供可靠的消防用水。

（2）枝状管网给水系统　在平面布置上，管网干线呈树枝状，分枝后干线彼此无联系，水流在管网内向单一方向流动的给水系统，称为枝状管网给水系统，如图6-1-2所示。

枝状管网给水系统，水流从水源地向用户单一方向流动，当管道的某一段在检修或损坏时，其后方就无水。因此，城镇和重要工厂企业单位，一般情况不应采用枝状给水系统。必须采用枝状管网时，应设消防水池。

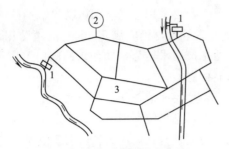

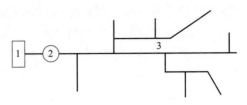

图 6-1-1 环状管网给水系统　　　　　　　图 6-1-2 枝状管网给水系统

1—自来水厂；2—水塔；3—给水管网　　　　　1—自来水厂；2—水塔；3—给水管网

（二）室外消火栓

室外消火栓是设置在消防给水管网上的供水设施，主要供消防车从市政给水管网或室外消防给水管网取水实施灭火，也可以直接连接水带、水枪出水灭火，是扑救火灾的重要消防设施之一。按建设形式、工作压力、管理职责的不同，室外消火栓可以分为以下几种类型。

1. 按建设形式分类

根据建设形式的不同，室外消火栓主要有地上式、地下式和消防水鹤 3 种。

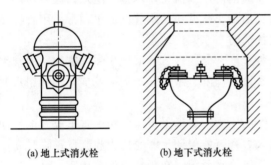

（a）地上式消火栓　　　（b）地下式消火栓

图 6-1-3 室外消火栓

（1）地上式消火栓　地上式消火栓大部分露出地面，由阀体、弯管、阀座、阀瓣、排水阀、阀杆和接口等零部件组成，有一个直径 150mm 或 100mm 和两个直径 65mm 的栓口，如图 6-1-3（a）所示。地上式消火栓具有目标明显，易于寻找，使用方便等特点，但容易冻结，易遭到损坏，适宜气温较高地区安装使用，我国南方地区一般采用地上式消火栓。

（2）地下式消火栓　地下式消火栓安装于地下，设置在消火栓井内，有直径 100mm 和 65mm 的栓口各一个，如图 6-1-3（b）所示，具有不冻结，不易损坏，不影响市容、便利交通等优点，适宜寒冷地区用，我国北方地区一般采用地下式消火栓。但地下式消火栓需要建较大的地下井室，且目标不明显，不易寻找，使用不方便，故障或损坏不易发现等，因此地下式消火栓旁应设置明显标志。

（3）消防水鹤　消防水鹤是一种快速加水的公共消防水源供水设施，具有加水快捷、操作简单、防冻、不易损坏、目标明显等优点，如图 6-1-4 所示。消防水鹤设置在地面上，产品类似于火车加水器，便于操作，供水量大，上部伸出横向的输水管能左右旋转，输水管的前端弯下来的部分像鹤的头部。消防水鹤能在各种天气条件下，尤其在北方严寒地区能有效地为消防车补水，是北方地区的主要消防供水设施，有 SHFZ100/80/65-1.0 型、SHFZ150/80/65-1.0 型等型号，既可给消防车加水，也可直接出水灭火。

2. 按工作压力分类

室外消火栓的工作压力直接关系到消火栓的供水能力。根据工作压力的不同，消火栓可分为低压消火栓和高压消火栓。

（1）低压消火栓　低压消防给水系统上安装的消火栓为低压消火栓，其作用是为消防车

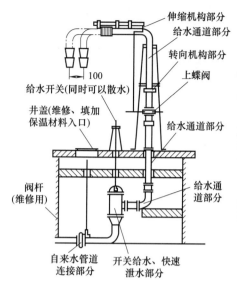

图 6-1-4 消防水鹤

提供必需的消防用水量，水枪、水炮等灭火装备所需的压力由消防车通过水泵加压获得。

（2）高压消火栓　高压消防给水系统上安装的消火栓为高压消火栓，其作用是保证所有消火栓直接连接水带、水枪实施灭火，而不需要消防车或其他移动式消防水泵加压。

3. 按管理职责分类

根据室外消火栓建设、维护、维修等管理职责的不同，可分为市政消火栓、单位内部消火栓、住宅区消火栓。

（1）市政消火栓　市政消火栓由政府投资建设在城镇街道上，是重要的城市基础设施，是保障城市运行安全、提升火灾防控水平的重要保障。一般由城乡建设部门、供水管理部门建设、管理和维护，主要供消防队灭火救援取水或直接连接消防灭火设备出水灭火。

（2）单位内部消火栓　单位内部消火栓由企事业单位投资建设，并由企事业单位自行管理和维护，当企事业单位发生火灾或其他灾害时，供灭火救援使用。

（3）住宅区消火栓　住宅区消火栓由房地产开发商投资建设在住宅区内，由小区物业管理单位负责维护保养和日常管理。当住宅区发生火灾或其他灾害时，供灭火救援使用。

二、消防水池

消防水池，是人工建造的储存消防用水的构筑物，供固定或移动消防泵吸水的蓄水设施。当市政给水为间歇供水或供水能力不足，或采用一路消防供水且室外消火栓设计流量大于 20L/s 或建筑高度大于 50m 时，应设置消防水池，作为市政给水和天然水源等消防水源的重要补充。消防水池的分类见表 6-1-1。

表 6-1-1　消防水池的分类

序号	分类方式	名 称	备 注
1	按位置分类	室外消防水池	水池全部位于建筑物外
		室内消防水池	水池全部位于建筑物内
		室内、外消防水池	水池部分在建筑物外，部分在建筑物内

序号	分类方式	名　称	备　注
2	按形状分类	矩形消防水池	水池平面呈矩形
		方形消防水池	水池平面呈方向
		圆形消防水池	水池平面呈圆形
		多边形消防水池	水池平面呈多边形
3	按标高分类	地下消防水池	水池位于地面以下
		地上消防水池	水池位于地面以上
		半地下消防水池	水池部分在地下,部分在地上
		楼层消防水池	水池设在楼层,是地上消防水池的特例
		屋顶消防水池	水池设在屋顶,是楼层消防水池的特例
4	按用途分类	专用消防水池	只满足消防用水的需要
		合用消防水池	满足生活、生产、消防用水的需要,并有确保消防用水量不被他用的技术措施
5	按材料分类	钢筋混凝土消防水池	包括预应力钢筋混凝土消防水池
		混凝土消防水池	
		砖砌消防水池	
		玻璃钢消防水池	
		不锈钢消防水池	
6	按受力分类	重力式消防水池	
		压力式消防水池	水池顶盖受力,采用密闭池顶结构
7	按构造分类	整体式消防水池	
		装配式消防水池	
8	按顶盖分类	有盖消防水池	适用于北方
		无盖消防水池	适用于南方

为保持高压消防给水系统管网内的压力,也常根据条件设置高位消防水池。高位消防水池的最低有效水位应能满足其所服务的水灭火设施所需的工作压力和流量。

三、天然水源及其他

江、河、湖、海、水库等天然水源,又称地表水源,具有水量充沛、分布广泛的特点,常被很多城镇和工厂企业作为消防水源;在地下水源丰富的地方,井水等地下水源也可作为消防水源。天然水源是人工水源的重要补充,在我国南方地区则是重要的消防水源。当发生重特大火灾或其他灾害事故,市政给水管网供水不能满足灭火救援需要时,消防车可以取用天然水源。

天然水源往往因受自然环境所限,车辆不易停靠,且水位受季节、潮汛等因素影响变化较大,低潮时无水或水位较低,同时可能有冰凌、漂浮物、悬浮物等易堵塞取水口。利用天然水源时,其设计枯水流量保证率应根据城乡规模和工业项目的重要性、火灾危险性和经济合理性等因素综合确定,宜为90%～97%。对于一些重要的天然水源,应采取一定的技术措施,保证取水的可靠性。

（一）河流

河流的径流变化（即河流中的水位、流量、流速的变化）、含沙量、漂浮物及冰冻情况等因素，对消防车取水的安全可靠性有着重要影响。由于影响河流径流的因素复杂，同一条河流每年的径流特征值各不相同。河流中的泥沙和漂浮物对水质和消防车取水安全有较大影响，特别是我国西南和西北地区，河流中泥沙及水草较多，严重影响取水。我国北方大多数河流在冬季均有结冰现象，对消防车取水造成障碍。山区浅水河流流量和水位随季节和雨水多少变化幅度较大。

从河流取水应尽量选择在河床稳定、土质坚实、流速较大且靠近主流、有足够水深的河床和河岸，要尽可能避开河流中的回流区和死水区，以减少水中泥沙和漂浮物进入取水设备或堵塞取水口。在北方地区的河流上，宜在水面冰较少和不受流冰冲击的地方，以减少冰凌的影响。对于山区浅水河流，由于平时枯水期水层浅薄，取水深度往往不足，需要修筑堤坝抬高水位和拦截足够的水量，使用浮艇泵、手抬泵等吸水器材取水。

（二）湖泊和水库

湖泊和水库一般水域面积大，水量充足，水质较好，可供长时间不间断取水，但岸边易形成泥沙淤积，淤积的速度随流域内泥沙径流量而定。在风力作用下，湖泊和水库中常会产生较大的风浪。

在湖泊和水库中抽取消防用水时，消防车或其他取水设备应停放于水质较好、水面无漂浮物、水域没污染及安全可靠的岸边。

（三）海洋

沿海地区可直接从海洋中取水用于灭火救援。但海水中含有较高的盐分，对消防车等取水器材装备有一定的腐蚀性。在大风作用下，会形成海浪，甚至巨浪，产生很大的冲击力和破坏力。

从海洋中取水时，消防车或其他取水设备应停放于避风的位置，同时要充分考虑潮汐和风浪造成的水位波动及冲击力对取水的影响。消防车水泵或其他取水设备在取水结束后，应及时用清水冲洗，避免腐蚀损坏。

（四）井水

井水作为消防水源，具有水质好、便于停靠取水的特点，但井水往往水量较少，难以满足长时间不间断取水的需要，取水时水位变化较大，增加取水难度。

当井水作为消防水源向消防给水系统直接供水时，其最不利水位应满足水泵吸水要求，其最小出流量和水泵扬程应满足消防要求，并设置探测水井水位的水位测试装置。当需要两路消防供水时，水井不应少于两眼，每眼井的深井泵的供电均应采用一级供电负荷。

---------------------○● **思考与练习** ○●---------------------

1. 根据给水管网输水用途、水压要求、管网形式的不同，消防给水系统如何分类？

2. 室外消火栓按其建设形式如何分类？有何特点？

3. 什么情况下需要设置消防水池？

第二节 消防水源的建设与管理

【学习目标】

1. 了解消防水源的管理、检查和使用。
2. 熟悉消防水鹤、天然水源的建设要求。
3. 掌握供水管网、室外消火栓、消防水池的建设要求。

近年来，随着城镇化进程加快，各种类型灾害事故大幅增加，对灭火救援现场消防供水提出了更高的要求。加强消防水源建设与管理，保证消防用水的需要，是确保灭火救援取得成功的重要基础性工作。

一、消防水源建设

消防水源的建设，必须满足灭火救援的需要，并保证消防给水的安全可靠性。

（一）给水管网

给水管网的建设应符合下列要求。

（1）低压消防给水管网可与生产、生活给水管网合用，在合用不经济或技术上不可行时，可采用独立的消防给水系统。为满足消防车取水的需要，低压消防给水管网平时运行工作压力不应小于 0.14MPa，最不利点处供水压力不应小于 0.1MPa。

（2）高压或临时高压消防给水系统，应保证消防水枪布置在保护范围内最不利点时充实水柱的要求。高层建筑、厂房、库房和室内净空高度超过 8m 的民用建筑等场所的消火栓栓口动压不应小于 0.35MPa，且消防水枪充实水柱不小于 13m；其他场所的消火栓栓口动压不应小于 0.25MPa，且消防水枪充实水柱不小于 10m。

（3）消防给水管网在通常情况下应布置成环状。向室外、室内环状消防给水管网供水的输水干管不应少于 2 条，当其中 1 条发生故障时，其余的输水干管应仍能满足消防给水设计流量。环状管网应用阀门分成若干独立段，每段内消火栓的数量不宜超过 5 个。接市政消火栓的环状给水管网的管径不应小于 150mm，其他室外、室内环状消防给水管网的管径不应小于 100mm。

（4）当城镇人口小于 2.5 万人，或者室外消火栓设计流量不大于 20L/s 且室内消火栓不超过 10 个时，市政消防给水系统可采用枝状管网。接市政消火栓的枝状给水管网的管径不宜小于 200mm。若采用枝状管网，消防安全重点单位应设消防水池，以储存足够的消防用水。

（二）室外消火栓

室外消火栓的建设应符合下列要求。

1. 流量和压力

（1）低压消火栓 低压消火栓的公称压力为 1.0MPa。为满足一辆消防车至少出 2 支水枪的要求，每个市政消火栓的出流量不应小于 15L/s，每个建筑室外消火栓的出流量宜按 10～15L/s 计算。最不利点消火栓的供水压力不应小于 0.1MPa。

（2）高压消火栓　高压消火栓的公称压力为 1.6MPa。每个高压消火栓一般按出 1 支水枪计算，流量不小于 5L/s，精确数值应根据要求的充实水柱计算确定。高压消火栓的供水压力应通过计算确定，其最不利点消火栓的供水压力可按下式计算：

$$H_{xh}=h_q+H_d+H_k+H_{1\text{-}2} \tag{6-1-1}$$

式中　H_{xh}——最不利点室外高压消火栓的供水压力，mH_2O；

h_q——水枪的工作压力，mH_2O；

H_d——水带（6 条直径 $D_{65}mm$ 的水带）的水头损失，mH_2O；

H_k——消火栓栓口水头损失，可按 $2mH_2O$ 计算；

$H_{1\text{-}2}$——水枪出口（水枪手站在最高处时）与消火栓出口之间的标高差，m。

2. 保护半径

低压消火栓与高压消火栓的保护半径不同，前者由消防车供水性能确定，后者由消火栓本身的压力确定。

（1）低压消火栓　低压消火栓的保护半径一般按消防车可连接 9 条水带计算，考虑到灭火中转移水枪阵地的需要，需留有 10m 的机动水带，水带铺设系数取 0.9，则消防车的供水距离为：

$$S=(9\times20-10)\times0.9=153（m）$$

因此，低压消火栓的保护半径采用 153m。

（2）高压消火栓　高压消火栓的保护半径一般按可连接 6 条水带计算，考虑到灭火中转移水枪阵地的需要，需留有 10m 的机动水带，水带铺设系数取 0.9，则供水距离为：

$$S=(6\times20-10)\times0.9=99（m）$$

因此，高压消火栓的保护半径采用 100m。

3. 布置间距

室外消火栓的布置间距应满足被保护建构筑物均有 2 个消火栓保护的原则，并根据消火栓的保护半径和道路设置情况确定。

我国城市街区内的道路间距一般不大于 160m，而消防给水干管一般沿道路设置，因此 2 条消防给水干管之间的距离亦不大于 160m。若沿街区两边道路均设有消火栓，则街区每边消火栓的保护宽度为 80m。按最不利条件计算，如图 6-2-1 中直角三角形 ABC，竖边 BC 为街区每边消火栓的保护宽度 80m，斜边 AC 为消火栓的保护半径 150m，计算底边 AB 长度为 127m，即为消火栓 A 与消火栓 B 的间距。

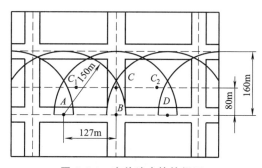

图 6-2-1　室外消火栓的间距

A，B，D—沿街道布置的消火栓

因此，市政及建筑室外低压消火栓的间距不应大于 120m，而高压消火栓的间距不应大于 60m。

4. 设置要求

（1）市政消火栓的设置应符合的要求 市政消火栓宜采用地上式室外消火栓。在严寒、寒冷等冬季结冰地区宜采用干式地上式室外消火栓，严寒地区宜设置消防水鹤；当采用地下式室外消火栓时，地下消火栓井的直径不宜小于1.5m，且当地下式室外消火栓的取水口在冰冻线以上时，应采取保温措施。

市政消火栓宜在道路的一侧设置，并宜靠近十字路口，当道路宽度大于60m时，应在道路的两侧交叉错落设置消火栓。市政桥头和城市交通隧道出入口等市政公用设施处，应设置市政消火栓。

市政消火栓应布置在消防车易于接近的人行道和绿地等地点，且不应妨碍交通，避免设置在机械易撞击的地点，当确有困难时应采取防撞措施；距离路边不应大于2m，不宜小于0.5m，距离建筑外墙不宜小于5m；地上式消火栓吸水管接口应面向道路，地下式市政消火栓旁应有明显的永久性标志。

（2）建筑室外消火栓的设置应符合的要求 建筑室外消火栓的数量，应根据建筑物室外消火栓设计流量和每个消火栓的流量及保护半径经计算确定，建筑物室外消火栓设计流量见表6-2-1。距建筑外缘5～150m的市政消火栓可计入建筑室外消火栓的数量，但当为消防水泵接合器供水时，距建筑外缘5～40m的市政消火栓方可计入建筑物室外消火栓的数量。

室外消火栓宜沿建筑物周围均匀布置，且不宜集中布置在建筑一侧；建筑消防扑救面一侧的室外消火栓数量不宜少于2个。人防工程、地下工程等建筑应在出入口附近设置室外消火栓，且距出入口的距离宜为5～40m。停车场的室外消火栓宜沿停车场周边设置，且距最近一排汽车不宜小于7m，距加油站或油库不宜小于15m。

表6-2-1　建筑物室外消火栓设计流量

建筑物名称和类别			建筑体积/m³					
			$V \leqslant 1500$	$1500 < V \leqslant 3000$	$3000 < V \leqslant 5000$	$5000 < V \leqslant 20000$	$20000 < V \leqslant 50000$	$V > 50000$
一、二级	工业建筑	厂房 甲、乙	15		20	25	30	35
		厂房 丙	15		20	25	30	40
		厂房 丁、戊	15					20
		仓库 甲、乙	15			25		—
		仓库 丙	15			25		—
		仓库 丁、戊	15					20
	民用建筑	住宅	15					
		公共建筑 单层及多层	15			25	30	40
		公共建筑 高层	—			25	30	40
	地下建筑(包含地铁)、平战结合的人防工程		15			20	25	30
三级	工业建筑	乙、丙	15	20	30	40	45	—
		丁、戊	15			20	25	35
	单层及多层民用建筑		15	20	25	30		—

建筑物名称和类别		建筑体积/m³					
		$V \leqslant 1500$	$1500 < V \leqslant 3000$	$3000 < V \leqslant 5000$	$5000 < V \leqslant 20000$	$20000 < V \leqslant 50000$	$V > 50000$
四级	丁、戊类工业建筑	15	20	25	—		
	单层及多层民用建筑	15	20	25	—		

注：1. 成组布置的建筑物应按消火栓设计流量较大的相邻两座建筑物的体积之和确定。

2. 火车站、码头和机场中转库房，其室外消火栓设计流量应按相应的耐火等级的丙类物品库房确定。

3. 国家级文物保护单位的重点砖木、木结构的建筑物室外消火栓设计流量，按三级耐火等级民用建筑物消火栓设计流量确定。

4. 当单座建筑的总建筑面积大于 50000m² 时，建筑物室外消火栓设计流量应按本表规定的最大值增一倍。

（3）高压室外消火栓的设置应符合的要求。甲、乙、丙类液体储罐区和液化烃储罐区的室外消火栓，应设在防火堤或防护墙外，数量应根据每个罐的设计流量经计算确定，但距罐壁 15m 范围内的消火栓，不应计算在该罐可使用的数量内。

工艺装置区等周围应设置室外消火栓，数量应根据设计流量经计算确定，且其间距不应大于 60m。当工艺装置区宽度大于 120m 时，宜在装置区内的道路边设置消火栓。

（三）消防水鹤

消防水鹤应具有良好的防冻性能，根据我国具体情况，一般要求使用范围在 −50～50℃ 之间。

严寒地区在城市主干道上设置消防水鹤的布置间距宜为 1000m，连接消防水鹤的市政给水管的管径不宜小于 200mm。消防水鹤的出流量不宜低于 30L/s，且供水压力从地面算起不应小于 0.1MPa。

消防水鹤地上高度应为 3.4～3.8m，出水口可摆动 100°，也可伸缩 0～300mm，便于消防车在水鹤周围的任何方位都能加水。

（四）消防水池

消防水池和高位消防水池宜采用生活、生产和消防共用水池，并采取确保消防用水量不作他用的技术措施，如图 6-2-2 所示。消防水池应有防止水质变坏的措施，甲、乙、丙类液体储罐区的消防水池应有防止被污染的措施，严寒、寒冷等冬季结冰地区的消防水池、水塔和高位消防水池应采取防冻措施。消防水池应设置就地水位显示装置，并应在消防控制中心或值班室等地点设置显示消防水池水位的装置，同时应有最高和最低报警水位。

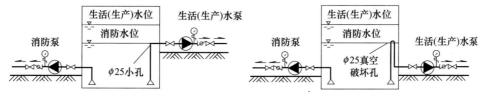

图 6-2-2 共用水池保证消防用水不作他用的技术措施

消防水池的有效容积，应按照满足在火灾延续时间内室内、外消防用水量的要求经计算确定，但不应小于 100m³，当仅设有消火栓系统时不应小于 50m³。消防水池的补水时间（即从无水到完全注满所需的时间）不宜大于 48h；当消防水池有效容积大于 2000m³ 时不应大于 96h。

消防水池的总蓄水有效容积大于 500m³ 时，宜设 2 格能独立使用的消防水池；当大于 1000m³ 时，应设置 2 座能独立使用的消防水池。每格（座）消防水池应设置独立出水管，并应设置满足最低有效水位的连通管，且其管径应能满足消防给水设计流量的要求。

消防水池应设置取水口（井），其周围应设有消防车道和消防车回车场（道）。取水口（井）应保证吸水高度不大于 6m；距建筑物不宜小于 15m；距甲、乙、丙类液体储罐不宜小于 40m；距液化石油气储罐不宜小于 60m，若设有防热辐射保护设施时可为 40m。

（五）天然水源

为可靠地保障消防用水，天然水源必须保证常年有足够的水量，在枯水季节做好蓄水工作；设置可靠的取水设施，在取水设备的吸水管上加设滤水器等，保证任何季节、任何水位都能取到消防用水；甲、乙、丙类液体储罐区，要有防止油品流入水体的措施；设有消防车取水口的天然水源，应设置消防车道和消防车回车场，消防车回车场的面积一般不应小于 15m×15m，使用大型消防车时，不应小于 18m×18m。

天然水源建设的重点就是设置必需的取水设施，保证随时都能取到足够的消防用水。下面介绍 3 种常见的天然水源简易取水设施。

1. 消防码头

当江、河、湖的水面较低或水位变化较大时，在低水位超过消防车的吸水高度，或水源离岸较远，超过吸水管的长度，消防车在岸边不能直接从水源吸水时，应建立消防码头。

目前常用的消防码头有两种：坡路码头和过水码头。坡路码头适用于常年水位变化不大的天然水源，当消防车道路紧靠江、河、湖边，在重点单位附近或消防队管辖区适当地点，于消防车道路靠水源的一边，修建数个贯通坡道，使消防车接近水面吸水，如图 6-2-3 所示。过水码头适用于常年水位变化较大的天然水源，在江、河、湖、海的岸边，修筑斜坡道通向水源，消防车根据水位的变化，停在斜坡道上吸水，如图 6-2-4 所示。

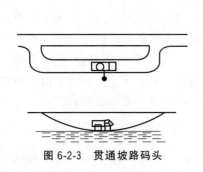

图 6-2-3　贯通坡路码头

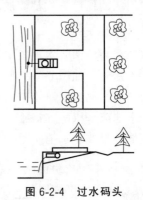

图 6-2-4　过水码头

2. 吸水坑

当江、河、湖、溪流的水很浅，消防车从水源吸水的深度不足，吸水管内进入空气，消防车就不能吸水，需要在天然水源地挖掘消防水泵吸水坑，如图 6-2-5 所示。吸水坑的深度不应小于 1m，且应使水源的水能顺利地流入吸水坑，因此在吸水坑四周应清除杂草，设置滤水格栅。若吸水坑底为泥土，宜填 20cm 厚的卵石或碎石防止泥浆吸入，但卵石和碎石的粒径应大些，防止将石屑吸进水泵，损坏水泵叶轮或堵塞水枪。

3. 自流井

天然水源比较丰富，常年水位变化较小的地区，消防车直接靠近河岸、湖边取水有困难

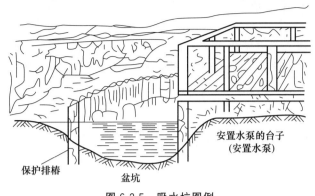

图 6-2-5　吸水坑图例

保护排桩　　盆坑　　安置水泵的台子（安置水泵）

时，或天然水源距城镇、重点单位较远时，可建消防自流井，将河、湖水通过管道引至便于消防车停靠的地点，在管道的不同部位，根据火场用水需要，设置一定数量的吸水井，供消防车吸水，如图 6-2-6 所示。

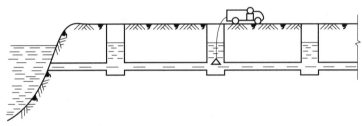

图 6-2-6　消防自流井

二、消防水源管理

为确保灭火救援用水充足，对辖区消防水源开展调查熟悉、检查使用、资料建立等管理活动，是搞好消防供水的前提，是灭火救援准备工作的一项重要内容。

（一）水源的管理

（1）消防水源是灭火救援的专用设施和场所，未经批准，任何单位或个人不准擅自动用。如因特殊情况确需使用消防水源，须经审查批准，并规定使用时间和地点。

（2）建立和完善消防水源调查、检查、管理制度。各级消防机构要制定和完善消防水源监督检查的工作制度，并发动社会各界力量共同做好消防水源的管理工作。

（3）在市政消防水源设施建设竣工后，消防机构应派人参加验收，并登记备案，录入消防水源手册。对可使用的各种天然水源，应督促有关部门建立便于消防车（泵）取水的设施。城市消防水源不适应实际需要时，消防机构应当督促主管部门及时进行增建、改建或者技术改造。

（4）在对消防水源熟悉检查中发现消防水源被拆除、埋压、圈占、挪用或损坏，影响灭火救援使用时，要依照有关法规，处理责任单位或责任人，并责令其限期改正，恢复原状。

（5）发现消防水源损坏、漏水或标志破损、失落时，要及时通知建设、水务部门或自来水公司进行修复。

（6）督促辖区内机关、团体、企事业单位、住宅区、物业管理公司等，严格按照有关规范要求配建消火栓、消防水池及其他消防水源设施，并定期组织检查、维护，确保完整好用。

（7）进入冬季之前，应对室外消火栓进行全面的维护、保养。地上式消火栓应刷新标识，出水口涂抹润滑油；地下式消火栓的井盖和出水口应涂抹润滑油，清除井内积水。寒冷地区的消防水池应采取防冻措施。

（二）水源的检查

水源检查，是为了掌握辖区消防水源动态，保证消防水源完整好用而进行的定期或不定期检查工作。

1. 定期检查

消防人员应对辖区内的消防水源进行定期检查。特别是在重大节日前，应对辖区的重要消防水源进行全面检查；在执行重要安保任务前，对相关区域的消防水源也应进行全面检查，发现有损坏、漏水和影响使用的要及时通报有关部门进行维修。

2. 不定期抽查

消防人员要根据辖区内各类消防水源的分布及完好程度，每年组织数次不定期的熟悉、检查，测试市政消火栓的水压、流量，确保消防水源经常保持良好状态。同时，及时掌握市政供水单位检修设施、供电部门停电、消防水池清理、通往天然水源的道路受阻、重要水源断水或供水不足等情况，采取相应的措施，确保火灾扑救用水的需要。

3. 水源普查

消防人员应定期对辖区内所有消防水源进行实地普查，主动向市政供水、水文测绘单位、工厂企业、住宅区等有关部门详尽征集水源资料，了解各种消防水源的形式、位置、供水管网形状、管径、节点分布、压力、水位高度、取水方法以及天然水源分布、储量和不同季节时期的水位变化情况等，及时更新消防水源手册的信息数据。对于一些管道年久锈蚀、积垢藏污或池塘淤塞的消防水源，要实地测试其供水能力和使用方法，并告知相关单位及时检修，恢复其供水能力。

4. 检查登记

消防水源检查后，应将检查情况填写《消火栓检查登记表》和《消防水源情况汇总表》，见表6-2-2和表6-2-3。

（三）水源的使用

1. 消火栓的使用

地上消火栓在使用时，先打开出水口闷盖，连接水带或吸水管，然后将消火栓扳手的扳头套在启闭杆上端，按逆时针方向转动消火栓钥匙，阀门即可开启，水由出口流出。按顺时针方向转动消火栓钥匙，阀门便关闭。

地下消火栓在使用时，先打开消火栓井盖，然后下到井中，拧开出水口闷盖，连接水带或吸水管，然后用消火栓扳手或消火栓长柄钥匙打开出水阀门出水，如图6-2-7所示。使用后要恢复原状。

室内消火栓使用时，应根据消火栓箱门的开启方式，用钥匙开启箱门或击碎门玻璃，

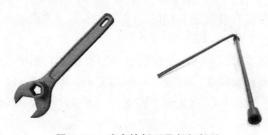

图6-2-7　消火栓扳手及长柄钥匙

打开箱门，连接水带水枪，按动水泵启动按钮，旋转消火栓手轮，即开启消火栓进行射水灭火。

表 6-2-2　消火栓检查情况登记表

单位：

编号	位　置	无水	漏水	压力不足	锈蚀	埋压	圈占	毁坏	塌井	部件损坏、丢失								可否使用	处置措施
										井盖	出口盖	顶盖	闸阀	出水口	放水口	放水阀	上水阀		
合计																			

本次检查数		发现问题栓数		可使用栓数	

检查人：　　　　审核人：　　　　检查时间：　　年　　月　　日

表 6-2-3　消防水源检查情况汇总表

单位：

水源种类	原有总数	新增数	减少数	现有总数	发现问题数	解决问题数	可使有数	备注
市政消火栓								
单位室外消火栓								
消防水池								
消防码头								

备注：有其他水源的，可在"水源种类"一栏中另填写。

填表人：　　　　审核人：　　　　填表人：　　年　　月　　日

2. 消防水鹤的使用

使用消防水鹤取水时，首先将消防车停靠在水鹤处，将消防车顶部的水罐盖打开，水鹤的出水口对准消防车顶部水罐口，然后将地面阀门井盖掀开，利用长柄钥匙将井内的上水阀门打开，这时井下放水阀将会自动关闭，等消防车加满水后，关闭阀门，盖上井盖即可，与此同时，放水阀将会自动开启，将组件中剩余的水进行排除。如利用消防水鹤直接出水时，先打开水鹤底部 $D65mm$ 出水口闷盖，连接水带，然后掀开阀门井盖，利用长柄钥匙打开井内阀门出水，用后盖上闷盖，关闭阀门，盖严阀门井盖即可。

3. 消防水池及天然水源的使用

利用消防车（泵）在消防水池或天然水源取水，应先将消防车（泵）停放在安全可靠、靠近水源的取水码头或适当地点，连接吸水管、滤水器，将滤水器沉入水中，启动消防车吸水装置或其他水泵，即可吸水。为保证消防车（泵）可靠取水，取水高度应不超过最大吸水高度。不同海拔高度与最大吸水高度度的关系见表6-2-4。

表6-2-4　海拔高度与最大吸水高度

海拔高度/m	大气压/mH₂O	最大吸水高度/m
0	10.3	6.0
200	10.1	6.0
300	10.0	6.0
500	9.7	5.7
700	9.5	5.5
1000	9.2	5.2
1500	8.6	4.6
2000	8.2	4.4
3000	7.3	3.3
4000	6.3	2.3

利用远程供水系统在消防水池或天然水源取水，应将液压浮艇泵车停靠在水源附近，利用浮艇泵在天然水源中吸水，经消防泵车一次加压后，利用水带收卷车铺设的水带干线向火场源源不断输送灭火用水。若火场距离超出了远程供水系统的供水距离，可在2～3km的地方设置消防泵车进行二次加压。

○ 思考与练习 ○

1. 高压消火栓出水口处的压力怎样确定？
2. 低压消火栓和高压消火栓的保护半径是如何确定的？
3. 工业企业室外消火栓的设置应符合什么要求？

》 第三节　消防给水管网的供水能力

【学习目标】

1. 掌握消防给水管道流量的估算。
2. 掌握消防给水管道供水能力的估算。

一定直径的管道，在一定压力下只有一定的流量。消防车通过消火栓在消防给水管道上吸水时，当其数量超过管道的供水能力时，就会出现供水中断。为提高供水的有效性和可靠性，应正确估算消防给水管道的供水能力。

一、管道内的流量

市政消防给水管网（居住区或工厂）干管之间的距离一般不超过 500m，管道压力一般在 0.1～0.4MPa 之间，管道直径一般在 150～300mm，新建城区和工业园区的管道直径可达 600mm。

一段管道内的流量，可按式（6-3-1）估算：

$$Q_{管} = 1000 \times \frac{\pi}{4} D^2 v \tag{6-3-1}$$

式中　$Q_{管}$——管道内的流量，L/s；

　　　D——管道的直径，m；

　　　v——消防给水管道内水的流速，m/s，当管道压力在 0.1～0.3MPa 时，枝状管网取 1m/s，环状管网取 1.5m/s。

为了便于快速估算，上面的式子可以简化如下。

1. 环状管网的流量

$$Q_{环} = 12D^2 \tag{6-3-2}$$

式中　$Q_{环}$——环状管道内的流量，L/s；

　　　D——环状管道的直径，100mm（每百毫米）。

2. 枝状管网的流量

$$Q_{枝} = 8D^2 \tag{6-3-3}$$

式中　$Q_{枝}$——管道内的流量，L/s；

　　　D——管道的直径，100mm（每百毫米）。

二、管道的供水能力

每辆消防车的供水量与消防泵的额定流量以及火场所需的水枪数量有关，我国大多数城市消防队第一出动力量到达火场时，常出 2～3 支水枪扑救建筑火灾，每支水枪的平均出水量为 6.5L/s。因此，每辆消防车的供水量一般为 10～20L/s。

一段消防给水管道可同时满足消防车取水的数量，可按式（6-3-4）估算：

$$N_{车} = \frac{Q_{管}}{Q_{车}} \tag{6-3-4}$$

式中　$N_{车}$——管道的供水能力，即能同时停靠消防车的数量，辆；

　　　$Q_{管}$——管道内的流量，L/s；

　　　$Q_{车}$——每辆消防车的供水量，一般为 10～20L/s。

常见的不同管径管道的供水能力，见表 6-3-1。

表 6-3-1　管道的供水能力（辆）

管道直径/mm 管道压力/MPa	150		200		250		300	
	枝状	环状	枝状	环状	枝状	环状	枝状	环状
0.1	1	1～2	1	3	2	5～6	3～4	7
0.2	1	2	1～2	3～4	2～3	6～7	4～5	8

管道直径/mm 管道压力/MPa	150		200		250		300	
	枝状	环状	枝状	环状	枝状	环状	枝状	环状
0.3	1	2	2	4	3~4	6~7	5~6	9
0.4	1~2	2~3	2~3	4~5	4~5	8	6	>9
0.5	1~2		3		4~5		6	

例 6-3-1 一条直径为 150mm 的枝状消防管道，管道内的压力不低于 0.2MPa，试估算该管道的流量。

解： 由题意可知，该管道直径为 1.5×100mm，管道形式为枝状。

则：该管道的流量为：$Q_枝 = 8D^2 = 8 \times 1.5^2 = 18$（L/s）

答： 该管道的流量约为 18L/s。

例 6-3-2 一条直径为 300mm 的环状消防管道，管道内的水压不低于 0.2MPa，若火场上每辆消防车出 2 支水枪，每支水枪的流量为 6.5L/s，试估算该管道上能停靠消防车的数量。

解： 由题意可知，该管道直径为 3×100mm，管道形式为环状。

则：该管道的流量为：$Q_环 = 12D^2 = 12 \times 3^2 = 108$（L/s）

管道的供水能力：$N_车 = \dfrac{Q_管}{Q_车} = \dfrac{108}{6.5 \times 2} \approx 8$（辆）

答： 该管道能停靠消防车的数量约为 8 辆。

思考与练习

1. 一条直径为 200mm 的枝状消防管道，管道内的水压不低于 0.2MPa，若火场上每辆消防车出 2 支水枪，每支水枪的流量为 6.5L/s，试估算该管道流量，能停靠消防车的数量。

2. 一条直径为 250mm 的环状消防管道，管道内的水压不低于 0.2MPa，若火场上每辆消防车出 3 支水枪，每支水枪的流量为 6.5L/s，试估算该管道流量，能停靠消防车的数量。

3. 有一条直径为 600mm 的环状消防管道，管道内的水压不低于 0.2MPa，若火场上每辆消防车出 3 支水枪，每支水枪的流量为 6.5L/s，试估算该管道流量，能停靠消防车的数量。

4. 有一条直径为 300mm 的环状消防管道，管道内的水压不低于 0.2MPa，若火场上每辆消防车出 1 门 PSY40 移动水炮，试估算该管道流量，能停靠消防车的数量。

第四节 消防水源手册

【学习目标】

1. 了解消防水源电子手册的组成与基本功能。

2. 熟悉消防水源手册的内容与编写要求。

3. 掌握消防水源手册档案卡的编制。

消防水源手册，是辖区消防水源的档案，是充分利用消防水源的重要依据，编写应全面、细致、准确。

一、消防水源资料的收集

消防水源资料的收集是编写消防水源手册的基础。

（一）收集的内容

需要收集的水源手册编写资料主要包括以下内容。

（1）市政消防给水管网与消火栓：给水管网的形式、直径、压力、流量；消火栓的位置、种类、口径、压力、流量、投入使用的时间。

（2）单位（含机关、团体和企业）独立配建的消防给水管网与消火栓：给水管网的形式、直径、压力、流量；消火栓的位置、种类、口径、压力、流量、投入使用的时间，以及消防水箱的储量。

（3）居民住宅区消防给水管网与消火栓：给水管网的形式、直径、压力、流量；消火栓的位置、种类、口径、压力、流量、投入使用的时间，以及消防水箱的储量。

（4）消防水鹤：消防水鹤的位置、口径、流量、压力、投入使用的时间。

（5）消防水池：消防水池的位置、储水形式、储水量和取水方法。

（6）天然水源：天然水源的位置、取水码头位置、不同季节的水位、水流的流向、取水方法。

（二）收集的方法

不同的消防水源资料可采取相应的收集方法。

（1）市政消防给水系统：主要通过市政供水部门提供原始资料，然后派出专人实地核实。

（2）单位消防给水系统：主要通过单位内部相关部门提供原始资料，然后派出专人实地核实。

（3）住宅区消防给水系统：属于市政建设的通过市政供水部门提供；属于开发商开发的通过开发商或物业管理公司提供，并派出专人实地核实。

（4）消防水鹤：通过市政供水部门提供原始资料，然后派出专人实地核实。

（5）消防水池：通过配建单位相关部门提供。对于单位生产工艺中使用的冷却池，池水的温度数据必须经实地测定。

（6）天然水源：应通过水文单位或实地调查的方法收集。

（三）收集的要求

（1）各级消防队应重视水源资料收集，成立相应的组织或指定专人负责，确保资料收集的准确性和真实性。

（2）消防水源资料应以辖区消防大（中）队为主进行收集，逐一登记造册。对每一处消防水源都要建立"一卡一牌"，即《档案卡》、标志牌。《消防水源档案卡》见表 6-4-1 及表6-4-2。

（3）消防水源资料收集的范围应囊括辖区内能够为灭火救援实战使用的所有水源。

（4）对于重新规划建设或部分改建的消防水源，应及时核实，逐一登记。对天然水源的季节水位变化情况应随时登记、掌握。所有消防水源变化情况均应报上级备案并通报相邻的消防大（中）队。

表 6-4-1　消火栓档案卡

市政消火栓	管网形式		□环状　□枝状		管网直径		管网压力	
	消火栓	编号	位置	形式	可否使用	冬季结冰	连接吸水管	存在问题

位置图：

备注：
1. 消火栓坐标，应选择三个不同方向的参照物，以井盖或栓体为中心，标出测量好的距离；
2. 标出地下管网走向、直径；
3. 标明消火栓所处街巷及四周建筑物或单位。

填卡人：　　　　　审核人：　　　　　　填卡日期：　　年　　月　　日

表 6-4-2　消防水池（取水设施）档案卡

编　号		容　量		建设日期	
位　置					
注水形式		管网直径		变更情况	
主管单位		负责人		电　话	

位置图：

备注：
1. 消防水池（取水设施）坐标，应选择三个不同方向的参照物，标出测量好的距离；
2. 标明消防水池（取水设施）所处街巷及四周建筑物或单位。

填卡人：　　　　　审核人：　　　　　　填卡日期：　　年　　月　　日

二、消防水源手册

消防水源手册可分为文本式和电子式。

（一）基本情况

包括水源手册的编写目的、用途和使用方法、辖区内所有消防水源的概况、各消防安全重点单位（重点部位）的基本情况、水源分布情况、供水能力情况、消火栓位置、管径、压力等情况，以及灭火救援供水计划等内容。

（二）辖区消防水源分布图

1. 辖区市政消防给水管网图

辖区市政消防给水管网图，主要包括管网布局、管径。

2. 辖区消防水源分区图

辖区消防水源分区图主要包括消防道路、主要单位、建筑、消火栓、消防水池位置、天然水源位置（流向）、消防码头及可供消防车停靠取水的岸段。

3. 水源目录

将辖区的消防水源情况按城市功能的分区、分道路排列。从便于检查水源出发，将消防水源分成若干个分区，每个水源分区进行命名、编号，并列出目录，便于查找。

（三）供水计划（方案）

供水计划（方案）是在消防安全重点单位或特定区域的平面图上标出水源、道路、地理环境和消防站的位置等。根据灭火救援现场供水力量的计算，确定现场供水战斗车数；根据水源距现场的距离，确定现场供水车总数，部署和落实供水车辆，最后确定的供水计划（方案）。在供水计划图上，应标出消防车（手抬泵、拖泵）停靠的水源位置，水带干线的铺设方法、方位和常年主导风向。

三、消防水源电子手册

消防水源电子手册，是消防信息化技术在消防水源管理方面的应用，为实现消防水源管理的科学化、规范化提供了技术支持。

消防水源电子手册是一个完全基于电子地图的地理信息系统。因此，能快速准确查询某个区域内消防安全重点单位及相关标志物周围的道路水源情况，根据多个图层的不同属性字段进行综合定位，统计定位范围内的水源列表。定位范围可设定，并支持多条件综合查询。

消防水源电子手册依托消防内部数据通信网络和 Mapinfo 数字地图，结合移动数据通信技术实现水源信息分布式采集、集中管理、全网共享。依靠计算机技术支持，消防水源电子手册将先进的地理信息管理技术与消防实际应用相结合。手册的功能更完善、信息更丰富、操作更简便，大大提高了水源搜索、定期巡检、保养维护和报表统计等工作的效率。平时，消防人员可以通过消防水源电子手册，方便、快捷地进行辖区的水源情况查询，了解与掌握有关水源情况；在灭火救援中，能够及时有效地搜索到需要的道路、水源数据。

（一）消防水源电子手册的组成

消防水源电子手册在体系上由三部分组成：支队水源信息管理系统、中队水源信息管理系统、中队掌上电脑水源信息管理系统，它们通过信息网络联成信息共享整体，既可以联网使用，也可以单机使用。

消防水源电子手册中与水源信息有关的图层分为：市政消火栓、单位消火栓、住宅区消火栓、消防水池、天然水源等。

（二）子系统组成

1. 支队子系统与中队（计算机\掌上电脑）子系统

支队子系统与中队（计算机\掌上电脑）子系统之间，采用消息包的方式实现水源数据传递。当中队计算机在网络上时，中队操作员按程序操作，系统将自动把本地没有上传的检查过的水源数据逐条发送到支队子系统上，支队子系统在收到每条新的数据后，作为待校验数据。人工批量校验通过后，会将本地对应的那条数据存放到信息库中，对应的水源更新为最新数据。

2. 中队掌上电脑

中队掌上电脑一般通过 GPRS\CDMA 与支队通信，在没有 GPRS 网络的情况下，系统支持掌上电脑脱机采集数据，需要同步数据时只需找到一台与支队网络相通的计算机，用 USB 连接线与掌上电脑相连即可。

（三）消防水源电子手册的基本功能

消防水源电子手册采用的是三级网络结构，所有数据由执勤中队负责采集、维护。通过总队、支队、大（中）队三级通信网络自动传输汇总水源数据。中队对本辖区的水源信息的准确性负责。大队、支队、总队能够通过网络实时得到本辖区的最新水源数据。掌上电脑（PDA）与网络之间的数据传输利用的是公众移动通信技术网络。即只要是在有手机信号的地方，消防水源电子手册都可以将水源数据及时发送到各级服务器上，中间采用网关进行有效的信息安全保护。

消防水源电子手册的基本功能如下：

(1) 道路水源情况、地图展示。

(2) 通过地图信息检索定位水源位置和状态。

(3) 支持实景图片。

(4) 支持跨区域救援力量的道路水源查询。

(5) 电子地图的水源信息状态维护。

(6) 分区域水源维护和上级部门地图数据自动汇总。

(7) 水源信息 SMS、FAX、E-mail 实时发送。

消防水源电子手册在各种水源报表汇总上采用了报表生成技术，做到"格式自由，随时统计"，即在需要统计各种水源报表时，不再需要等待下级部门上报汇总，可以立即打印各种需要的统计报表，报表的格式内容可以根据需要进行修改、定制。

消防水源电子手册还具有多种形式信息传递功能，使用者可以把火场附近的道路水源信息及时发送或传输到各级消防人员手中。

四、消防水源手册编写的要求

（一）严谨认真，力求准确

编写消防水源手册的资料必须经过实际调查，各种数据要力求准确无误。资料一般由市政供水单位、城市设计规划单位、单位相关部门、开发商、物业管理公司提供。资料与实地调查结果一致的予以采用，与实际不一致的舍弃，资料上没有而实际又存在的应予收集，力求使水源手册收集的各种数据资料准确全面。

（二）式样规范，图例统一

消防水源手册应在式样、图文、图例等方面规范统一，使用图例符号应按消防标图图例符号执行。避免称谓、内容、格式上的不统一。

（三）掌握变化，及时修改

消防水源情况是随着城市建设发展而变化的，应按照《消防水源管理规定》的要求，通过熟悉和定期、不定期的检查，及时掌握消防水源发生的重要变化，修正手册相关内容。新增加的消防水源要随时补入，拆除的消防水源应及时删除，保持消防水源手册的时效性。

（四）妥善保管，防止丢失

消防水源手册制作后，应及时归档，妥善保管，避免丢失，为熟悉水源和灭火救援提供服务，同时为制作消防水源电子手册提供资料。

思考与练习

1. 文本式消防水源手册应包括哪些内容？
2. 消防水源电子手册的基本功能是什么？
3. 试以本单位为例，制作一份消防水源手册。

第七章
消防供水的组织指挥与供水计划

消防供水具有较强的科学性，必须按其规律认真组织实施，决不能盲目行动。实践证明，掌握科学的供水方法，精心组织指挥供水，灭火救援战斗就主动，成功就有把握；否则就被动，甚至造成战斗失利。

>>> 第一节 消防供水的组织与指挥

○ 【学习目标】

1. 了解当前消防供水存在的问题。
2. 熟悉消防供水组织和注意事项。
3. 掌握消防供水的原则和消防供水指挥的方法。

在消防供水中，指挥员如果能够科学地组织消防供水和指挥消防供水，就能够运用现有的车辆装备，供应必要的用水量，保证消防供水不中断，有效扑灭火灾，减少火灾所造成的人员伤亡和财产损失。

一、消防供水的基本原则

消防供水是一项技术性较强的任务，为了搞好消防供水，保证灭火救援战斗的顺利进行，消防供水应遵循以下原则。

（一）就近停靠使用水源

"就近停靠使用水源"是指最靠近灾害事故现场的水源，应首先使用，距事故较远的水源应后使用。

到达灾害事故现场的消防车编组，为保证迅速及时为灭火救援的战斗车辆供水，应坚持"就近停靠使用水源"的原则，选择占据距离事故现场最近的消防水源，尽量使用较少的消防车辆供应足够的灭火救援用水，占据水源切忌舍近求远。

在灾害事故现场相同距离范围内，有市政消火栓、消防水池、天然水源等多个消防水源时，应优先使用市政消火栓；若水源至事故现场的道路状况不同，应优先使用道路宽敞的消防水源；若水源的供水能力不同，应优先使用供水能力大、供水持续时间长的消防水源。

在运用"就近停靠使用水源"的原则时，要根据具体情况，从实际出发，综合权衡，合理确定使用消防水源的顺序。

（二）确保重点，兼顾一般

消防供水中应坚持"确保重点，兼顾一般"的原则，必须保证灭火救援中重点阵地的不间断供水，在确保重点阵地用水的同时，兼顾一般阵地的消防用水。消防供水必须着眼于灭火救援的主要方面，应集中主要的供水力量，保证灭火救援主攻方向的用水量和不间断供水，有效地控制灾情，阻止灾情蔓延扩大。在主要方面、重点阵地供水得到可靠的保证后，对其他方面的用水，应根据供水力量情况，科学合理地组织，兼顾到一般阵地的消防用水。

应当指出，当消防供水力量不足时，宁可放弃次要阵地，也要保证重点阵地，防止平分兵力的错误做法。

保证灭火救援中重点阵地用水是现场指挥员的首要任务，能否保证重点阵地不间断供水，是决定灭火救援成败的重要因素。

1. 重点阵地的确定

指挥员到达现场后，应根据灾情的情况，判断出消防供水的重点阵地。火场中，下列水枪阵地通常应作为消防供水的重点阵地。

（1）阻止火势蔓延扩大的主要方向上的水枪阵地：包括下风方向上的水枪阵地、地势较高的水枪阵地、保护高大设备的水枪阵地、燃烧速度较快方向的水枪阵地、火灾容易蔓延扩大的其他部位等。

（2）保护人员密集部位和掩护人员疏散的水枪阵地：火场上人员密集且受到火势威胁时，阻止火势向人员密集方向蔓延的水枪阵地、掩护人员疏散和抢救被困人员的水枪阵地，应重点保证消防用水。

（3）保护贵重设备的水枪阵地：火场上贵重设备、精密仪器受到火势威胁时，应保证水枪阵地不间断供水，阻止火势向贵重设备方向蔓延。

（4）有可能造成严重后果的水枪阵地：油罐区、液化石油气罐区、液化石油气钢瓶的冷却水枪阵地；防止钢结构倒坍，冷却钢结构的水枪阵地等。

2. 保证重点阵地消防用水

指挥员应抓住重点阵地用水这个主要矛盾，集中供水力量，保证重点阵地不间断供水，控制火势，防止灾情扩大。增援力量到场后，在保证增援车辆可靠供水的前提下，不断增强重点阵地的水量和水压。在重点阵地得到可靠供水后，开辟新的供水线路，供应其他部位的消防用水。当消防供水力量不足时，应充分发挥和组织群众协助供水。

（三）快速准确，科学合理

第一出动供水力量到达火场，对扑救初期火灾保持有绝对优势时，应以最快的速度组织供应扑救初期火灾的用水量，做到战术上的速战速决，其他灾害事故现场的供水力量，需针对现场危险源采取相应的技战术措施，选择和调集对应的灭火剂，科学实施。

1. 快速准确

（1）水带代替吸水管供水　水带的耐压强度大于吸水管的耐压强度，但水带口径小于吸水管口径，消防供水中，应根据消火栓压力、消火栓的客观条件，灵活供应灭火剂。

使用水带代替吸水管供水其先决条件是消火栓压力应不小于 $1kgf/cm^2$，并尽量使用大口径（$D90mm$ 或 $D100mm$）的水带，或利用消火栓三个出口同时向水泵进水口或水箱供水。

下列情况应用水带代替吸水管供水：

① 使用化工装置高压消火栓时，应用水带代替吸水管供水，以防吸水管爆破；

② 前方需要供给泡沫时，应用水带直接向泡沫车水箱供水；

③ 向超过 80m 以上的火点供水、水泵串联供水，应用水带代替吸水管供水，以防停水时，供水线路回流而发生水锤作用致使吸水管爆破；

④ 消火栓前面被堵（停了其他车辆或被杂物堆塞），影响吸水管连接时；

⑤ 火场离消火栓较近，直接影响车辆安全时应用水带代替吸水管供水，以保持消防车同火场的安全距离；

⑥ 消火栓正面的上部（多层或高层）发生火灾，火场外部广告牌、玻璃幕墙、破拆物等直接威胁车辆和操作人员的安全，应用水带代替吸水管供水，以避开不安全因素；

⑦ 可燃有毒气体泄漏，为使消防车停靠在上风，而唯一的消火栓又处于可燃有毒气体扩散区域，战斗员在采取有效防护的前提下，用水带代替吸水管供水，以防中毒或烧伤；

⑧ 消火栓离建筑物外墙远，道路又比较狭窄，为防止堵塞交通，应将消防车直接停靠在建筑外墙，用水带代替吸水管供水，以保持道路畅通；

⑨ 火场清理工作时间长，消火栓处于十字路口，为保持主干道畅通，应将消防车停靠于支路上，用水带代替吸水管供水，取消主干道上横穿马路的供水线路，保持交通畅通。

（2）使用单位内部水源　除了使用水量、水压充足的市政消火栓和天然水源外，还应及时使用事故单位和相邻单位的消防水池，充分发挥其所蓄消防用水的作用。

2. 科学合理

火场指挥员到达火场后，应根据火场的具体情况，从实际出发，采取一切科学合理的手段，灵活处理各种可能出现的问题，确保灭火用水的需要。

（1）供水力量处于绝对或相对优势时的战术　通常情况下，重点保卫单位都制订有消防供水计划。因此，发生火灾时只要根据消防供水计划调集力量，第一出动供水车辆到达火场，对扑救初期火灾一般均保持有绝对或相对的优势。此时，指挥员应按照消防供水计划（或作适当调整），就近利用可靠水源，以最快的速度供应火场用水，尽快扑救初期火灾，争取做到战术上的速战速决。

（2）供水力量处于均势时的战术　由于客观原因，第一出动供水力量到达火场时火灾已发展扩大，对保证供应火场用水没有把握，力量处于均势，火灾有扩大的可能。在这种情况下，指挥员在组织第一出动供水力量迅速供应火场用水的同时，应根据消防供水计划，调集部分增援力量。

在增援力量到达火场之前，应采取必要的技术措施，组织供水，同时，通知市政供水部门加大火灾地区供水管网的供水流量和压力，以达到供水量充足，充分发挥现有供水车辆的最大效能，控制火势的发展。同时，须考虑增援队到达火场后的供水组织，为增援力量到场供水创造有利条件，达到战略上的持久战。

（3）供水力量处于劣势时的战术　由于某些特殊原因，第一出动供水力量到达火场时火灾已经蔓延和扩大，因此，在大火面前，第一出动供水力量处于相对的劣势。此时指挥员应集中火场上的供水力量保证重点阵地水枪用水，以保住重点部位。从形式上看，第一出动供水力量处于被动地位，但从实际上看，控制火灾蔓延的主要方向，就等于取得了灭火战斗的主动权，胜利就有希望。

二、消防供水的组织

合理组织供水是有效扑灭火灾的先决条件。消防供水的组织应具备一定的物质条件，即要具备一定的供水力量。供水力量到达事故现场后，指挥员必须科学合理地组织消防供水，充分发挥现有供水装备的作用，保证现场用水量。

（一）一个中队单独救援时的供水组织

一般情况下，主管中队作为第一出动最先到达火场，担负着扑救初期火灾和控制火势蔓延的任务。指挥员如何组织好消防供水，充分发挥第一出动消防车辆编队的战斗效能，直接关系到火场战斗的成败。如某市消防中队在扑救一次车库火灾时，出动了2辆消防车迅速赶到火场，出4支水枪消灭火点。由于没有按编队出动供水车辆，2辆主战消防车也没有占据水源，2辆车水射完后被迫停止射水，火势乘势迅速扩大，直到增援队到达后才供上水，将火灾扑灭，但增大了火灾损失。所以，组织好第一出动供水力量的消防供水，关系到灭火战斗的成败。因此，根据消防车辆、器材配备及人员情况，制定基本救援力量编成，力量调集时，按照灭火救援编成出动，提升队伍实战效能。

火场指挥员应根据火灾现场的实际情况和供水任务，及时建立消防供水组织。如战斗班单独进行灭火战斗时，消防供水由驾驶员和1名战斗员组成。如一个消防中队投入灭火战斗时，由1名中队火场指挥员或班长负责组织供水。

目前我国的大中城市，消防中队第一出动车辆一般为2～3辆消防车。当出动两辆消防车编组时，主战车应尽量靠近火场，快速出2支水枪控制火势或扑灭火点，后车迅速就近占用水源给前车供水，若水源至火场在150m内，可采用单干线向前车供水，另出1支水枪协助扑灭火灾。当出动3辆消防车编组时，第一辆车尽量靠近火场，出2支水枪控制火势或消灭火点，另外2辆消防车迅速占据水源，其中一辆车给前方主战车辆供水，另一辆车组织第二条供水线路，直接出水枪协助扑灭火灾。如果水源至事故现场较远，就将3辆消防车组成一条接力供水线路，保证火场2支水枪不间断供水。

（二）数个中队灭火救援时的供水组织

两个以上中队参加战斗的火场，一般都是较大的灾害事故或消防重点单位，所需水枪数量较多，用水量也较大。合理使用水源，科学地组织好消防供水是十分重要的。数个中队救援时的消防供水，除了主管队按单独灭火救援时的部署外，可分两个阶段组织消防供水。

1. 增援队到场而支（大）队指挥员未到场时的供水组织

支（大）队指挥员未到场时，由辖区消防中队现场指挥员（或增援中队现场指挥员）、辖区中队的水源班长负责组织供水。辖区中队指挥员除了将本队供水力量按独立灭火救援时的方案部署外，应根据事故现场用水的要求及水源状况，制定一个初步供水方案，并负责组织好增援队车辆的停车位置、占用水源和进攻路线。

2. 火场指挥部的供水组织

在消防总（支、大）队火场指挥员到达现场时，现场指挥部应指定专人负责指挥现场消防供水。支（大）队指挥员到达现场后，根据主管队指挥员对现场情况的汇报和现场实际需要，在原有基础上制定出整个消防供水方案，迅速指派专人（供水参谋）在主管队供水员的协助下，实施供水方案。这样可使增援队的车辆有人组织，避免抢占水源、车辆堵塞而造成供水中断和秩序混乱的现象。

数个中队灭火救援的现场供水工作组织不好，将造成不应有的严重后果。如某市消防救援人员在扑救一起油罐列车火灾中，由于支队指挥员因故未及时赶到火场，辖区中队除本队占用一个消火栓外，对十多辆增援车只作出了进攻方向的安排，没有具体进行供水组织。增援队的车辆各自为战，将车载水用完后，就纷纷撤出阵地找水源运水。由于供水力量突然减弱，火势迅速由两个油罐蔓延扩展到二十余个油罐，火势越烧越大，被迫将全市的所有救援队伍的消防车全部调集火场。支队指挥员到场后，也未作出完整的供水方案，使数十辆消防车各行其是，火场一片混乱，消防供水时断时续，位于主要阵地的一辆黄河泡沫炮车，也因供水不足而被迫中断喷射泡沫。后经过多方努力，才勉强组成供水线路，经过八个多小时的"苦战"才将大火扑灭。

三、消防供水指挥

（一）消防供水指挥的形式

消防供水指挥，可分为计划供水指挥和临场供水指挥两种形式。

1. 计划供水指挥

按照平时制定的现场供水计划组织供水，称为计划供水指挥。

（1）计划供水指挥的特点

① 减少了现场供水的盲目性。由于现场供水计划是经过事先大量调查研究、计算以及现场实际演练，经过多次修正制定的。它利用图纸和文字说明，清楚准确地介绍了保护对象周围的水源情况、市政管网形式、消火栓的数量、口径、压力、供水时所需的各种数据等。实施计划供水指挥，指挥员能保证供水的整体性，可以减少或避免盲目性。

② 可缩短灭火救援战斗的时间。有供水计划的灾害事故现场，无论指挥人员或战斗人员，在思想上、行动上都有所准备，可以大大缩短指挥和战斗时间，争取时机赢得灭火主动权，正确选择应急救援技战术措施。根据消防供水计划提供的各种依据，可以帮助指挥员应付突变带来的供水变化，提高救援人员的应变能力。

③ 便于灭火救援队伍的战斗展开。平时指战员对供水计划进行学习熟悉、演练，明确各自的岗位分工，战斗展开迅速。

（2）实施计划供水指挥的条件　计划供水指挥运用于实际情况与供水计划相符合，或基本符合的灾害事故现场情况。当事故现场实际情况与该重点单位事先制定的消防供水计划相符或基本符合时，在这样的事故现场可以按消防供水计划的战斗部署执行，或参照消防供水计划结合事故现场实际进行指挥。

（3）实施计划供水指挥应避免的两个问题

① 计划与实际行动脱节。事故现场情况千变万化，与预先制定的计划会有差别，指挥员必须根据事故现场实际情况，适时进行调整。

② 死搬硬套计划。计划供水指挥，绝不意味着指挥员要按供水计划，一成不变地机械处理消防供水问题。复杂的灾害现场情况，要求指挥员必须根据具体情况，机动灵活地做出符合实际的变更或调整。如根据燃烧物的特点，选用相适应的灭火剂；根据危险源的特点，根据障碍物的情况，决定延伸铺设水带的长度；根据起火点的垂直高度，决定垂直铺设水带的数量，以及消防车水泵出口压力等，确保供水的流量、压力，实现不间断供水。

2. 临场供水指挥

根据火灾现场的具体情况，临时确定事故现场供水决策和供水行动方案的指挥形式，称为临场供水指挥。

（1）实施临场供水指挥的条件

① 没有制定供水计划的火场和灾害事故现场。

② 虽有供水计划，但供水计划与现场实际情况不相符或相差甚远的灾害事故现场。

③ 由于事故情况突变，造成计划与实际不相符，战斗行动需要进行较大调整和变动的灾害事故现场。

（2）实施临场供水指挥的基本步骤　临场供水指挥对指挥员能力要求较高，平时要加强水源管理的基础工作，战时要结合现场的实际，灵活机动地保障火场用水。

① 战前准备工作。实施临场供水指挥，应有大量的战前准备工作给予保障。

一是掌握辖区水源情况。按责任分工，掌握辖区范围内各种与消防供水有关的基本情况和基础数据。如辖区的水源状况、道路交通、灭火剂储量等。

二是掌握灭火救援力量分工及战备状态。如可出动力量、消防装备情况、辖区中队和增援队到场时间等。

三是掌握处置各种类型灾害事故的有效办法。如针对不同的燃烧物质选用相适应的灭火剂，针对不同的燃烧方式选用相适应的灭火方法，针对灭火剂的特点决定使用的先后顺序等。

四是主管中队指挥员应熟悉和掌握本辖区内起火单位的情况，即做到"四个清楚"和"一个了解"。"四个清楚"即：清楚辖区的基本情况、清楚辖区水源情况、清楚消防站情况、清楚重点单位或部位的固定灭火设施情况；"一个了解"即了解重点保卫单位义务消防队伍情况。

② 到达火灾现场后进行快速估算。一要估算火灾规模；二要估算消防车灭火救援半径、供水距离及水枪所需压力；三要估算所需灭火剂量、枪数、车数。

③ 判断灭火战斗所处阶段，正确选用战斗模式。当供水力量处于优势或绝对优势时，应采用进攻控制或进攻灭火模式。当供水力量处于劣势或绝对劣势，应采用重点控制或防御堵截模式。

临场供水指挥应从灾害事故现场实际情况出发，认真贯彻战术原则，灵活运用战术方法，正确部署供水力量，最大限度地满足灭火救援需要和减少损失。指挥员在不违反战术原则的前提下，指挥上应尽力保持下属人员的整体供水体系，加强协调配合，发挥下属供水作业积极性。供水指挥员要尽早抵达事故现场收集情况，掌握信息，把指令提早下达给部属，使消防救援队伍在力量调集或到达事故现场前就有充分思想、物资准备；要通过各种手段，始终保持与下属联系，督促、检查，发现问题，及时纠正。

（二）消防供水指挥的方法

消防供水与众多因素息息相关，包括人员训练、车辆装备器材、供水方法、灭火救援战斗编成、水源引导等，这些因素又环环相扣，缺一不可。各级指挥员应针对消防供水中存在的问题，根据"就近停靠使用水源，确保重点、兼顾一般，快速准确、科学合理"的供水原则，加强研究和训练，做到人与装备的有机结合，最大限度地发挥车辆装备的供水效能，保证现场不间断供水。

1. 牢固树立消防供水意识

消防救援队伍各级指挥员在组织灭火救援战斗中都应该"瞻前顾后"，深刻理解消防供水的特点，充分认识消防供水在灭火救援中所起的作用。只有知道了供水的特点，才能使用正确、合理的供水方法为前方的主战车辆供水。而知道了供水的作用，才能引起指挥员的高度重视，从而改变"重前方、轻后方"的观点。

2. 加强第一出动供水力量

消防供水的组织应具备一定的物质条件，即要具备一定的供水力量。因此，消防供水中应加强第一出动供水力量编队，保持现场供水力量的相对优势，能迅速供应扑救初期火灾和控制较大火灾以及其他灾害事故救援的消防用水量，第一出动车辆编成还应具有较强的供水能力。

3. 合理选择消防供水方法

各级指挥员应加强对消防供水知识的学习，掌握消防供水的常识和供水方法，选择正确、合理的供水方法，保证事故现场供水安全、可靠、不间断。

4. 建立水源引导模式

水源引导即责任区中队供水员为增援队指明水源位置。较大事故现场，特别在夜间或地下式消火栓为主的城市，水源引导尤为重要。

（1）人员、装备组成　成立水源引导组，配备一辆水源引导车，车上配备红、绿小旗各4面，照明灯4具，手持电台3部，人员包括1名指挥员和4名号员。

（2）水源引导的组织　责任区中队水源引导车，到达火场，完成本队供水任务后，指挥员将4名号员分为两个小组，班长、3号员为第一引导小组，1、2号员为第二引导小组，4名号员分持红、绿小旗，戴白头盔作为责任区中队供水员标志；指挥员、班长、1号员持手持电台，定于供水信道。由指挥员统一分配任务，两个小组在不同的来车方向等候。当增援队接近火场时，用电台呼叫责任区中队供水员，告之到达地点前去引导。责任区中队供水员引导完毕及时向指挥员报告，之后引导下一个增援队。总、支（大）队后方指挥员到场后，责任区中队指挥员要报告水源分布情况，并由上级指挥员接替后方指挥任务。

5. 坚持"以车为组，以队为线"的供水方式

在水量水压比较充足的现场，各消防车可分别占据水源，组成独立供水线路，以单车救援形式直接供应火场用水。在水源缺乏的火场，应根据灭火救援编成组织好接力供水线路，形成"以队为线"的供水方式，组成数条供水线路供应消防用水。若供水线路长而需要几个中队组成一条供水线路时，车辆停放顺序应以事故现场为基点，先到的车辆编队在前，后到的车辆编队在后进行排列。若同时有多处水源可用，又需要较大用水量时，可根据水源远近，采取先近后远，先易后难的原则，逐步组成多条供水线路，保证现场用水。

6. 建立统一的后方供水通信网

从消防供水通信的经验看，建立统一的后方供水通信网是解决众多难题的有效方法。例如在现在普遍使用的350M集群通信中，专门开辟一个信道作为后方供水专用。所有后方指战员电台均置于此信道。当增援编队接近事故现场时，告知责任区中队供水员所到达位置，预先停于事故现场周围，等待引导。这样，既避免了车辆扎堆，又可以通过电台直接找到责任区中队、支队有关人员。同时通过后方供水网也可实现人员、器材的集结，为前方灭火救援战斗提供增援。这样的后方通信网既避免了与前方指挥网使用同一信道带来的混乱，又极大地改善了现场供水秩序。

7. 完善后方指挥体系

后方供水通信网的建立，使后方各级指战员形成一个整体。责任区中队到场后，可以立即行使指挥权。当总、支（大）队后方指挥员到场后，又可及时把指挥权交给最高指挥员。实践证明，在灭火救援中，设立统一的后方指挥有利于后方供水快速顺利地展开，后方指挥的职责有消防供水、车辆调整、器材运送、人员集结等。

（三）消防供水指挥的要求

为保证消防供水可靠，应注意以下几方面的问题。

1. 要有指挥员组织供水

（1）责任区消防救援人员到达现场后，要有1名指挥员负责组织后方供水编队进行供水。

（2）两个以上消防中队（含专职消防队）到达现场后，消防总（支、大）队火场总指挥员未到达时，由责任区中队后方指挥员负责组织消防供水。

（3）后方指挥要以现场供水为重点，遵循"确保重点，兼顾一般"的原则，充分发挥组织协调作用。

（4）在车辆、器材配置时要坚持"以车为组，以队为线"的供水方式，尽量依据灭火救援编成，按编队行动，并指定专人负责某一方面或阵地的指挥。

2．服从火场的整体需要

消防救援队伍到达事故现场后，必须服从整体需要，按照现场指挥员的命令各自进入供水或灭火救援阵地，不允许各行其是，乱抢水源。指挥员应准确、及时地掌握到达现场的中队、车辆、人员、水源分布、交通状况等情况，指挥时要有全局观念，不能图一时之便，影响后续灭火救援力量的部署。

3．水带铺设

（1）应尽量使用直径 $D80$、$D90$ 的大口径水带铺设水带干线，在缺乏大口径水带时，为保证灭火救援用水量，应采用双干线供水。

（2）铺设水带时尽量避免弯折，缩短水带线路长度，并且尽量将大口径水带、新水带靠近消防车铺设；消防车辆不要碾压充水的水带线路，水带线路通过交通要道时，必须用护桥保护。

（3）应有专人看护和检查水带线路，及时排除供水线路中出现的故障。在供水正常后，应安排专人巡视水带线路，调整线路，及时更换漏水严重的水带。

4．防止水锤现象

消防车水泵启动时应缓慢升压，防止因水锤作用造成水带爆破或水枪手伤亡事故。当转移阵地关闭水枪时应缓慢关闭，防止水带脱口或爆破而中断供水。

5．做好现场警戒工作

禁止无关车辆、人员进入现场，干扰灭火救援工作。

总之，要做好消防供水工作，指挥员必须做到掌握消防供水规律和供水方法及其供水技术，树立牢固的供水意识，平时抓好消防水源基础资料建设，做好"六熟悉"工作，认真制订和完善重点单位供水预案，加强演练，强化水源引导训练，各尽其职，在实践中不断提高消防供水指挥技能和指挥艺术，指导战士学习消防供水知识，熟练掌握现有供水装备器材的性能和运用，在消防供水中充分发挥供水装备的最大供水能力，根据车辆装备性能和人员数量划分主战编队与主供编队，科学合理地组织消防供水，保证消防供水安全、可靠、不间断，为灭火救援提供有力的保障，有效地扑灭火灾，处置灾害事故，力争最大限度地减少损失。

思考与练习

1．消防供水的原则是什么？
2．火场重点水枪阵地如何确定？
3．阻止火势蔓延扩大的主要方向上的水枪阵地有哪些？

》》 第二节 消防供水方法

◎【学习目标】

1．了解直接供水、串联供水、运水供水的条件。

2. 熟悉高层建筑分区给水系统的消防供水方法。

3. 掌握水平方向和高层建筑不分区给水系统的消防供水方法。

各级指挥员应根据事故现场实际情况和到场消防车数量、技术性能，周边可利用水源的供水能力，以及道路交通等具体情况，结合灭火救援编成，选择最佳的供水方法，向现场供应足够的用水量，保证消防供水安全、可靠、不间断。

一、水平方向上消防供水

水平方向上消防供水方法一般有消防车占据水源直接出水、接力供水、运水供水和利用手抬机动泵、浮艇泵、排吸器供水、人工传递供水等方法。现场指挥员应根据火场实际情况和消防车数量、供水能力等选择最佳供水方法。

（一）直接供水

直接供水，是指消防车（泵）直接停靠水源取水或利用车载水，铺设水带干线出水枪（炮）灭火救援。

1. 直接供水的条件

（1）当水源与事故现场之间的距离在消防车（泵）供水能力范围内时，主战消防车（泵）应占据最佳出枪位置，就近停靠使用水源吸水，铺设水带直接出水枪灭火救援。

（2）当到场消防车总载水量足以扑灭初期火灾或处置灾害事故时，消防车可靠近燃烧区、事故核心区，消防人员铺设水带直接出水枪灭火救援。

2. 直接供水的形式

消防车（泵）直接供水的形式有单干线1~3支水枪、双干线2支水枪、双干线3支水枪、手抬消防机动泵吸水出水枪等。

（二）串联供水

串联供水，指的是主战消防车靠近火场利用车载水直接出水枪（炮）灭火，供水消防车占据水源取水，铺设供水干线向主战消防车供水。这是目前基层消防队最常用的供水方法。

1. 串联供水的条件

（1）事故现场附近有消火栓或其他可以使用的水源，消防车不需要到较远的地方去加水，但超过主战消防车直接供水距离。负责供水的消防车供水编队可以使用消火栓或其他技术措施取水，向负责出枪的主战消防车供水。

（2）需要提高普通水罐消防车出水口压力。

（3）火场燃烧面积大，灭火用水量较大，灾害事故现场情况复杂，需要长时间不间断供水。

（4）水带数量充足并有利于铺设供水干线。

2. 串联供水的形式

串联供水的形式有两种：接力供水和耦合供水。

（1）接力供水　当水源距离事故现场超过消防车泵供水能力时，可利用供水编队消防车分别间隔一段距离，停放在供水线路上，由后车向前车依次铺设供水干线，通过水泵加压将水输送到前车水罐，供主战消防车出水枪灭火。铺设供水干线应尽量使用大口径水带。接力供水的形式如图7-2-1、图7-2-2所示。

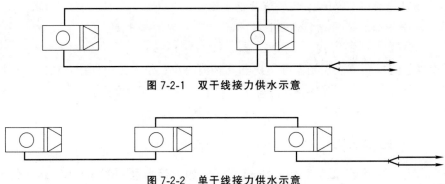

图 7-2-1　双干线接力供水示意

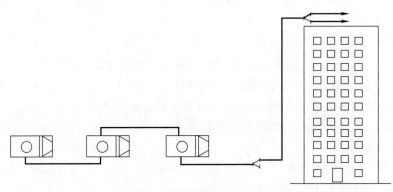

图 7-2-2　单干线接力供水示意

（2）耦合供水　当事故现场高度或距离超过普通水罐消防车、泵的供水高度或供水距离时，可利用供水编队多辆消防车或消防车与手抬消防机动泵进行耦合供水，提高前车泵压，将水供到高处或远处。耦合供水的形式如图 7-2-3 所示。

图 7-2-3　消防车耦合加压供水示意

（三）运水供水

运水供水，是指利用供水编队消防水罐车，或洒水车、运输液体的槽（罐）车等，从水源处加水运送到前方供主战消防车出水。

1. 运水供水的条件

（1）事故现场附近没有消火栓或其他可以使用的水源，供水编队车辆需要到较远的地方去加水。

（2）火场燃烧面积较大，事故情况复杂，灭火救援用水量较多，而火灾现场附近水源供应不足。

（3）消防救援队伍配备有大容量水罐消防车编组，事故现场周围道路交通、水源情况便于运水。

（4）事故现场环境复杂，不便于远距离铺设水带供水。

2. 运水供水的形式

运水供水的形式如图 7-2-4 所示。

（四）手抬消防机动泵吸水供水

消防车距水源 8m 以外无法靠近，或超过消防车吸水深度，可利用手抬消防机动泵为消防车供水，如图 7-2-5 所示。手抬消防机动泵轻便灵活，在道路狭窄、消防车辆难以通过的

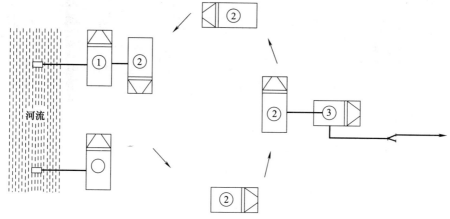

图 7-2-4　消防车运水供水示意

场合以及较低水位的地方，手抬消防机动泵既可用于接力供水，也可直接投入灭火救援作业中。

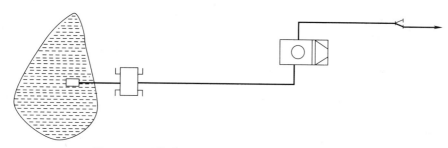

图 7-2-5　手抬消防机动泵利用天然水源吸水供水示意

（五）浮艇泵吸水供水

浮艇泵可漂浮在水面上吸水，并且对水源的深度要求不高，特别适用于流淌到地面的无污染水的二次回收利用。消防车距水源 8m 以外无法靠近，或超过消防车吸水深度以及水源较浅消防车难以进行吸水的情况下，可利用浮艇泵吸水为消防车供水。例如远程供水系统在供水时，利用浮艇泵取水。浮艇泵吸水时，水源深度需保证在 75mm 以上，如图 7-2-6 所示。

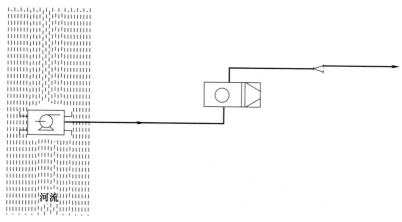

图 7-2-6　浮艇泵利用天然水源吸水供水示意

（六）排吸器引水供水

消防车距水源 8m 以外无法靠近，或超过消防车吸水深度，以及水温超过 60℃影响真空度时，可使用排吸器与消防车、移动消防泵联合取水，向前方供水，如图 7-2-7 所示。使用排吸器引水时，将口径 D50 水带连接到排吸器的进水口上，出水口连接口径 D65 的水带。同时使用 2 只排吸器，可以保证 1 支水枪不间断射水。排吸器还可以用于排出地下室、船舱内或其他低洼处的积水。

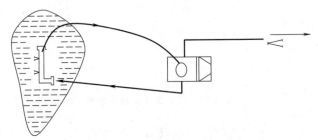

图 7-2-7　消防车排吸器供水示意

（七）人工传递供水

当消防车、泵无法接近水源，又没有排吸器时，可组织群众用脸盆、水桶等器具运水倒进消防车水罐或水槽内，供主战消防车出水。

二、竖直方向上的消防供水方法

竖直方向上的消防供水，主要是高层建筑供水。当高层建筑发生火灾时，能否保证向着火区域实施不间断地供水，是决定灭火战斗成败的关键。正常情况下，应主要靠高层建筑内部完善的固定灭火设施，但是一旦内部固定消防设施（以室内消火栓系统为主）中的某一部分或全部发生故障，而不能保证火场用水，指挥员应灵活采取不同的供水方式，确保火场用水，达到扑灭火灾的目的。

（一）高层建筑供水遵循的原则

高层建筑消防供水必须本着以下原则：优先采用固定系统，其次采用固定与移动系统的组合，最后防线才是采用移动设备。

（二）不分区消火栓给水系统的供水方法

1. 消防水泵供水灭火

当系统内的各组件均保持良好状态时，可直接启动消防水泵向消火栓管网供水。消防救援人员使用楼层内的消火栓出水灭火。

2. 水泵接合器供水灭火

当系统内的消防水泵（一备一用）故障，而其他组件保持良好状态时，可使用供水编队消防车通过水泵接合器向室内消火栓管网供水。消防救援人员使用楼层内的消火栓出水灭火。其流程为：消防车→水泵接合器→室内消火栓管网→着火区。

3. 首层室内消火栓供水灭火

当系统内的水泵（一备一用）和水泵接合器故障，而其他组件保持良好状态时，可使用供水编队消防车通过首层室内消火栓向室内消火栓管网供水，消防救援人员使用楼层内的消火栓出水灭火。其流程为：消防车→首层室内消火栓→室内消火栓管网→着火区。在使用首层室内消火栓向建筑物内供水时，应先连接好水带，打开室内消火栓栓阀，然后启动消防车水泵向室内消火栓管网供水。

4. 移动设备供水灭火

当系统内的各组件均发生故障（包括管网故障）时，由消防车供水编队供水，主战车占据最佳出枪位置，采取垂直或沿楼梯铺设水带的方法供水。

（三）分区并联消火栓给水系统的供水方法

1. 低区的供水方法

当低区范围内的楼层发生火灾时，可根据低区系统中各组件的完好情况，分别按照不分区消火栓给水系统的供水方法向消防供水。

2. 高区的供水方法

当高区范围内的楼层发生火灾时，可根据系统中各组件的完好情况，分别采用下列方法供水。

（1）消防水泵供水灭火　高区消火栓给水系统各组件处于正常状态时，可以直接启动消防泵向火灾层的消火栓供水。

（2）水泵接合器供水灭火　当向高区供水的消防水泵故障，而其他各组件处于良好状态时，可使用水泵接合器供水。其流程：消防车→高区水泵接合器→高区室内消火栓管网→着火区。

（3）高区水泵及水泵接合器故障时的供水方法　当向高区供水的水泵及水泵接合器故障，而高区的其他组件正常时，可采取以下形式供水。

① 当低区消火栓系统各组件正常，且供水编队消防车水压和水带的耐压强度满足要求时，可采用低区水泵接合器供水。其流程：消防车→低区水泵接合器→低区室内消火栓管网→低区最高层室内消火栓→水带→高区最底层室内消火栓→高区室内消火栓管网→着火区。

② 当低区的消防泵及水泵接合器故障，而其他组件正常，且供水编队消防车水压和水带的耐压强度满足要求时，可使用首层室内消火栓供水。其流程：消防车→首层室内消火栓→低区消火栓管网→低区最高层室内消火栓→水带→高区最底层室内消火栓→高区消火栓管网→着火区。

③ 当低区系统内的各组件均故障时，可采取以下两种方法供水。

一是当供水编队消防车水压和水带的耐压强度满足要求时，采用以下流程：消防车→垂直铺设水带→高区最底层室内消火栓→高区消火栓管网→着火区。

二是当消防车水压和水带的耐压强度有一项不能满足要求时，采用消防车与手抬消防机动泵的组合供水，其流程：消防车→垂直铺设水带→手抬消防机动泵（应放置在高区最底层建筑内）→水带→高区最底层室内消火栓→高区室内消火栓管网→着火区。

（4）低区系统内各组件正常，而高区各组件均故障时的供水方法　当低区系统内各组件正常，而高区各组件均故障时，可以在高区最底层建筑内设置手抬消防机动泵的方法接力供水。其流程：低区消防水泵（或水泵接合器或首层室内消火栓）→低区消火栓管网→低区最高层室内消火栓→手抬消防机动泵→垂直铺设水带→着火区。

（5）垂直铺设水带的供水方法　当高、低区系统内各组件均故障时，如供水编队消防车水压和水带的耐压强度满足要求，可采用消防车铺设水带出水枪灭火；如供水编队消防车水泵水压不能满足要求时，可采用供水编队消防车耦合供主战消防车铺设水带出水枪灭火，或采用主战消防车铺设水带与手抬消防机动泵组合的方法供水。其流程为：消防车→铺设水带→手抬消防机动泵（设置在适当楼层的合适位置）→铺设水带→着火区。

（四）分区串联消火栓给水系统的供水方法

1. 低区的供水方法

当低区范围内的楼层发生火灾时，可根据系统中各组件的完好情况，分别按照不分区消火栓给水系统的供水方法向火场供水。

2. 高区的供水方法

当低区范围内的楼层发生火灾时，可根据整个消火栓给水系统（包括高区和低区）中各组件的完好情况，分别采用下列方法供水。

（1）高、低区系统正常时的供水方法　高、低区消火栓给水系统中的各组件均处于正常状态时，可以同时启动低区消防水泵和设在设备层内的高区消防水泵向火灾层的消火栓供水。其流程为：低区消防水泵→低区消火栓管网（消防水箱）→高区消防水泵→高区消火栓管网→着火区。

（2）低区系统故障时的供水方法　当高区消火栓系统内各组件正常，而低区消火栓系统在不同故障情况下，可分别采用以下方法进行供水。

① 当低区消防水泵故障，而其他组件正常时，可采用水泵接合器向管网供水的方法。其流程：消防车→水泵接合器→低区室内消火栓管网（消防水箱）→高区消防水泵→高区室内消火栓管网→着火区。

② 当低区消防水泵和水泵接合器故障，而其他组件正常时，可采用首层室内消火栓向管网供水的方法。其流程：消防车→首层室内消火栓→低区消火栓管网→高区消防水泵→高区室内消火栓管网→着火区。

③ 当低区消防给水系统中的各组件均发生故障（包括管网发生故障）时，可采取铺设水带向中间设备层内消防水箱供水的方法。其流程：消防车→铺设水带→中间设备层内消防水箱→高区消防水泵→高区室内消火栓管网→着火区。

（3）高区系统消防水泵故障时的供水方法　当高区消防水泵故障，而其他组件正常时，可采取以下三种方法供水。

① 启动低区消防水泵向低区管网供水，在建筑中间设备层内设置手抬消防机动泵向高区管网供水。其流程：低区消防水泵→低区室内消火栓管网→低区最高层室内消火栓→手抬消防机动泵（设在中间设备层合适位置）→高区最底层室内消火栓→高区消火栓管网→着火区。

② 当供水编队消防车的供水压力和水带的耐压强度符合要求时，可以将低区最高层室内消火栓与高区最底层室内消火栓用水带连接后，向着火区供水。其流程：消防车→水泵接合器（或首层消火栓）→低区室内消火栓管网→低区最高层室内消火栓→水带→高区最底层室内消火栓→高区室内消火栓管网→着火区。

③ 当供水编队消防车的供水压力和水带的耐压强度达不到要求时，可以在建筑中间设备层内的适当位置设置手抬消防机动泵向高区管网供水。其流程：消防车→水泵接合器（或首层消火栓）→低区室内消火栓管网→低区最高层室内消火栓→手抬消防机动泵（设在中间设备层合适位置）→高区最底层室内消火栓→高区消火栓管网→着火区。

（4）高区系统全故障时的供水方法　当低区消火栓给水系统中各组件正常，而高区给水系统中各组件均故障时，可采用在中间设备层内设置手抬消防机动泵和铺设水带的组合方式向火区供水。其流程：消防水泵→低区室内消火栓管网→低区最高层室内消火栓→手抬消防机动泵（设在中间设备层)→铺设水带→着火区。

（5）高、低区系统全故障时的供水方法　当高、低区消火栓给水系统各组件均发生故障时，只能采取铺设水带与手抬消防机动泵的组合向着火区供水。其流程：消防车→铺设水带→手抬消防机动泵（放置在适当楼层的合适位置）→铺设水带→着火区。

（五）利用举高类消防车供水

对于建筑高度在举高类消防车水炮控制范围之内的建筑发生火灾时，可利用举高类消防车出水，以协助内攻灭火；也可利用举高类消防车设置的水带接口从建筑外部连接水带向着火楼层供水。

（六）高层消防供水时应注意的问题

1. 火灾扑救前的准备工作

（1）掌握给水系统的形式。消防救援人员在平时应做好高层建筑消火栓给水系统的调查，切实弄清高层建筑消火栓给水系统是不分区的消火栓给水系统，还是并联分区或串联分区给水系统。了解建筑物周围水泵接合器的位置，明确是向高区供水的水泵接合器，还是向低区供水的水泵接合器。如果消防救援人员平时不了解高层建筑室内消火栓给水系统的形式，指挥员到达火场后，应通过询问有关人员，掌握给水系统的形式，以便于组织消防供水。

（2）配备手抬消防机动泵。担负高层建筑火灾扑救任务的消防救援队伍应配备一定数量的大功率手抬消防机动泵，并根据需要配置供水连接配件，使之与水带接口匹配，以满足消防供水要求。

（3）配备耐高压水带。担负高层建筑灭火任务的消防救援队伍，应配备耐高压水带。

（4）加强供水训练。担负高层建筑灭火任务的消防救援队伍，应加强供水编队的协调训练，例如编队车辆耦合供水训练等，掌握操作方法。

2. 实施消防供水时应注意的问题

（1）应根据高层建筑的使用性质、建筑高度及火灾面积的大小，合理确定同时使用水泵接合器、同时使用手抬消防机动泵的数量。

（2）对分区消防给水系统，当高区发生火灾，采用水带将高、低区的消火栓管网连接在一起形成一个系统时，应根据消火栓系统竖管的数量，确定水带连接的数量，以防止水带连接数量少而造成高区水量水压不足，或水带爆裂中断消防供水的现象。

（3）当使用首层室内消火栓利用低区消火栓管网供水时，应根据着火区使用消火栓的数量，确定消防车与首层室内消火栓连接供水的数量。

（4）铺设水带供水时，应选用大口径和耐压强度高的水带，水带接口要牢固，水带每间隔一定的高度需固定。

（5）当一辆消防车的供水压力不能满足高区楼层火灾扑救的水压时，应采取供水编队协同作战，消防车耦合供水的方法解决。

（6）在使用水泵接合器向室内管网供水时，要防止误接，一定要弄清该水泵接合器是自动喷淋灭火系统的，还是室内消火栓给水系统的；是高区的，还是低区的。并且要求消防车水泵和固定消防泵出口压力应基本匹配。

3. 给水系统故障判断

（1）水泵故障判断　当出现水泵房停电，接通电源后电机不运转，或水泵运转后，位于水泵出水口处的压力表不显示压力或楼层内消火栓处无水压改变等情况时，可判断为水泵故障。

（2）水泵接合器故障判断　当消防车与水泵接合器连接后，消防车水泵加压，楼层内消火栓处无水压，可判断为水泵接合器故障。

（3）管网故障判断及排除　当水泵运转后，水泵出水口处的压力表显示压力，而楼层内消火栓处无压力改变，可判断为管网故障。

经判断确定为管网故障时，应设法开启消火栓竖管上的闸阀，因为在设计和安装过程中，为方便检修，根据规范均在每根竖管的两端设置了闸阀，闸阀一般位于本区（高区或低区）最底层和最高层楼层内的管道井中；或检查高位水箱出水口处的单向阀和闸阀，必要时可关闭此闸阀，因为工程设计人员虽然在此处设计了单向阀，但由于单向阀长期处于敞开状态，很容易锈死，在扑救火灾中不能发挥作用。

当使用首层室内消火栓由消防车向室内消火栓管网加压供水时，如果消防车加压后，消火栓压力增加较少，应考虑采用其他方法供水。因为有些高层建筑室内消火栓给水系统，为满足国家规范要求，在底层消火栓处采用了减压孔板或其他措施减压。

◦ 思考与练习 ◦

1. 水平方向上消防供水的方法有哪些？
2. 串联供水有哪几种形式？
3. 高层建筑供水应遵循哪些原则？

》》 第三节　消防供水要求

【学习目标】

1. 熟悉保证消防用水量的要求。
2. 掌握消防供水方法、停车位置的选择。

消防人员在灭火救援中应根据火灾现场的实际情况，合理使用各种水源、正确选择供水方法，最大程度地发挥消防器材的效能，保证火灾现场灭火用水以及其他灾害事故现场消防用水的需要。

一、科学确定火场用水量

指挥员到达灾害事故现场后，应根据灾害事故的实际情况，决定灭火的方法，确定火场燃烧面积或周长，根据火灾类型确定灭火剂供给强度，并确定灭火剂的供给量。对于其他灾害事故救援，需要确定救援技战术措施，根据需要选择灭火剂，并确定灭火剂供给量。然后选择正确的供水方法，保证火场用水量。

二、正确选择供水方法

在灭火战斗中，现场指挥员应根据水源情况、火灾荷载密度、危险源的性质和消防装备的性能，正确选择供水方法。

（一）依据水源情况选择供水方法

1. 根据事故现场与水源的平面距离选择供水方法

（1）当水源距离事故现场较近，水量充足，便于多辆消防车同时停靠水源取水时，应充分发挥每辆消防车、移动消防泵的作用，采取单车、泵直接供水灭火。

（2）若水源距离火灾现场超过单车供水能力，应发挥消防车编队效能，一般采用接力供水。

（3）若水源距火场较远，超过消防车接力供水的能力时，宜采用运水的供水方法。在采用运水方法时，还可调用环卫部门的洒水车以及其他一切能够运水的车辆，向现场供水。

在事故现场上应根据所配备的车辆装备的性能、通信状况、水源地至现场的道路交通情况、距离，科学合理地选择供水方法，基本原则为"以最少量的消防车辆供最大量的消防用水量"。一般情况下，当水源地距现场150m以内，应采用消防车占据水源直接接水枪出水灭火；距现场150～1500m以内，应采用消防车供水编队接力供水；距现场超过1500m，应采用消防车供水编队运水供水。确定150m和1500m两个界值，主要是根据消防车供水编队的供水能力、所配备的水带数量以及人员数量、战斗力决定的。随着大功率、大容量水罐车的配备和水带性能的改进，消防车供水能力大大提高，应加强主战编队与主供编队消防车协同配合救援训练。据实地测试，中低压消防车最远直接供水距离超过了1km。

2. 根据建筑高度选择供水方法

高层建筑一般都有较完善的消防给水系统，具有扑救初期火灾的能力，是高层建筑火灾立足于自救的保障。但由于设计的灭火用水量有限，在火势较大或灭火设施发生故障时，就会形成灭火用水不足的状态。因此，在充分发挥高层建筑内部消防给水系统作用的同时，还要做好消防车供水的准备。

（1）消防车供水

① 普通水罐消防车供水。利用普通水罐消防车从水源地取水，通过水带输送到燃烧区出水枪灭火。当供水高度小于50m时，可采用单车单干线或双干线并联供水；当供水高度超过50m时，可采用2～3辆供水编队消防车耦合供水的方法。

② 中低压泵消防车供水。利用中低压泵消防车向高层建筑垂直铺设水带供水，可提高供水高度。实际供水过程中，应注意必须使用耐压水带、耐压水带接口、耐压分水器等耐压供水器材，并切实做好水带的固定工作。

③ 举高消防车供水。当着火楼层在举高消防车工作高度之内时，且建筑物附近有停靠举高消防车的条件，可利用举高消防车直接出水灭火；利用举高消防车运送水带，垂直铺设水带干线进行供水。

（2）消防车向建筑内部消防设施供水

① 利用水泵接合器供水。消防车通过水泵接合器向室内管网供水。供水时，应明确水泵接合器的供水分区。并使消防车水泵出口压力与固定消防泵出口压力基本匹配。

② 利用首层室内消火栓供水。在水泵接合器发生故障时（没有设置水泵接合器的多层

建筑），可利用建筑首层室内消火栓直接向管网供水。

（二）依据水源条件选择消防供水方法

现场供水指挥员应根据可利用水源的类型、位置、流量、压力等情况，选择供水方法。

（1）在消防车难以靠近消火栓时，可通过水带连接消火栓给消防车供水。

（2）在市政给水管网压力和流量能满足消防车供水需要时，可使用消防车利用吸水管连接消火栓供水。

（3）当地下消火栓压力和流量较低，不能满足消防车吸水管直接连接消火栓吸水时，可打开消火栓阀门向消火栓井充水，消防车再通过吸水管吸水供水。

（4）利用消防水鹤取水，向消防车水罐内注水，向现场供水。

（5）有可利用的天然水源时，消防车可直接停靠取水码头取水；当条件受限消防车不能靠近取水时，可利用排吸器引水或利用手抬机动消防泵、浮艇泵吸水供水。

（三）依据供水装备性能选择供水方法

供水装备，是指带有水泵的消防车、移动消防泵和排吸器等，在具体供水中为充分发挥其技术性能，应合理选择供水方法。

1. 消防车供水

根据车用消防泵的不同，消防车可以分为低压泵消防车、中压泵消防车、高压泵消防车、中低压泵消防车和高低压泵消防车，消防车的供水性能与车用消防泵的技术参数密切相关。现场供水时可根据具体情况进行选择，供水时消防泵工作压力应低于额定工况的 70%，以免损坏消防泵。

2. 利用移动消防泵供水

（1）利用手抬消防机动泵供水。手抬消防机动泵轻便灵活，在道路狭窄、消防车辆难以通过的场合以及较低水位的地方，手抬消防机动泵既可用于接力供水，也可直接投入灭火战斗。

（2）利用浮艇泵供水。浮艇泵可漂浮在水面上吸水，并且对水源的深度要求不高，特别适用于流淌到地面的消防用水的二次回收利用。

三、选准停车位置

现场指挥员应正确选择供水消防车的停靠位置，避免出现意外事故的发生。

（1）消防车停靠天然水源吸水供水时，为防止车辆溜滑下水或陷入泥淖中，必须用石块、木板等铺垫在车轮下。

（2）扑救易燃易爆物品、储罐、大面积易燃建筑区域火灾以及处置危化品泄漏事故时，供水编队消防车要选择上风或侧上风方向的停车位置，车头向外便于消防车撤离。

（3）扑救高层建筑火灾时，直接供水的消防车应在距离着火建筑物 30m 以外停放。

四、保证消防用水量

当事故现场规模较大或缺水地区发生火灾，车载水或供水能力不能满足灭火救援需要时，现场指挥员应根据现场实际情况确定加强力量调集、合理使用水源、节约用水等措施确保消防用水量。

（一）加强第一出动供水力量

消防通信指挥中心根据报警情况和已知事故现场及环境情况，初步确定调派供水编队和主战车辆数量、种类。

（1）水源缺乏地区发生灾害事故时，消防通信指挥中心应调集供水编队保障消防用水，如重型水罐消防车、中低压泵、高低压泵水罐消防车、A类泡沫消防车编队等。

（2）在城市郊区、农村发生灾害事故时，消防车应配备移动消防泵、浮艇泵、排吸器等吸水器材，以利于从天然水源就地取水。

（二）及时调集增援

现场指挥员到场后根据灾害事故现场情况，确定调集供水增援编队。

（三）合理使用水源

根据现场水源情况，合理选择供水方法。如消防车、泵利用消火栓供水时，必须根据市政管网的形式、直径和压力的情况，确定使用消防车、泵数量，防止超量使用，造成整段管网的消火栓不能供水。

（四）选用灭火剂与射流形式

（1）在缺水地区和没有消防水源的情况下，用水和泡沫均可扑救的火灾，可选用泡沫（主要考虑使用A类泡沫或高倍数泡沫灭火剂）灭火剂进行灭火，可减少灭火用水量。

（2）扑救火灾和稀释驱散时应首选开花、喷雾射流，发挥两种射流降温速度快、灭火效率高、驱散效果好、耗水量低、水利用效率高等特点，从而达到减少消防用水量，确保消防用水的目的。

（五）保证主要方面消防用水

由于现场用水量大，先期到场力量难以保证消防用水时，指挥员在确保火场主要方面灭火用水量的同时，尽量减少水枪数量，节约用水为增援力量到场供水争取时间。

------◇ 思考与练习 ◇------

1. 如何根据灾害事故现场与水源的平面距离选择供水方法？
2. 如何根据建筑高度选择供水方法？
3. 如何依据水源条件选择消防供水方法？

第四节　消防供水计划

【学习目标】

1. 熟悉制定消防供水计划的条件。
2. 掌握消防供水计划的制定步骤。

消防供水计划是灭火救援预案中的一项主要内容，是各级消防指挥员平时就应做好的一项基础工作，制定消防供水计划是灭火救援成功的根本保证。其实质是根据危险源的特点，制定出切实可行的供灭火剂方案，有效地扑灭火灾，处置灾害事故。

"知己知彼，百战不殆。"火场指挥员应熟知自身队伍的战斗力、器材装备性能、消防站的布局、通信调度情况，以及本地区内其他可利用的供水力量。平时加强"六熟悉"，深入消防重点单位进行调查研究，掌握火场需要的消防用水量和水源等第一手资料，做到心中有数。在调查研究的基础上，制定出切实可行的消防供水计划，为科学指挥消防供水创造良好条件。

一、制定消防供水计划的条件

制定消防供水计划前，应做到"四个清楚"和"一个了解"。"四个清楚"即：清楚辖区的基本情况、清楚辖区水源情况、清楚消防站情况、清楚重点单位或部位的固定灭火设施情况；"一个了解"即了解重点单位义务消防队情况。

（一）消防辖区平面图

1. 消防辖区平面图的作用

（1）通过平面图可明确辖区的基本情况。

（2）可迅速查明起火点的位置及确定行车路线。

（3）可根据图上标示的距离，估算火灾的蔓延时间，预测火灾的发展规模。

2. 消防辖区平面图的分类

按图的形式消防辖区平面图可分为传统平面图和电子地图两种。按主管单位消防辖区平面图可分为消防支（大）队辖区平面图、消防中队辖区平面图。通过消防辖区平面图，我们可以做到"第一个清楚"，即清楚辖区的基本情况。

（二）市政消防给水管网平面图

1. 消防给水管网平面图的作用

（1）明确消防给水管网的分布情况及相应的水压及流量。

（2）明确水源类型，决定供水形式。

（3）为重点单位是否需扩建消防水源提供参考。

2. 消防给水管网平面图的分类

消防给水管网平面图可分为市政给水管网平面图、天然水源平面图和重点单位给水管网平面图。通过消防给水管网平面图我们可以做到"第二个清楚"，即清楚辖区水源情况。

（三）消防设施

1. 消防站的实力

掌握消防救援队伍（站）的数量、装备、人员情况，做到"第三个清楚"，即清楚消防站情况。

2. 固定灭火设施情况

掌握重点单位内部固定灭火设施的种类、性能，做到"第四个清楚"，即清楚重点单位或部位的固定灭火设施情况。这是考虑灭火力量的首选因素，也是制定供水计划时的重要影响因素。

3. 企事业专职消防队和志愿消防队的情况

了解企事业专职消防队和志愿消防队的人员、装备情况，做到"一个了解"，即了解重点单位专职和志愿消防队情况。

企事业专职消防队和志愿消防队可以作为初期火灾的主要灭火力量，也可作为扑救大型火场的重要补充力量；条件好的队伍可作为主力灭火队伍。

（四）发生特种灾害的前提条件及扑救装备情况

（1）以往本地或与本地情况类似地区发生特种灾害的资料。

（2）消防站扑救特种灾害的装备配备情况。

二、制定消防供水计划的步骤

消防供水计划是为了满足火场用水量，以便有组织、有把握、及时有效地扑灭火灾，而对保护对象预先制定的灭火供水方案。制定消防供水计划的步骤包括以下十个方面的内容。

（一）确定消防安全重点单位

要确定城市或管辖区内的重点单位（部位），就必须了解情况，进行深入调查，不能主观臆想确定。应对城市或管辖区内的工厂、仓库、堆场、储罐、公共建筑等进行全面普查。了解各单位的火灾危险程度、设备的价值、人员集中情况、在国民经济中的重要性和政治影响等。然后，根据各单位的火灾危险性、发生火灾后的经济损失、人员伤亡的可能性以及政治影响等进行排列，将火灾条件下灭火用水量比较大的单位确定为需制定消防供水计划的消防重点单位。

1. 确定消防安全重点单位的依据

确定消防安全重点单位一般按"四大一快"的原则确定。

（1）火灾危险性大的单位，甲、乙类火灾危险性厂房、库房、油库、易燃材料堆场等。

（2）发生火灾后人员伤亡大的单位，大会堂、影剧院、百货商场、歌舞厅等。

（3）发生火灾后经济损失大的单位，物资库、仓库及有贵重设备的建筑物等。

（4）发生火灾后政治影响大的单位，广播电视大楼、展览楼、交通运输系统及文物保护单位等。

（5）火灾蔓延快，用水量多的单位，简易建筑区、棚户区和老城区等。

2. 消防安全重点单位的类型

根据《中华人民共和国消防法》及《机关团体企业事业单位消防安全管理规定》，下列单位应确定为消防安全重点单位：

（1）商场（市场）、宾馆（饭店）、体育场（馆）、会堂、公共娱乐场所等公众聚集场所（以下统称公众聚集场所）；

（2）医院、养老院和寄宿制的学校、托儿所、幼儿园；

（3）国家机关；

（4）广播电台、电视台和邮政、通信枢纽；

（5）客运车站、码头、民用机场；

（6）公共图书馆、展览馆、博物馆、档案馆以及具有火灾危险性的文物保护单位；

（7）发电厂（站）和电网经营企业；

（8）易燃易爆化学物品的生产、充装、储存、供应、销售单位；

（9）服装、制鞋等劳动密集型生产、加工企业；

（10）重要的科研单位；

（11）其他发生火灾可能性较大以及一旦发生火灾可能造成人身重大伤亡或者财产损失

的单位。

3. 分类制定

制定消防供水计划时，应根据辖区内重点单位实际情况，区分对待：

（1）在同一类建筑较多的地区，可选择一典型建筑首先制定计划，其他建筑再陆续制定。

（2）对新建成的单位，应及时进行调查，确定是否为重点单位。

（3）对于确需重点保卫的单位，应组织人力，全部制定供水计划。

（二）绘制重点单位平面图

确定重点单位后，消防救援人员应组织力量，对消防重点单位的建筑布局、周围环境、道路、水源以及建筑物内的消防设施等进行深入的调查研究，充分掌握资料后，绘制出重点单位的平面布置图。平面图应包括下列内容：

1. 重点单位的主要建筑物及重点部位

标明重点单位的主要建筑物及重点部位。据此，可明确火灾的起火点（火源）位置，便于战斗的迅速展开。

2. 相邻的主要建筑物及其火灾危险性较大的部位

标明重点单位周围的主要建筑物及其火灾危险性较大的建筑物或部位。据此，可作为确定火场灭火供水量和冷却供水量大小的参考。

3. 道路交通情况

标明重点单位内的道路，重点单位四周的主要道路及其相互的连接情况。明确道路交通情况，便于火场组织交通，进行消防车辆的部署。

4. 消防水源情况

标明重点单位内的消防水源情况和重点单位相邻的城市或其他单位的水源情况。这一点对于火场是否能正常供水和连续供水至关重要。重点单位内的消防水源情况包括消防泵站的位置，消防水池的位置及其容量，消防给水管道的走向、管道的直径、消防阀门位置、消火栓的位置等。

5. 重点部位的消防设备情况

绘制时，应明确标出重点部位固定消防设施的控制阀位置，便于紧急情况下启动固定消防设施。重点部位的消防设施情况包括消防水泵接合器、自动喷水设备的信号阀、雨淋灭火设备的控制阀、水幕设备的控制阀等的位置；高倍数泡沫灭火设备的位置；蒸汽灭火设备的开启阀位置；高压带架水枪位置及其控制阀的情况；室内消火栓的布置，室内消防泵站的位置等。

6. 消防力量情况

标明重点单位内消防组织机构及灭火设施的布置情况；消防队（站）与该单位的距离、方位和行车路线等。

绘制重点单位平面图的目的在于掌握该单位的基本情况，既为制定消防供水计划打好基础，也为进行火场现场指挥救援提供第一手资料。重点单位的平面图应按比例绘制，图示、线条、颜色应清楚，符合消防制图规范。

（三）确定火场战斗车数量

通过对重点单位深入调查研究，在掌握该单位的建筑状况、生产和储存物资情况、可燃物的情况和燃烧特点后，根据有关技术数据和计算方法，计算火场战斗车数量。确定火场战斗车数量的步骤大致可分为：确定灭火对象的面积或周长，确定供灭火剂强度，确定灭火剂供给量，确定消防枪、炮数量和战斗车数量。

本步骤是制定消防供水计划的基础性步骤的结束，也是核心步骤的开始，它为确定供水计划中选用灭火力量提供了数据参考。

（四）确定水源供水能力

我国主要的消防水源是市政消防给水系统。应根据管网形式、管道直径和相应的管道压力，采用管道流量估算方法或按管道供水能力表，确定管段供水能力，即每个管段能同时使用的消火栓数量。其他水源（如天然水源、消防水池、游泳池）应根据储水量多少和消防车码头等具体情况，按消防车吸水量进行计算。

（五）确定使用水源的顺序

使用消防水源应坚持"就近停靠使用水源，快速准确"的原则，确定火场上水源的使用顺序。一般情况是，先近后远，先大后小，先易后难。

（六）确定消防车供水方法

消防车供水坚持用较少的消防车供给较大的火场用水量为原则，根据水源与火场的实际距离选择较优的供水方法。常用的供水方法包括：消防车直接供水、消防车接力供水、消防车运水供水和利用排吸器供水、人工传递供水等方法。

（七）确定火场消防车总数

火场消防车总数为直接供水战斗车数、接力供水车数、运水供水车数和备用机动供水车数的总和。可按下式计算：

$$N_总＝N_战＋N_接＋N_运＋N_备 \tag{7-4-1}$$

式中　$N_总$——火场消防车总数，辆；

$N_战$——直接供水战斗车数，辆；

$N_接$——接力供水车数，辆；

$N_运$——运水供水车数，辆；

$N_备$——备用机动供水车数（一般为 $1\sim2$ 辆），辆。

（八）落实火场灭火力量

重点单位一般需要的灭火剂量较大，需要的消防车较多，往往需要几个消防中队出动，以满足灭火需要。

1. 先主管后增援

首先调动重点单位所在地区的主管中队力量。一般情况下，重点单位的主管中队离火场最近，在个别情况下，除主管中队离火场较近外，还有其他消防队（站）也离火场较近。在此情况下，主管中队的消防车到达火场后，应首先使用最近的水源（使用管径大和水压高的消火栓或容量较大的消防水池等可靠水源），供应火场用水。然后根据水源离火场的距离，按先近后远的顺序，利用火场上的水源。主管消防中队对辖区的重点单位（或部位）较熟悉，并有相应的灭火预案，有利于消防供水和扑救工作。如主管中队力量不足或缺少某一方面的供水器材，可调动增援力量。

2. "先近后远"调动增援力量

当主管中队供水力量不足或某方面的供水器材缺少时，需要调动一定的增援力量。在调动增援力量时，要注意如下两方面：一是由近及远调动增援力量，这样可使增援力量以较短的时间到达火场，尽早出水灭火；二是所调动的增援力量应具有独立承担某项作业任务的能力。

3. 调动供水力量的方法

调动供水力量的具体方法主要有整体调动和部分调动两种。整体调动即中队全体车辆出动，不留守备车，一般主管中队采取此方法。部分调动是指当本辖区内有重要的保卫单位，要求留有守备车辆时，留出部分能独立承担初起火灾扑救任务的车辆的调动方法。

调动消防供水车辆时，应根据各消防救援队伍（站）管区内的情况，确定各消防队（站）抽调车辆的数量。一般情况下，在管区内的重点部位发生火灾时，主管中队可整体调动，即责任区中队可不留守备车，全部出动。而非责任区的消防队（站），应根据情况确定。当整体调动时，调动中队所需的执勤战备力量由增援力量担任。若在本辖区内有重要的保卫部位，需要及时扑灭初起火灾，否则会造成极为严重的损失时，应采取部分调动方法，即此时应留守备车辆，并应使调动的部分力量能独立承担某项作业任务。

（九）决定第一出动供水力量

第一出动供水力量对扑救初期火灾，阻止火势扩大具有决定性的作用。因此，加强第一出动供水力量，首先是加强第一出动车辆的供水效能，第一出动车辆的供水成效，对灭火战斗的成败起着极为重要的作用。

1. 第一出动车型选择

第一出动车辆宜采用水罐消防车，为争取早出水创造条件。

（1）在水源缺乏地区　在水源比较缺乏的油田、矿区、市内缺水区、易燃建筑区，宜采用大型水罐消防车，为扑救初期火灾提供水量和保证不间断供水创造条件。

（2）在高层建筑区　在高层建筑区，除出动一般供水车外，还宜同时出动登高车。

（3）在天然水源较多地区　在城市郊区、农村，除出动水罐消防车外，应在车上配备手抬泵、排吸器等，以利于从天然水源取水。

（4）特种灾害　发生特种灾害时，应出动特勤车辆。

2. 第一出动车辆数量的确定原则

第一出动供水力量对扑救火灾成败影响很大，因此第一出动供水力量应有一定的消防供水能力，以保证扑灭初期火灾和控制发展阶段火灾。

（1）当火情明确，基本符合供水计划时，按供水计划一次全部出动。

（2）当火情明确，不符合供水计划时，应按实际情况增、减供水力量，并一次调齐供水力量。

（3）当火情不明时，一般建筑火灾，按 50% 的供水力量调动；高层建筑火灾应全部出动。

（4）当火情不明时，石油、化工及爆炸性火灾，一次全部出动。

具体地说，不同重点单位的第一出动供水力量，不应低于表 7-4-1 的要求。

第一出动供水车在消防供水计划图上，应有明显标志。通常宜用红颜色将消防车图示标划出来，以示与其他车辆相区别。

（十）消防供水演习

消防供水计划是否科学、合理、实用，需通过实践检验。因此，在消防供水计划制定

表 7-4-1　第一出动供水力量

重点部位名称		第一出动供水力量	备　　注
易燃、可燃、露天、半露天堆场		满足《建筑设计防火规范》的用水量,但不少于 50%战斗车不间断用水	
厂房和库房		满足《建筑设计防火规范》的室外用水量,但不少于 50%战斗车不间断用水	
建筑高度不超过 24m 的民用建筑		满足《建筑设计防火规范》的室外消防用水量,但不少于 50%战斗车不间断用水	
石油化工企业,油罐火灾		满足冷却需要供水力量不间断供水	油罐火灾亦可按供水计划,一次全部出动
高层建筑	一般住宅	满足《高层民用建筑设计防火规范》的室外消防用水量。即最少应出动 3 辆供水车,但不少于 50%战斗车不间断用水	建筑高度超过 50m 时,应采用中低压水罐消防车,且应保证 2 辆中低压战斗车用水
	一般公共建筑	满足《高层民用建筑设计防火规范》室外消防用水量。即最少应出动 4 辆供水车,但不少于 50%战斗车不间断用水	建筑高度超过 50m 时,应采用中低压水罐消防车,且应保证 3 辆中低压战斗车用水
	重要公共建筑(展览馆、百货楼、高级旅馆等)	满足《高层民用建筑设计防火规范》室外消防用水量。即最少应出动 6 辆供水车,但不应少于 50%战斗车不间断用水	建筑高度超过 50m 时,应采用中低压水罐消防车,且应保证 4 辆中低压战斗车用水

注:非重点单位和一般低层建筑发生火灾（此类建筑一般不作消防供水计划,而仅在水源管理上加以考虑）,第一出动供水力量可采用 2~3 辆消防车。

后,须通过消防供水演习检验供水是否达到计划要求,以便补充、修改和完善。

根据演习的形式,消防供水演习可分为整体演习和局部演习。

1. 局部演习

局部演习即第一出动供水力量实地出水演习,包括接警出动测到场时间、现场水带连接测水压、流量等局部战训内容。

第一出动供水力量对扑救初期火灾,阻止火势扩大起着决定性作用。为加强消防供水工作,应定期组织第一出动供水力量对重点单位进行实地出水的消防供水演习,一般一季度一次,由责任区中队组织,列入中队战术训练计划。

2. 整体演习

整体演习包括确定火灾对象、接警出动,现场调度指挥、实地出水等环节。可与灭火救援计划结合进行,由支（大）队战训部门组织,列入支（大）队战术训练计划,每年进行一次。由于演习接近实战,有利于消防供水计划的补充和完善。

组织重点单位实地出水的供水演习,接近于实战,指挥员要精心组织好演习的全过程。通过演习,发现行车路线、停车位置、取水方法、供水方法以及指挥和调度消防供水力量过程中存在的问题,锻炼队伍,提高消防供水的实战技术水平,总结经验,不断完善重点单位的消防供水计划。

三、建筑火灾供水计划制定范例

（一）单位基本情况

通过该单位平面图、水源图及固定消防设施的配备情况的了解等环节,达到"四个清楚一个了解"的要求。

1. 建筑基本情况

某酒店占地面积 1300m²，建筑高度 40m，主楼 12 层，层高 4m，火灾荷载密度 70kg/m²。如图 7-4-1 和表 7-4-2 所示。

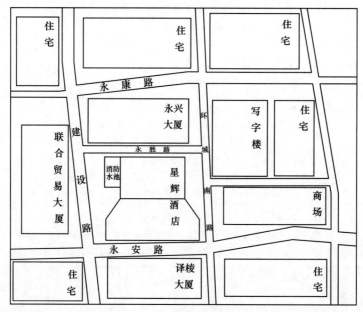

图 7-4-1 酒店总平面图

表 7-4-2 酒店大楼基本情况（建筑类）

	建筑名称	星辉酒店	地址	永胜路 157 号	联系人	＊＊＊	联系电话	＊＊＊＊＊
建筑概况	建筑高度	40m	总建筑面积	13616m²	占地面积	1300m²	层高	4m
	建筑结构	钢筋混凝土	耐火等级	一级	层数		地上	10 层
	建筑外壳	全封闭玻璃幕墙	登高作业面	无			地下	0 层
功能分区	1F	大堂、办公室、消防控制室						
	2F	餐厅						
	3F	商务中心\办公室、机房						
	4F~10F	客房						
毗邻建筑情况	东	环城南路、商场、写字楼、住宅						
	南	永安路、译棱大厦						
	西	建设路、联合贸易大厦						
	北	永胜路、永兴大厦、永康路、住宅小区						

2. 建筑固定消防设施

该楼内共有室内消火栓 49 个，其中 1 层 7 个，2、3 层各 10 个，4~10 层各 3 个，顶层平台 1 个。室外消火栓 11 个，水泵接合器地上、地下各 2 套。该楼设有自动喷水灭火系统。

消防水泵流量 36L/s；水箱容积 15m³，消防水池储水 400m³，设有 2 个停靠位置；市政消防给水管网为环状，管道直径 200mm。见表 7-4-3。

表 7-4-3　酒店建筑固定消防设施

类　别	项目	主 要 情 况		
安全疏散设施	疏散楼梯	大楼共设疏散楼梯 2 部		
	消防电梯	大楼共设消防电梯 1 部		
	避难设施	无		
	安全出口	1 层设有 3 个直通室外地坪的出入口		
消防水系统	消防给水形式	市政(√)	进户管径	150mm
		自备(　)	压力	30mH₂O
	消防管网形式	枝状(　)	干管管径	200mm
		环状(√)	支线管径	无
	室外消火栓	共有室外消火栓 11 个		
	室内消火栓	高区(　)		
		低区(49 个)		
	湿式自动喷淋系统	有(√)		
		无(　)		
	水泵接合器	高区(　)		
		低区(4 个)系统设有 SQB2 个、SQX-B2 个		
	消防水池(箱)	(2 个)储水量 400m³		
	消防水泵	(2 台)流量 36L/s		
其他	消防控制室	大楼 1 层靠东北面设有消防控制中心		
	消防通信	大楼内各层都设有有线消防应急电话		
	应急照明	有(√)		
		无(　)		
	应急疏散出口	(3 个)		
	疏散楼梯	(2 个)		
	自动报警	有(√)		
		无(　)		
	应急广播	有(√)		
		无(　)		
	排烟形式	机械(√)		
		自然(　)		
	消防电梯	有(√)		
		无(　)		
消防组织	专职队	有(　)	联系电话	人数　　车辆数
		无(√)		

对重点单位周边市政给水管网进行编号，如图 7-4-2 所示。

（二）灾情设定

酒店灾情设定见表 7-4-4。

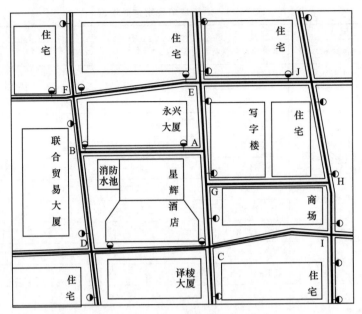

图 7-4-2　酒店建筑区水源平面图

表 7-4-4　酒店灾情设定

灾情等级	燃烧高度	燃烧面积
严重 （Ⅰ级）	20～36m(6～10层)	燃烧面积＞160m²，根据燃烧速度、防火分区及灾情最大化等因素综合考虑，设定为大于400m²
较大 （Ⅱ级）	24～32m(7～9层)	160m²≥燃烧面积＞20m²，根据燃烧速度、自动喷水灭火系统喷头保护面积等因素综合考虑，设定为160m²
一般 （Ⅲ级）	20～28m(6～8层)	燃烧面积≤20m²，根据燃烧速度、通常情况下的房间面积及灾情最大化等因素综合考虑，设定为20m²
备注	根据建筑性质、燃烧态势、人员被困危险程度、灾情可控性以及影响范围等因素，将灾情分为三级：Ⅰ级（严重级）、Ⅱ级（较大级）、Ⅲ级（一般级）	

（三）确定火场灭火力量

酒店属民用建筑，其供水力量的计算可运用民用建筑供水力量的计算步骤进行计算。

以严重灾情（Ⅰ级）为例设定火灾事故情况，某日凌晨3点，7楼客房因电气线路短路引发火灾，导致火势迅速蔓延，6～10楼均受火势威胁。发生火灾时，自动喷水灭火系统损坏，不能正常运行。责任区消防中队（一中队）10min后到达火场出水灭火。

由于是多层建筑则燃烧面积为：$A=1.5\beta\pi(vt)^2=1.5\times1\times3.14\times(1\times10)^2=471$（m²）

因火灾荷载密度为70kg/m²，故每支水枪的控制面积$a=30$m²。

则所需水枪数量为：$n_{枪}=\dfrac{A}{a}=\dfrac{471}{30}\approx16$（支）

室内固定消防水泵流量为36L/s，可供5支水枪用水。另11支水枪用水量由消防车供给，按每辆消防车供2支水枪计算，所需战斗车数为6辆。

（四）确定水源供水能力

室外水源有消火栓和消防水池，且在消防车的工作半径内。

每一段室外消火栓供水能力确定：$Q=12D^2=12\times2^2=48$（L/s）

若按照 1 车 2 枪，一辆车所需水量为 13L/s，则：

$$N_车 = \frac{48}{13} \approx 3（辆）$$

室外管网 AB 段可同时供应 3 辆车取水，因此 2 个消火栓可供 2 辆车。

市政消防给水管网为环状，管道直径为 200mm，则各管段上可供使用的消火栓为：

AB 管段可同时使用 2 个消火栓；

AE 管段可同时使用 1 个消火栓；

BD 管段可同时使用 2 个消火栓；

DC 管段可同时使用 2 个消火栓；

CG 管段可同时使用 1 个消火栓；

AG 管段可同时使用 1 个消火栓。

消防水池储水 400m³，设有 2 个停靠位置，可供 2 辆消防车取水。

（五）确定使用水源的顺序

根据"就近使用水源，争取早出水"的原则，将能使用的消火栓按从近到远的顺序编号使用。如图 7-4-3 所示。

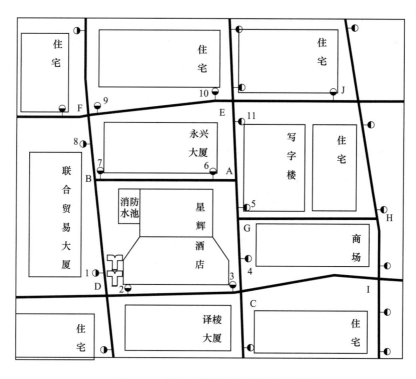

图 7-4-3 酒店建筑区室外消火栓平面图

（六）确定火场消防车总数

$1^\#\sim6^\#$ 消火栓、消防水池均在火场 150m 范围内，每个消火栓可供一辆消防车用水，故 6 辆消防车可分别停靠消火栓、消防水池直接出水灭火。

由于 6 辆消防车均可停靠消防水源直接出水灭火，故火场不需要专门的供水车，消防车总数即为出枪战斗车数，即为 6 辆水罐消防车。

（七）落实火场供水力量

责任区（一中队）：4辆水罐消防车，距火场0.5km。

二中队：4辆水罐消防车，距火场2km。

三中队：4辆水罐消防车，距火场6km。

在重点单位附近6km范围内，共有三个消防中队12辆水罐消防车能出动，每个消防中队（除责任区中队外）出动车辆时，一般应留1~2辆车为守备力量，因此，实际能动用的消防车为责任区中队4辆，二中队2辆，三中队2辆，共8辆消防车。供水力量编成见表7-4-5。

表 7-4-5　供水力量编成

要素 区分	救援单元	力量编成	救援任务
严重 （Ⅰ级）	力量1	一中队；101号水罐车→停靠①号室外消火栓→供应水泵接合器→着火层室内消火栓	负责着火层 灭火和设防
	力量2	一中队；102号水罐车→停靠②号室外消火栓→沿外墙垂直铺设水带→着火层电梯前室→出2支水枪	负责着火层 灭火和设防
	力量3	一中队；103号水罐车→停靠③号室外消火栓→沿外墙垂直铺设水带→着火层电梯前室→出2支水枪	负责着火层 灭火和设防
	力量4	一中队；104号水罐车→停靠④号室外消火栓→沿东侧楼梯铺设水带→着火层东侧楼梯间→出2支水枪	负责着火层 灭火和设防
	力量5	二中队；201号水罐车→停靠消防水池→供应水泵接合器→着火层室内消火栓	负责着火层 灭火和设防
	力量6	二中队；202号水罐车→停靠消防水池→沿西侧楼梯铺设水带→着火层西侧楼梯间→出2支水枪	负责着火层 灭火和设防
备注		1. 主管中队任务。中队到场后，101号水罐车应及时停靠消防水池连接水泵接合器向大楼固定供水管网补水，随车人员负责迅速查明火情和人员被困情况，并利用墙式消火栓在着火层出水灭火； 2. 消防通信组织。在消防无线通信中继未接通之前，大楼内部消防通信应采用星辉酒店内部使用的对讲机或手机； 3. 供水保障措施。周围市政供水管网为环状200mm管网，供水线路超过9条时应通知通用水务自来水公司给管网加压； 4. 火场随机任务。楼梯间内超过一条以上供水线路的，除第一条干线人员留下看护水带外，其他人员及时到大楼底层作为现场备用人员领受火场随机任务	

酒店一层、七层（着火层）供水力量计划图如图7-4-4、图7-4-5所示。

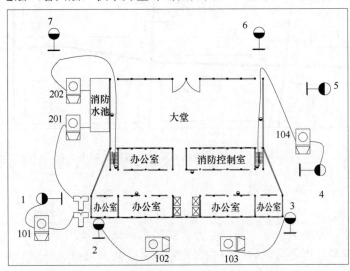

图 7-4-4　酒店一层供水力量计划图

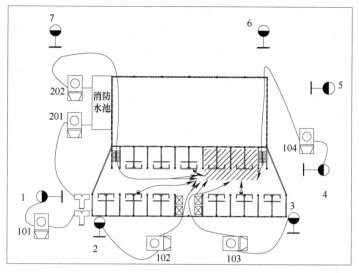

图 7-4-5　酒店七层（着火层）供水力量计划图

利用八楼的三个室内消火栓出 3 支水枪，阻止火势向上蔓延。如图 7-4-6 所示。

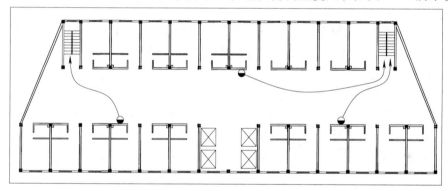

图 7-4-6　酒店八层（着火层上层）供水力量计划图

利用六楼的 2 个室内消火栓出 2 支水枪，阻止火势向下蔓延。如图 7-4-7 所示。

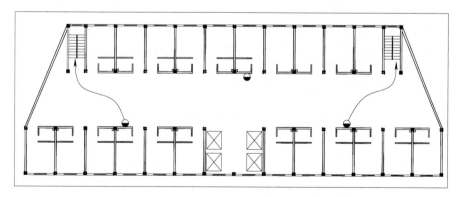

图 7-4-7　酒店六层（着火层下层）供水力量计划图

（八）特别警示

（1）力量调集原则。星辉酒店的火灾扑救力量调集应遵循灾情最大化的原则，加强第一出动，集中优势兵力于火场，第一时间控制灾情发展。

（2）初战处置要求。一中队到场力量要首先展开火情侦察，迅速查明火场基本情况，向指挥中心明确报告灾情等级，组织单位相关人员展开自救，同时，根据情况启动大楼内部消防水泵，通过消防水泵接合器向大楼内部管网补水，利用单位固定消防设施快速灭火。

（3）火场警戒范围。发生严重（Ⅰ级）火警，警戒范围半径不得小于300m，较大（Ⅱ）级、一般（Ⅲ级）火警应根据火点位置、灾情复杂程度、风向和风力等情况，适当缩小火场警戒范围，但8级风以上时警戒范围半径仍应不得小于300m。

（4）火场供水技术。星辉酒店发生火情，首选大楼内部固定消防设施灭火；实施灭火与冷却保护要遵循"同一区域、同一灭火剂"的原则，确保灭火效果。

（5）充烟区域搜索。由于酒店房间多，对充烟区域进行搜索时，要有序组织，搜索到位，搜索完成后要粘贴已搜索标志，以提高疏散救人效率。

（6）火场水渍损失。火灾扑救行动中，要将火场积水及时排往楼梯间，对无效射流的喷淋要及时关闭燃烧区喷淋阀门，防止积水流入电梯井造成水渍损失或触电事故。

（7）防止纵横蔓延。消防力量到场后，要注意对内部管道孔洞和着火楼层与上下层之间的玻璃幕墙缝隙、外墙重点实施火势防御，同时启动各楼层排烟系统，改变高温烟雾流向，阻止火势横向、竖向蔓延及流淌燃烧。

（8）火场安全监测。火势猛烈、燃烧时间较长时应组织建筑工程专家、技术人员进行监测并及时通报情况，以及设置消防安全哨进行观察，遇紧急情况发出撤退信号。

（9）参战力量换防。扑救火灾时间超过6h要组织力量换防，力量调空的中队要组织专职消防队、邻近消防队驻防。

（10）火场收残清理。大楼地处交通干道，火势控制后应及时缩小警戒范围，灭火救援结束后，要第一时间恢复交通。

（九）供水力量相关计算

供水力量相关计算见表7-4-6。

表7-4-6　供水力量相关计算

计算公式	控制面积	$$A=1.5\beta\pi(vt)^2$$ 式中　A——燃烧面积，m^2； 　　　β——燃烧面积扩散系数； 　　　v——燃烧速度，m/min； 　　　t——燃烧时间，min。 注：实验和火灾统计资料表明，在3m/s风速条件下，15min内火灾蔓延速度为0.95m/min，一般按照1m/min计算；燃烧时间是指起火后到消防救援队伍到场出水的时间。
	火场供水量	$$Q=Aq$$ 式中　Q——灭火用水量，L/s； 　　　A——燃烧面积，m^2； 　　　q——水灭火供给强度，$L/(s \cdot m^2)$。 注：固体可燃物的灭火用水供给强度一般取值为0.12～0.2$L/(s \cdot m^2)$，建筑火灾荷载小于50kg/m^2时，灭火用水供给强度一般取值为0.12$L/(s \cdot m^2)$，建筑火灾荷载大于50kg/m^2时，灭火用水供给强度一般取值为0.2$L/(s \cdot m^2)$。
	水枪数量	$$n_枪=\frac{A-A_固}{a_枪}$$ 式中　$n_枪$——灭火所需水枪数量，支； 　　　A——燃烧面积，m^2； 　　　$A_固$——固定消防设施控制面积，m^2； 　　　$a_枪$——水枪控制面积，m^2。 注：水枪扑救固体可燃物火灾，控制面积一般取值为30～50m^2，建筑火灾荷载小于50kg/m^2时，水枪控制面积一般取值为50m^2，建筑火灾荷载大于50kg/m^2时，水枪控制面积一般取值为30m^2。

计算公式	战斗车数量	$$N_车 = \frac{n_枪}{n}$$ 式中　$N_车$——灭火所需战斗车数量,辆; 　　　　$n_枪$——灭火所需水枪数量,支; 　　　　n——每辆战斗车出枪数量,支。
应用举例		Ⅰ级(严重级)的燃烧面积大于400m²,求全面着火燃烧时火场用水量。 解:由于是多层建筑则燃烧面积为:$A = 1.5\beta\pi(vt)^2 = 1.5 \times 1 \times 3.14 \times (1 \times 10)^2 = 471(\text{m}^2)$ 因火灾荷载密度为70kg/m²,故每支水枪的控制面积为 $a = 30\text{m}^2$。 则所需水枪数量为:$n_枪 = \dfrac{A - A_固}{a_枪} = \dfrac{471 - 0}{30} \approx 16(\text{支})$ 室内固定消防水泵流量为36L/s,可供5支水枪用水。 如果每辆水罐消防车出枪2支,则: 火场所需战斗车数量为:$N_车 = \dfrac{n_枪}{n} = \dfrac{16 - 5}{2} \approx 6(\text{辆})$

(十)决定第一出动力量

第一出动供水力量应保证50％的供水战斗车不间断供水。

7楼客房火场战斗车数为6辆,50％的战斗车数为3辆,由于①②③④号消火栓和消防水池均在消防车直接供水距离(作战半径)内,故3辆车可分别占据消火栓出水灭火,所以第一出动力量为3辆消防车。

又由于该大楼为高层建筑,高层公共建筑第一出动供水力量不应少于4辆,故第一出动供水战斗车为4辆,由责任区中队担负。

思考与练习

1. 制定消防供水计划的条件是什么?

2. 制定消防供水计划的步骤有哪些?

3. 确定消防安全重点单位的依据有哪些?

第八章
信息技术在消防供水中的应用

随着我国社会经济的迅猛发展，特大恶性灾害事故急剧增多，灾情日趋复杂，灭火救援调度指挥需要更为准确迅速，对信息技术的应用提出了更高的要求。

在消防供水中，信息技术也不可避免地越来越应用广泛，以计算机为核心的信息技术、网络技术和通信技术已成为建立快速反应机制、提高灾害事故现场供水能力的重要手段。信息技术在消防供水中主要应用于消防水源管理和供水力量的计算，比较有代表性的应用系统是《消防水源信息系统》和《化学灾害事故处置辅助决策系统》以及应用于智能手机终端的《危化品事故处置应用微平台》。

第一节　消防水源信息系统

◯【学习目标】

1. 了解消防水源信息系统的功能。
2. 熟悉消防水源信息系统的使用。

消防水源信息系统是物联网技术在消防领域的具体应用。常见的有基于专用移动手持设备和基于手机、平板电脑等智能移动网络终端等形式。基于专用移动手持设备的消防水源信息系统是利用计算机、GPS接收器、蓝牙适配器等工具对消防水源、辖区单位、辖区道路等信息进行管理，中队官兵在进行辖区"六熟悉"时，利用GPS接收器接收到的经纬度定位信息对计算机系统中的电子地图标注消防水源、重点单位、辖区道路等地理信息。基于手机、平板电脑等智能移动终端的消防水源信息系统主要利用手机或平板电脑的GPS定位、数据录入、数据传输等功能，进行水源信息的上传和查询，使用较为方便。本节对基于专用移动手持设备的消防水源信息系统进行简要介绍。

一、系统的启动

系统启动界面如图8-1-1所示。

系统主页包括程序设置、消火栓、其他水源、辖区单位、辖区道路5个部分的内容。

二、系统功能

系统功能主要包括：消火栓管理、其他水源管理、辖区单位管理、辖区道路管理、地图操作5个模块。指挥员在灭火救援指挥过程中，只需要利用电脑对系统进行简单操作，便可以查找出现

消防员电子地图
版本2.02

图8-1-1　系统启动界面

场周围可用的消防水源信息和重点单位的灭火救援预案，大大提高现场指挥的效率。另外系统提供的数据功能，使大队、支队、总队都可以很方便地对本辖区水源数据进行统计、管理以及查询。

（一）消火栓管理模块

消火栓管理模块可对辖区内消火栓进行添加、编辑、删除、定位、查询等操作。点击程序窗口左侧的消火栓选项按钮，出现消火栓的操作界面，辖区消火栓列表用于显示已经添加过的消火栓信息。

1. 添加功能

用于添加消火栓信息。在地图上点击添加按钮，弹出添加消火栓窗口，即可添加消火栓。

（1）编号 在消火栓编号框中输入消火栓的编号，编号为 10 位数字，前 6 位为所在辖区行政区划代码的前 6 位，后 4 位根据辖区情况由支队或大队自行规定，但编号不能重复。如××市××区有 4 个消防中队，每个中队有自己的管辖区域，则支队可以统一规定：一中队管辖的消火栓编号范围为 5301030001～5301030999，二中队管辖的消火栓编号范围为 5301031001～5301031999，三中队管辖的消火栓编号为 5301032001～5301032999，依此类推。

管网编号框中输入消火栓所在管网的编号，此编号可通过自来水公司得到。

（2）位置 在所在位置框中输入消火栓所在位置，为便于查找应填写详细，如"×××街×××单位门口左侧 10 米"。

（3）管径 在消火栓管径框中输入消火栓管径，单位为 mm。如管径为 200mm，则输入数字 200。

（4）压力 在消火栓压力框中输入消火栓的压力，单位为 MPa。如压力为 0.3MPa，则输入数字 0.3。

（5）类别 类别选项用以选择消火栓的类别，类别分为市政消火栓和单位消火栓两类。为方便统计，在街道上的消火栓统一选择为"市政消火栓"，在单位或小区内的消火栓统一选择为"单位消火栓"。

（6）管网形式 管网形式选项用于选择消火栓的管网类别，分为环状管网和支状管网两种形式。

（7）完好情况 完好情况用于选择消火栓的完好情况，如果消火栓完好无损可以使用，则选择完好，如果消火栓被损坏则选择损坏，并输入损坏情况，如：埋压、无水、栓口丢失、顶盖丢失等。如损坏但能使用，则在备注框中输入"可以使用"。

（8）图片 图片用于输入消火栓的照片，消火栓照片采用 jpg 格式的图片，大小控制在150KB 以内，在拍摄消火栓照片时，拍摄者要距离消火栓 5～7m，不拉近镜头，面向消火栓吸水口，采用横向取景，必须保证消火栓整体在照片上。

（9）备注 备注框中可输入对消火栓信息的描述，如果消火栓被损坏但可以使用，则在此处输入"可以使用"。

上述信息输入完毕之后点击添加按钮，就可以在地图上根据 GPS 接收器收到的经纬度信息添加 1 个消火栓符号，如图 8-1-2 所示。

2. 编辑和显示功能

当消火栓的信息需要进行修改时，点击消火栓列表中对应的消火栓编号前的空白处，空白处变成绿色，表示选中此消火栓，再点击编辑按钮，弹出编辑对话框，用于编辑和显示消

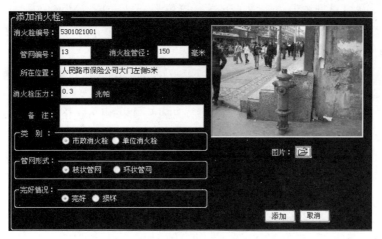

图 8-1-2　消火栓管理

火栓的属性信息。

3. 删除功能

要删除消火栓时，选中消火栓列表中对应的消火栓，再点击删除按钮，则可以删除已经采集的消火栓信息。

4. 定位功能

为了在地图上快速查找到指定的消火栓，选中消火栓列表中对应的消火栓，再点击定位按钮，则地图窗口自动将此消火栓居于地图中央，便于查看。

当采集到的消火栓数量比较多时，消火栓列表以页的形式来显示消火栓的信息，每页显示 12 个消火栓信息，此时可以用"首页""上页""下页""末页""转到"等按钮进行消火栓列表的翻页。

5. 查询功能

可以根据消火栓编号、位置、类别、情况等对消火栓进行查询，选择查询的条件，输入查询关键字，点击查询按钮，则消火栓列表列出全部符合查询条件的消火栓信息。如查询所在位置为人民中路的消火栓，则选择条件为"位置"，输入"人民中路"，点击查询则可以查询到所有位置为人民中路的消火栓；点击"显示全部"按钮则显示数据库中全部消火栓信息。

（二）其他水源管理模块

其他水源是指消火栓以外的消防水池、天然水源等，此模块可对其他水源进行添加、编辑、删除、定位、查询等操作。点击程序窗口左侧的其他水源选项按钮，出现其他水源的操作界面，辖区其他水源列表用于显示已经添加过的其他水源信息。

1. 添加功能

点击添加按钮，弹出添加其他水源窗口，用于添加其他水源信息。

（1）编号　在其他水源编号框中输入其他水源的编号，编号为 10 位数字，前 6 位为所在辖区行政区划代码的前 6 位，后 4 位根据辖区情况由支队或大队自行规定，但编号不能重复（与消火栓编号类似）。

（2）位置　在所在位置框中输入水源所在位置，为便于查找应填写详细，如"×××街×××单位门口左侧 10 米"。

（3）容量　在容量框中输入水源的容量，单位为 m^3，如容量为 $50m^3$，则输入数字 50。

（4）高度　标高差框中输入水面到取水地面的高度，单位为 m，如水池水面离地面为 2m，则输入数字 2。

（5）类别　水源类别选项用以选择其他水源的类别，由人工修筑的水源选择为"人工水池"，天然形成的选择为"天然水源"。

（6）图片　图片用于输入水源的照片，水源照片要采用 jpg 格式的图片，大小控制在 150KB 以内，在拍摄水源照片时，拍摄者要距离水源 5～7m，不拉近镜头，采用横向取景，并有适当的参照物。

（7）备注　在备注框中输入属性信息未描述，但自身需要记录的内容。如果水源能被消防车直接使用，则在此处输入"消防车能使用"，如果只能利用手抬消防机动泵使用，则在此处输入"手抬消防机动泵使用"。

上述信息输入完毕后点击添加按钮，就可以在地图上根据 GPS 接收器收到的经纬度信息添加 1 个其他水源符号，如图 8-1-3 所示。

图 8-1-3　其他水源管理

2. 编辑和显示功能

当水源的信息需要进行修改时，点击其他水源列表中对应的水源编号前的空白处，空白处变成绿色，表示选中此水源，再点击编辑按钮，弹出编辑对话框，用于编辑和显示水源的属性信息。

3. 删除功能

要删除水源时，选中其他水源列表中对应的水源，再点击删除按钮，则可以删除已经采集的水源。

4. 定位功能

为了在地图上快速查找到指定的其他水源，选中其他水源列表中对应的水源，再点击定位按钮，则地图窗口自动将此水源居于地图中央，便于查看。

当采集到的水源数量比较多时，其他水源列表以页的形式来显示水源的信息，每页显示 12 个其他水源信息，此时可以用"首页""上页""下页""末页""转到"等按钮进行其他水源列表的翻页。

5. 查询功能

可以根据水源编号、位置、类别等对其他水源进行查询，选择查询的条件，输入查询关键字，点击查询按钮，则其他水源列表列出符合查询条件的其他水源信息。

（三）辖区单位管理模块

此模块可对辖区单位进行添加、编辑、删除、定位、查询等操作。点击程序窗口左侧的辖区单位选项按钮，出现辖区单位的操作界面，辖区单位列表用于显示已经添加过的辖区单位信息。

1. 添加功能

点击添加按钮，弹出添加辖区单位窗口，用于添加辖区单位信息。

（1）单位名称　为区别各县区的单位，在输入单位名称时应当输入县区名称，如"××县人民政府"，"××区城市加油站"等。

（2）位置　在所在位置框中输入单位所在位置，为便于查找应填写详细，如"×××街×××单位门口左侧10米"。

（3）类别　单位类别分为重点单位和非重点单位，属于重点单位的选择"是"，不属于选择"否"。

（4）单位性质　当选择了属于重点单位，则可以从单位性质列表中选择单位的性质。

（5）灭火救援预案　用于输入重点单位的灭火救援预案，灭火救援预案采用doc格式的word文档。

上述信息输入完毕之后点击添加按钮，就可以在地图上根据GPS接收器收到的经纬度信息添加1个单位符号，如图8-1-4所示。

图 8-1-4　辖区单位管理

2. 编辑功能

当辖区单位的信息需要进行修改时，点击单位列表中对应的单位名称前的空白处，空白处变成绿色，表示选中此单位，再点击编辑按钮，弹出编辑对话框，用于编辑和显示单位的属性信息。

3. 删除功能

要删除单位时，选中单位列表中对应的单位名称，再点击删除按钮，则可以删除已经采集的单位。

4. 定位功能

为了在地图上快速查找到指定的辖区单位，选中单位列表中对应的单位名称，再点击定位按钮，则地图窗口自动将此单位居于地图中央，便于查看。

当采集到的辖区单位数量比较多时，辖区单位列表以页的形式来显示单位的信息，每页显示12个单位信息，此时可以用"首页""上页""下页""末页""转到"等按钮进行单位列表的翻页。

5. 查询功能

可以根据单位名称、位置、性质等对辖区单位进行查询，选择查询的条件，输入查询关键字，点击查询按钮则辖区单位列表列出符合查询条件的辖区单位信息。

6. 预案

要查看辖区单位的灭火救援预案时，选中单位列表中对应的单位名称，再点击预案按钮，则可以查看该单位的灭火救援预案。

（四）辖区道路管理模块

此模块可对辖区道路进行添加、编辑、删除、定位、查询等操作。点击程序窗口左侧的辖区道路选项按钮，出现辖区单位的操作界面，辖区道路列表用于显示已经添加过的辖区道路信息。

1. 添加功能

点击添加按钮，弹出添加辖区道路窗口，用于添加辖区道路信息。输入要添加的道路名称，如"建设路"、道路别名、备注。备注用于输入其他需要记录的道路信息。

上述信息输入完毕之后点击添加按钮，就可以在数据库中输入一条道路的信息。

为了在地图上标注道路信息，需要对已经输入数据库的道路进行跑图：点击道路列表中对应的道路名称前空白处，空白处变成绿色，表示选中此道路，再点击跑图按钮，此时会弹出一个跑图对话框，点击完成按钮，软件自动记录这条道路的经纬度信息，并根据经纬度信息标注一条道路在地图窗口中，如图 8-1-5 和图 8-1-6 所示。

图 8-1-5　辖区道路管理（一）

图 8-1-6　辖区道路管理（二）

2. 编辑和显示功能

当辖区道路的信息需要进行修改时，点击辖区道路列表中对应的道路名称前的空白处，空白处变成绿色，表示选中此道路，再点击编辑按钮，弹出编辑对话框，用于编辑和显示道路的属性信息。

3. 删除功能

要删除道路时，选中道路列表中对应的道路名称，再点击删除按钮，则可以删除已经采集的道路。

4. 查询功能

可以根据道路名称、道路别名等对辖区道路进行查询，选择查询的条件，输入查询关键字，点击查询按钮则辖区单位列表列出符合查询条件的辖区道路信息。

（五）地图操作模块

地图操作模块有指针、移动、放大、缩小、测距、刷新、查找水源等 7 个功能。地图操作工具栏如图 8-1-7 所示。

工具栏:

当前工具: *指针* ▶ 指针 ✋ 移动 ⊕ 放大 ⊖ 缩小 Ⅲ 测距 ◎ 刷新 ┃ ⚲ 查找水源 ┃ ◉ 关于...┃

图 8-1-7　地图操作

1. 指针

鼠标点击指针按钮后，再点击地图，不会对地图进行任何操作。

2. 移动

鼠标点击移动按钮后，可以按住鼠标左键对地图进行上下、左右平移。

3. 放大

鼠标点击放大按钮后，再点击地图，可以放大地图。

4. 缩小

鼠标点击放大按钮后，再点击地图，可以缩小地图。

5. 测距

鼠标点击测距按钮后，弹出测距窗口，点击地图任意两点，测距窗口显示两点之间的距离。

6. 刷新

鼠标点击刷新按钮后，地图被刷新一次，此按钮主要用于地图上的标注信息被定位时，取消定位的选择框。

7. 查找水源

鼠标点击查找水源按钮后，再点击地图任意位置，弹出一个查找水源窗口，输入查找范围，点击查找可以查找到指定点周围一定范围内的可用水源。如图 8-1-8 所示。

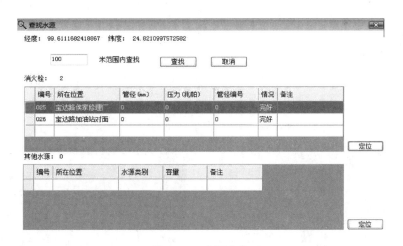

图 8-1-8　水源查找

思考与练习

1. 如何利用消防水源信息系统录入一个新增消火栓。

2. 如何利用消防水源信息系统查找某重点单位附近 300m 内的消火栓。

第二节　化学灾害事故处置辅助决策系统

【学习目标】

1. 了解化学灾害事故处置辅助决策系统的基本功能。
2. 掌握化学灾害事故处置辅助决策系统的使用方法。

化学灾害事故处置辅助决策系统是针对化学灾害事故现场情况，进行危害评估并提供处置方案的计算机辅助决策智能系统。它能根据现场地理、气象条件以及现场化学品情况进行危害评估，将危害范围、程度、蔓延速度和方向等信息自动显示在地图上，同时预测伤亡人员、所需消防车辆、灭火器材、灭火药剂的数量，生成包括化学品理化性质、危害特点、战术要点、处置程序和方法以及所需力量等内容的现场处置方案，为快速有效地遏制化学事故危害蔓延提供参考。系统同时备有化学品处置预案库、化学品咨询信息库、消防中队车辆及器材信息库、相关单位信息库（急救中心、自来水公司、医疗单位、煤气公司、供电系统、环保系统等）、重点单位信息库、抗毒药品及供货信息库、专家资料库等，以供查询。

一、系统的启动

化学灾害事故处置辅助决策系统由现场评估、处置方案、应用计算、毒物查询、信息管理、系统服务 6 大模块组成，启动后如图 8-2-1 所示。

二、系统功能

化学灾害事故处置辅助决策系统功能强大，在这里仅介绍与消防供水相关的应用计算模块。

应用计算模块主要包括液体燃烧爆炸事故、液体泄漏事故、气体燃烧爆炸事故、气体泄漏事故、固体燃烧爆炸事故 5 种不同类型灾害事故的计算，如图 8-2-2 所示。

图 8-2-1　系统主页

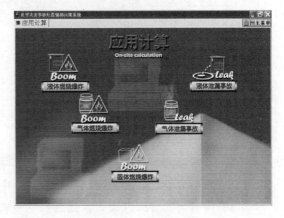

图 8-2-2　应用计算

（一）液体燃烧爆炸

液体燃烧爆炸事故的计算分为 7 个部分：扑救燃烧罐、冷却、重质油品沸溢喷溅、扑救流淌火、水幕、掩护、总计。可以通过点击"下一步"或者点屏幕上方的页标到达其他计算步骤，分别计算扑救燃烧罐、流淌火所需的泡沫量、泡沫灭火器具的数量及泡沫车数量；冷却、水幕、掩护所需的用水量、水枪（炮）的数量及水罐车数量；重质油品沸溢喷溅时间；总力量等。如图 8-2-3 所示。

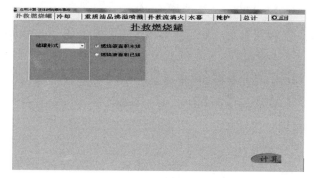

图 8-2-3　液体燃烧爆炸事故的应用计算

（二）液体泄漏事故

液体泄漏事故的计算分为 5 个部分：冷却、覆盖流散液体、水幕、掩护、总计。如图 8-2-4 所示。

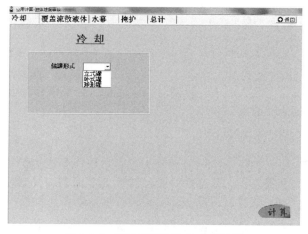

图 8-2-4　液体泄漏事故的应用计算

（三）气体燃烧爆炸

气体燃烧爆炸事故的计算分为 6 个部分：灭火、冷却、覆盖流散液相气体、水幕、掩护、总计。如图 8-2-5 所示。

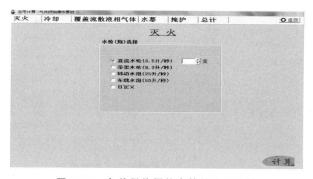

图 8-2-5　气体燃烧爆炸事故的应用计算

（四）气体泄漏事故

气体泄漏事故的计算分为 5 个部分：冷却、覆盖流散液相气体、水幕、掩护、总计。如图 8-2-6 所示。

（五）固体燃烧爆炸

固体燃烧爆炸事故分为 5 个部分：灭火、冷却、水幕、掩护、总计。如图 8-2-7 所示。

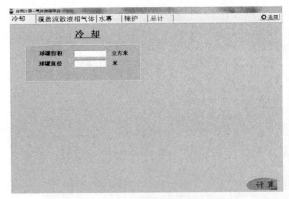

图 8-2-6　气体泄漏事故的应用计算

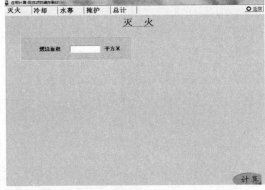

图 8-2-7　固体燃烧爆炸事故的应用计算

三、应用举例

下面以液体燃烧爆炸事故为例来计算消防供水力量。在应用计算模块中点击液体燃烧爆炸图标进入应用计算界面。见图 8-2-3。

（一）扑救燃烧罐供水力量计算

首先，选择储罐形式，选择不同的储罐形式会要求填写相应的储罐参数：立式罐直径；卧式罐长度、宽度；球型罐体积。并选择是否已知燃烧液面积，如选"已知"，则须填写燃烧液面积，如选未知，则无须填写，燃烧液面积将根据储罐参数自动得出。

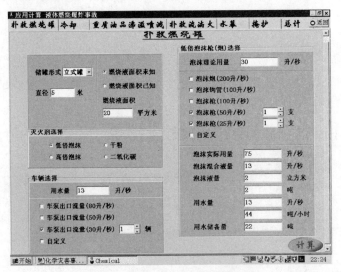

图 8-2-8　扑救燃烧罐供水力量计算

其次，选择灭火剂种类：低倍泡沫、高倍泡沫、干粉、二氧化碳。

然后，选择车辆、泡沫枪炮种类和数量，点击"计算"，得出结果如图8-2-8所示。

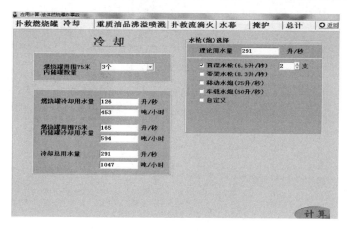

图 8-2-9　冷却供水力量计算

（二）冷却供水力量计算

首先，选择邻近储罐数量，然后点击"计算"。

然后，根据"冷却总用水量"选择所用的水枪、水罐车及数量（水枪选择方法同泡沫枪）。水枪（炮）的流量都可以自定义，只需把流量填在水枪（炮）名称后面的编辑框即可。

点击"计算"，得出结果如图8-2-9所示。

（三）沸溢喷溅时间计算

填写油层厚度，选择原油中含水量，然后点击"计算"，即可计算出重质油品沸溢喷溅时间，如图8-2-10所示。

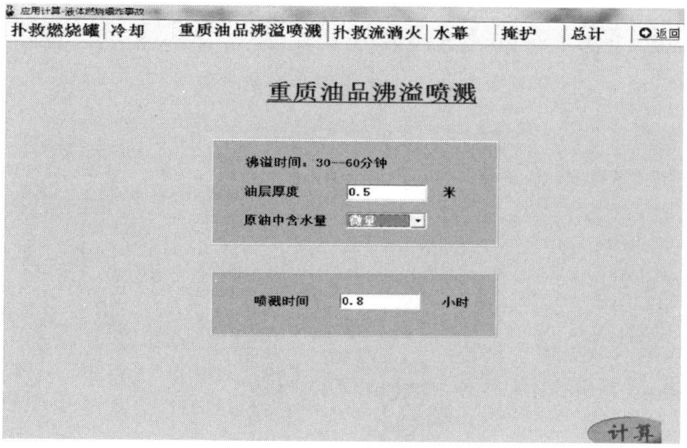

图 8-2-10　沸溢喷溅时间计算

（四）扑救流淌火供水力量计算

首先填写"流散液体面积"，点击计算。然后选择灭火剂种类和灭火设备，即可计算出扑救流淌火所需的灭火剂量及灭火器具的数量，如图8-2-11所示。

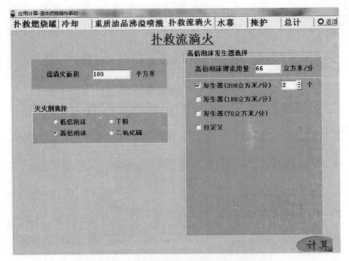

图 8-2-11　扑救流淌火供水力量计算

图 8-2-12　水幕供水力量计算

图 8-2-13　掩护供水力量计算

（五）水幕供水力量计算

选择水泵出口流量及灭火进攻车辆，点击计算，如图 8-2-12 所示。

（六）掩护供水力量计算

首先填写掩护水枪数，点击计算；然后根据掩护用水量选择灭火进攻车辆，点击计算。如图 8-2-13 所示。

（七）总的供水力量计算

最后，点击"总计"，得出所有供水力量总和，同时，还可以将结果保存或者打印。如图 8-2-14 所示。

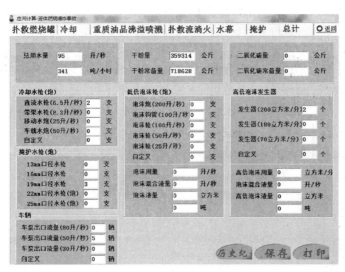

图 8-2-14 总的供水力量计算

思考与练习

1. 化学灾害事故处置辅助决策系统的应用计算模块主要包括哪几种类型的灾害事故计算？

2. 利用化学灾害事故处置辅助决策系统计算油罐火灾灭火力量时，有几个主要步骤？

第三节 危化品事故处置应用微平台

【学习目标】

1. 了解危化品事故处置微平台的功能。

2. 熟悉微平台各个功能的查询使用。

3. 掌握现场快速计算的应用方法。

危化品事故处置应用微平台是基于《危险化学品事故处置应知应会手册》内容，整合专业机构危险化学品数据库资源，在个人智能手机上运行使用的工具软件，便于平时学习和战时应用。目前，仅限安卓系统手机安装，ios 系统手机只提供浏览功能。软件主要包括 7 个模块：MSDS（危险化学品安全技术说明书）联网检索、基本处置程序、实战资料速查、现场快速估算、药剂联储布点、类似案例查询、涉危行业目录，见图 8-3-1。

一、MSDS 联网检索

后台为 MSDS 数据库，存储有目前国内生产、储存、运输、使用的 4000 余条危险化学品中文数据，并由专业机构维护，数据实时更新。可通过危险化学品中文名称、英文名称和联合国编码 3 种方式，快速查询危险化学品理化性质、危险性、运输信息、火灾和泄漏处置措施、安全防护要求等相关内容，供指挥员战时辅助决策。如图 8-3-2 所示。

图 8-3-1　微平台主界面

图 8-3-2　MSDS 联网检索

二、基本处置程序

按照危险化学品事故处置的 8 个基本步骤，即初期管控、侦检和辨识危险源、灾情评估、等级防护、信息管理、现场处置、全面洗消、移交现场，采用简明图表和模拟动画相结合的方式，列出操作要点、注意事项、参考数据等，既可用于平时学习，也可在战时提供参考。如图 8-3-3 所示。

（一）初期管控

介绍从接警出动至到达现场 15min 内，消防救援人员应开展的初期侦察、停车距离、初始隔离、搭建简易洗消点 4 个处置程序和技术要点。根据事故类型、泄漏物形态和泄漏量大小，为现场处置人员分别提供集结停车距离、安全处置距离、人员疏散距离、初始警戒距离等具体数值参考，初期管控示意图见图 8-3-4。

图 8-3-3　基本处置程序

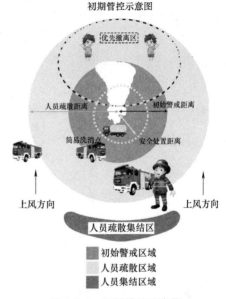

图 8-3-4　初期管控示意图

（二）侦检和辨识危险源

介绍现场侦检和辨识危险源的三个步骤和方法：事故类型识别、标签标识识别、仪器侦检。侦检路线和控制区域示意图见图 8-3-5。

（三）灾情评估

用表格的形式列举危险化学品事故现场应快速获取的环境、灾情、伤员三类信息事项，科学开展事故风险分析与评估；参照美国 NFPA 1521《消防部门安全官标准》，明确现场处置安全官的职责任务与研判重点。

（四）防护等级

列举三级防护的装备标准、着装要求与适用范围，用图示说明洗消站的设立位置、功能分区、洗消流程等。

（五）信息管理

对危险化学品事故处置现场的信息管控、信息更新、信息报告、信息发布等内容进行规定，要求现场指挥员实时跟进救援进度，协调联动力量，及时报告事故信息，谨慎面对媒体与群众，避免发生负面舆情。

（六）现场处置

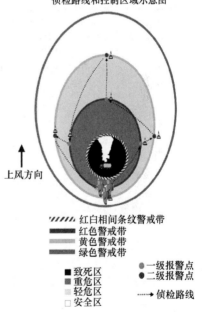

图 8-3-5　侦检路线和控制区域示意图

根据《化学品分类和危险性公示通则》（GB 13690—2009），按照理化性质和处置方法异同，将危险化学品分为爆炸品、可燃气体、毒性气体、可燃液体、遇水放出易燃气体的物质等 10 大类，每类按照燃烧爆炸、泄漏 2 种灾情形式，分别列举相应的处置方法和特别提示信息，作为指挥员决策的参考依据。

（七）全面洗消

针对不同的危险化学品，列出适用的洗消药剂及配比、使用方法；同时用示意图说明被困人员、伤病员、救援人员以及车辆装备的不同洗消程序与方法。

（八）移交现场

明确处置行动结束后，消防救援队伍还需做好的移交、监护等任务。

三、实战资料速查

结合实战需要，系统提供了 8 张常用信息速查表，即常见危险化学品处置要点速查表、常见遇水易燃烧物质速查表、常见泡沫灭火剂应用速查表、常见液化气钢瓶型号和参数速查表、LPG、CNG、LNG 汽车罐车结构速查表，工业气体瓶颜色速查表，工业管道识别颜色速查表，化学事故应急救援单位联系方式速查表。见图 8-3-6。

四、现场快速估算

系统提供现场泡沫原液用量、立式储罐灭火冷却用水量、液化烃球罐冷却用水量、管网供水能力 4 个方面的快速估算。通过输入罐体直径、泡沫混合比例、供水管网直径等客观数据，快速得出所需泡沫液量、灭火枪炮数、冷却枪炮数、停靠消防车数等实战应用数据，为现场决策提供参考。见图 8-3-7。

图 8-3-6　实战资料速查

图 8-3-7　现场快速估算

（一）泡沫原液量

可选择泡沫混合比，输入燃烧面积，根据使用的灭火器具，选择泡沫枪型号或输入泡沫炮、泡沫钩管的流量，系统将按照泡沫混合液供给强度 $10L/(min \cdot m^2)$，30min 的连续供液时间，计算出所需泡沫原液量、泡沫枪数量或泡沫炮、泡沫钩管数量。

（二）立式储罐灭火冷却用水量

1. 配制泡沫用水量

选择泡沫混合液含水率，输入液体燃烧面积，系统默认连续供液时间 30min，点击计算，系统可计算出配制泡沫用水量和配制泡沫用水总量。

2. 着火罐冷却用水量

输入着火罐直径和着火罐数量，系统默认着火罐冷却水供给强度为 $0.6L/(s \cdot m)$，持续冷却时间 6h，点击计算，系统可计算出着火罐冷却用水量和着火罐冷却用水总量。

3. 邻近罐冷却用水量

邻近罐冷却用水量的计算与着火罐冷却用水量计算方法相同。

4. 灭火冷却总用水量

在计算完配制泡沫用水量、着火罐冷却用水量和邻近罐冷却用水量后，点击计算，系统可计算出上述三种用水量之和与总用水量之和。

5. 冷却水枪数量

根据使用的射水器具，输入移动炮的流量后系统会根据着火罐冷却用水量和邻近罐冷却用水量计算出所需冷却水枪的数量或冷却移动水炮的数量。

（三）液化烃球罐冷却用水量

1. 着火罐冷却用水量

输入球罐直径和着火罐数量，点击计算，系统可计算出着火罐冷却用水流量和 6h 的冷却用水量。

2. 邻近罐冷却用水量

邻近罐冷却用水量计算使用方法同着火罐冷却用水量一样。

3. 冷却用水总量

在计算完着火罐冷却用水量和邻近罐冷却用水量后，点击计算，系统可计算出上述两种用水量之和与总用水量之和。

4. 冷却枪炮数量

根据上述着火罐和邻近罐冷却用水总量，根据选择使用的冷却射水器具，输入移动炮流量，系统可计算出所需水枪或水炮数量。

（四）管网供水能力

用户输入供水管网直径，选择管网类型，输入消防车水泵出水流量，点击计算，系统会计算出管网供水流量，可以停靠的消防车数量。

五、药剂联储布点

录入本地灭火药剂生产企业的地址、联系方式、常备药剂量、日均生产能力等信息，并基于百度电子地图进行定位，如图 8-3-8 所示。使用时，可根据指挥员的实时位置，自动测算到相关企业的行车距离，提供地图导航信息，为紧急调运灭火药剂提供参考。

六、类似案例查询

录入典型危险化学品事故处置战例，按照 3 大类 25 个检索要素对关键内容进行梳理，设置关键字查询功能，如图 8-3-9 所示。指挥员可根据实际需要，有针对性地快速查询到类似事故处置战例，为现场决策提供参考。

图 8-3-8　药剂联储布点

图 8-3-9　类似案例查询

七、涉危行业目录

列举了《国民经济行业分类》（GB/T 4754—2011）中的 87 个涉危行业，分别指出了各类行业涉及的典型危险化学品、存在的主要风险。

------------------------------◦ **思考与练习** ◦------------------------------

1. 一油罐区，设有 4 个直径 10m 的立式油罐，其中一个发生火灾，整个罐顶开放燃烧，无流淌火，有 2 个邻近罐，试利用危化品事故处置应用微平台进行估算：所需泡沫原液量、灭火冷却用水量、灭火所需泡沫枪的数量以及冷却所需水枪的数量。

2. 一液化石油气储罐区，有 2 个直径为 12m 的球形储罐，其中一个发生火灾，试利用危化品事故处置应用微平台进行估算：灭火需要的用水量和移动炮的数量。

附录1
燃烧蔓延速度

建(构)筑物和材料		燃烧蔓延速度/(m/min)
办公楼		1.0～1.5
住宅	一、二级耐火等级 三至四级耐火等级 建筑物内燃烧	0.6～1.0
	外部燃烧	2.0～3.0
学校	一、二级耐火等级建筑	0.6～1.0
	三至四级耐火等级建筑	2.0～3.0
商店	（纸包装制品燃烧）	2.0～4.0
印刷厂	（三级耐火等级建筑）	1.5～2.2
剧院和文化宫	舞台	1.0～3.0
	观众厅	0.8～1.5
冷藏库(二级耐火等级建筑)		0.5～1.0
纺织生产车间		0.5～2.0
结构上有粉尘的纺织生产车间		1.0～2.0
木材加工联合工厂的车间	木材机械加工、裁制、装配、施胶	1.0～1.6
	三级耐火等级制材车间	1.0～3.0
	四级耐火等级制材车间	2.0～5.0
	干燥准备车间	1.0～1.5
	干燥车间	2.0～2.5
	胶合板生产车间	0.8～1.5
	其余车间和工段	0.8～1.0
博物馆和展览馆		1.0～1.5
走廊和长廊		4.0～5.0
图书馆、书库、档案库		0.4～1.2
商业企业、贵重商品物质库和站		0.4～1.2
电缆隧道		0.8～1.1
车库、电车和无轨电车车场		0.5～1.0
飞机库的维修厅		0.5～1.0
畜牧房(铺垫燃烧)		1.5～4.2
闷顶盖的可燃结构		1.5～2.0
纺织品仓库($W=100kg/m^2$,无包装)		0.3～0.4
成卷纸张仓库($W=1400kg/m^2$)		0.2～0.3
合成橡胶仓库($W=290kg/m^2$)		0.4～1.0
合成橡胶和天然橡胶、橡胶 和橡胶工业制品堆放场所	封闭式仓库里	0.4～1.0
	露天场地上	0.7～2.0
	车间里	0.3～1.0
大面积可燃屋盖(含空心的)		1.7～3.2
海轮和内河船(上部结构、走廊或房间)		0.7～1.5
泡沫聚氨酯(弹性泡沫塑料)		0.7～1.0
处于疏松状态的可燃纤维材料		7.0～8.0
凸条绒织物		1.0
处于松散状态的纺织生产的棉屑		6.0
醋酸纤维		1.2
粘胶纤维		0.9

附录2

喷射器具的供水灭火效率

灭火效率　　　　场所 喷射器具	室内火灾	室外火灾
喷雾水枪	80％	50％
直流水枪	75％	50％
水炮	70％	50％

参 考 文 献

［1］ 崔守金. 火场供水［M］. 北京：中国人民公安大学出版社，2001.

［2］ 李本利. 火场供水［M］. 北京：中国人民公安大学出版社，2007.

［3］ 王永西. 消防供水［M］. 昆明：云南教育出版社，2011.

［4］ 罗永强，杨国宏. 石油化工事故灭火救援技术［M］. 北京：化学工业出版社，2017.

［5］ 康青春，杨永强等. 灭火与抢险救援技术［M］. 北京：高等教育出版社，2015.

［6］ 李树. 消防应急救援［M］. 北京：高等教育出版社，2011.

［7］ 公安部消防局. 中国消防手册：第七卷　危险化学品·特殊毒剂·粉尘［M］. 上海：上海科学技术出版社，2006.

［8］ 公安部消防局. 中国消防手册：第九卷　灭火救援基础［M］. 上海：上海科学技术出版社，2006.

［9］ 公安部消防局. 中国消防手册：第十卷　火灾扑救［M］. 上海：上海科学技术出版社，2006.

［10］ 公安部消防局. 中国消防手册：第十一卷　灭火救援［M］. 上海：上海科学技术出版社，2006.

［11］ 公安部消防局. 中国消防手册：第十二卷　消防装备·消防产品［M］. 上海：上海科学技术出版社，2006.

［12］ GB 50974—2014 消防给水及消火栓系统技术规范［S］. 北京：中国计划出版社，2014.